致密油藏渗吸排油效应及工程应用

谷潇雨　高振东　蒲景阳　黄飞飞　康少飞　等著

石油工业出版社

内容提要

本书在深入分析致密油资源定义与开发形势的基础上，以鄂尔多斯盆地致密油为例，介绍了鄂尔多斯盆地延长组致密油储层物性特征、致密油藏动静态渗吸排油规律、微尺度动用特征及渗吸排油效应在储能增渗体积压裂和注水吞吐中的应用。

本书可供从事致密油藏研究的工程技术人员、科研人员、管理人员以及相关专业高等院校师生参考。

图书在版编目（CIP）数据

致密油藏渗吸排油效应及工程应用／谷潇雨等著．
—北京：石油工业出版社，2023.11
ISBN 978-7-5183-5257-9

Ⅰ.①致… Ⅱ.①谷… Ⅲ.①致密砂岩-砂岩油气藏-油田开发-研究 Ⅳ.①TE343

中国版本图书馆 CIP 数据核字（2022）第 036985 号

出版发行：石油工业出版社
（北京安定门外安华里 2 区 1 号 100011）
网　址：www.petropub.com
编辑部：（010）64249707
图书营销中心：（010）64523633
经　销：全国新华书店
印　刷：北京晨旭印刷厂

2023 年 11 月第 1 版　2023 年 11 月第 1 次印刷
787×1092 毫米　开本：1/16　印张：13
字数：330 千字

定价：80.00 元
（如出现印装质量问题，我社图书营销中心负责调换）

前　言

近年来，在北美地区致密油大规模商业化开发背景激励下，中国致密油勘探开发取得了快速进展，在鄂尔多斯、松辽、三塘湖、准噶尔、渤海湾等大型含油盆地合计发现了 125×10^8t 规模的储量区，在常规油藏勘探开发难度不断增加的当下，致密油资源高效开发对于我国石油工业的可持续发展具有重要意义。

与常规油藏相比，我国致密砂岩油藏基质覆压渗透率普遍小于 $0.1\times10^{-3}\mu m^2$，地层压力系数普遍较低，微纳米级孔喉发育，毛细管力强，润湿性复杂，原油主要以吸附或游离状态赋存于致密孔隙内，动用难度极大。以现阶段开发规模最大的鄂尔多斯盆地致密砂岩油藏为例，水平井大型体积压裂技术是其工业开发的基本手段。由于该区油藏压力系数仅为 0.7 左右，地层天然驱动能量严重不足，水平井衰竭式开发投产一年后普遍出现供液严重不足现象，产量年自然递减高达 40%～90%，一次采收率仅为 5%～10%，9 成以上原油难以动用。

与常规油藏压差驱替采油不同，致密储层经大规模体积压裂改造后，在致密基质—高渗裂缝双重系统下注入水主要沿裂缝流动，基质内难以形成有效驱替，裂缝—基质系统间的毛细管渗吸作用是该类油藏基质内原油动用的重要采油机理。深化认识致密砂岩渗吸排油规律，利用渗吸排油效应开展配套提高采收率工程实践，对于我国致密砂岩油藏高效开发具有重要作用。

本书介绍了致密油资源定义与开发形势，以我国开发规模最大的鄂尔多斯盆地致密油为例，介绍了鄂尔多斯盆地延长组致密油储层物性特征、致密油藏动静态渗吸排油规律及微尺度动用特征、渗吸排油效应在储能增渗体积压裂中的应用、渗吸排油效应在注水吞吐中的应用，并穿插具体实例进行了分析与应用评价，还介绍了储层渗吸排油效应研究应用新进展。

本书共六章，绪论由谷潇雨、高振东、蒲景阳编写，第二章由谷潇雨、高振东、蒲景阳编写，第三章由谷潇雨、高振东、蒲景阳编写，第四章由黄飞飞、谷潇雨、康少飞编写，第五章由黄飞飞、谷潇雨、康少飞编写，第六章由康少飞、谷潇雨、黄飞飞、蒲景阳编写。

本书所涉及的内容主要来自作者及所在课题组的多年研究成果，部分内容参考了近年来国内外同行、专家在这一领域公开出版或发表的相关研究成果，部分参考文献未列出，在此表示感谢。本书是在西安石油大学和石油工业出版社的大力支持下才得以顺利出版，同时本书获得了“西安石油大学优秀学术出版基金”和“国家自然科学青年基金（编号：52104032 和编号 52104057）”及“延长油田低渗/特低渗/致密油藏高效开发关键技术创新研究（编号：ycsy2020ky-A-01）”的资助，在此致以真挚的谢意。由于致密砂岩渗吸排油过程复杂尚存在许多问题需进一步探讨和完善，加之作者学识水平有限，欠妥或错误之处在所难免，敬请读者不吝指正，使之不断完善。

目　　录

1　绪论 ………………………………………………………………………………（1）
1.1　致密油资源的定义 …………………………………………………………………（1）
1.2　全球致密油资源储量及分布情况 ……………………………………………………（2）
1.2.1　全球致密油资源储量情况 …………………………………………………………（2）
1.2.2　全球致密油资源开发现状 …………………………………………………………（3）
1.3　美国与加拿大致密油开发情况 ……………………………………………………（4）
1.3.1　美国致密油资源开发情况 …………………………………………………………（4）
1.3.2　加拿大致密油资源开发情况 ………………………………………………………（6）
1.4　中国致密油资源及开发形势 ………………………………………………………（7）
1.5　中国致密油资源特点及分布情况 …………………………………………………（7）
1.6　中国致密油资源开发现状……………………………………………………………（10）
2　鄂尔多斯盆地致密油储层物性特征………………………………………………（11）
2.1　鄂尔多斯盆地延长组致密油沉积演化形成过程及其成藏特征…………………（11）
2.1.1　鄂尔多斯盆地简介……………………………………………………………（11）
2.1.2　鄂尔多斯盆地三叠系延长组沉积层序及演化特征…………………………（11）
2.1.3　鄂尔多斯盆地延长组致密油成藏典型特征…………………………………（19）
2.2　鄂尔多斯盆地延长组致密油储层特征……………………………………………（21）
2.2.1　延长组致密油储层碎屑成分及填隙物特征…………………………………（21）
2.2.2　延长组致密油储层孔渗特征……………………………………………………（23）
2.2.3　延长组致密储层微观孔隙几何结构特征……………………………………（25）
2.2.4　延长组致密储层敏感性与润湿性特征…………………………………………（32）
2.2.5　鄂尔多斯盆地东南部延长组致密油储层裂缝发育特征……………………（35）
2.3　致密油储层成岩过程及孔隙演化特征……………………………………………（41）
3　致密砂岩渗吸排油规律与微观特征……………………………………………（44）
3.1　储层自发渗吸国内外研究现状……………………………………………………（44）
3.1.1　自发渗吸现象……………………………………………………………………（44）
3.1.2　致密油藏自发静态渗吸排驱作用研究进展…………………………………（44）
3.1.3　致密砂岩油藏动态渗吸排油研究进展………………………………………（45）
3.2　致密砂岩油藏静态自发渗吸排油规律研究………………………………………（46）

3.2.1 静态渗吸实验方法与步骤……(46)
3.2.2 岩石润湿性对自发渗吸排油效率的影响……(46)
3.2.3 渗透率对自发渗吸采出程度的影响规律……(48)
3.2.4 岩心尺寸对自发渗吸采出程度的影响规律……(57)
3.3 致密砂岩油藏动态渗吸排油规律……(58)
3.3.1 动态渗吸实验方法与步骤……(58)
3.3.2 不同渗透率岩心样品动态渗吸采出程度……(60)
3.3.3 水驱速度对裂缝性岩心动态渗吸采出程度的影响……(61)
3.4 致密砂岩渗吸后基质孔隙内剩余油微观赋存状态研究……(62)
3.4.1 微尺度渗吸实验方法与步骤……(63)
3.4.2 实验装置……(63)
3.4.3 处理流程……(64)
3.4.4 实验结果与讨论……(66)
4 渗吸排油效应在储能增渗体积压裂中的应用……(75)
4.1 致密油藏瓜尔胶滑溜水压裂液高效破胶剂及降解剂优选……(75)
4.1.1 致密油藏瓜尔胶压裂液高效破胶剂体系优选……(76)
4.1.2 致密油藏瓜尔胶压裂液残渣降解剂体系优选……(80)
4.2 致密油藏瓜尔胶滑溜水压裂液破胶降解因素及影响规律研究……(83)
4.2.1 实验仪器与药剂……(84)
4.2.2 实验方法……(84)
4.2.3 实验结果与讨论……(84)
4.3 致密砂岩低伤害低残渣瓜尔胶滑溜水压裂液体系性能评价……(89)
4.3.1 实验仪器与药剂……(89)
4.3.2 实验方法……(89)
4.3.3 实验结果与讨论……(89)
4.4 高效破胶降解剂体系作用机理研究……(94)
4.4.1 实验仪器与药剂……(94)
4.4.2 实验内容……(94)
4.4.3 实验原理与步骤……(95)
4.4.4 实验结果与讨论……(97)
4.5 常规瓜尔胶压裂液与低伤害瓜尔胶压裂液渗吸性能研究……(100)
4.5.1 实验材料及实验设备……(100)
4.5.2 实验方法及实验步骤……(100)
4.5.3 实验结果及分析……(103)

4.6 瓜尔胶压裂液渗吸促进剂优选及带压渗吸规律研究 …………………………（105）
4.6.1 实验材料及实验设备 …………………………………………………（105）
4.6.2 实验步骤 …………………………………………………………………（106）
4.6.3 实验结果及分析 ………………………………………………………（106）
4.7 瓜尔胶压裂增渗剂高压渗吸增效机理 ………………………………………（112）
4.7.1 表面活性剂—破胶液渗吸微观渗吸特征 ……………………………（112）
4.7.2 实验步骤 …………………………………………………………………（113）
4.7.3 实验结果与讨论 ………………………………………………………（113）
4.7.4 小结 ………………………………………………………………………（116）
4.8 表面活性剂渗吸增效机理 ……………………………………………………（116）
4.8.1 表面活性剂改善润湿性的机理 ………………………………………（116）
4.8.2 表面活性剂降低界面张力的机理 ……………………………………（119）
4.8.3 表面活性剂对黏附功的影响 …………………………………………（120）
4.9 致密油储能增渗体积压裂先导试验——以 XSW 地区长 8 储层为例…………（122）
4.9.1 长 8 产建区储层基本情况 ……………………………………………（122）
4.9.2 实施流程 …………………………………………………………………（122）
4.9.3 焖井压力跟踪 …………………………………………………………（123）
4.9.4 试油效果评价 …………………………………………………………（124）
5 渗吸排油效应在注水吞吐中的应用 ……………………………………………（127）
5.1 致密油藏注水吞吐可行性分析与面临挑战 …………………………………（127）
5.2 致密油藏活性水注水吞吐物理模拟 …………………………………………（128）
5.2.1 实验材料 …………………………………………………………………（128）
5.2.2 实验方法与步骤 ………………………………………………………（129）
5.2.3 实验结果与讨论 ………………………………………………………（129）
5.3 致密油藏体积压裂水平井注水吞吐产能模型 ………………………………（134）
5.3.1 体积压裂水平井渗流物理模型描述 …………………………………（134）
5.3.2 体积压裂水平井注水吞吐渗流模型建立 ……………………………（136）
5.3.3 体积压裂水平井注水吞吐渗流模型的求解 …………………………（143）
5.3.4 模型参数确定 …………………………………………………………（153）
5.4 吞吐渗吸采油工艺参数研究——以 HL 地区长 6 致密油为例 ……………（156）
5.4.1 吞吐渗吸采油机理分析 ………………………………………………（156）
5.4.2 注水吞吐采油主控因素研究——以 PO-14 水平井为例 ……………（158）
5.4.3 PO-14 井地质模型建立与历史拟合 …………………………………（161）
5.4.4 多因素正交优化设计 …………………………………………………（162）

5.5 以 HL 地区长 6 油藏 PO-14 井注水吞吐先导试验 …… (164)
5.5.1 PO-14 井基本情况 …… (164)
5.5.2 PO-14 注水吞吐效果分析 …… (164)
6 储层渗吸排油效应研究应用进展 …… (167)
6.1 储层渗吸排油行为研究进展 …… (167)
6.1.1 储层基质渗吸排油特征研究进展 …… (167)
6.1.2 提高储层渗吸排油效应技术研究进展 …… (168)
6.1.3 储层渗吸模型研究进展 …… (169)
6.2 我国致密油开发难点 …… (172)
6.3 渗吸排油效应在致密油水平井注水吞吐应用中的进展与发展趋势 …… (172)
6.3.1 注水吞吐过程简述 …… (173)
6.3.2 注水吞吐机理研究 …… (173)
6.3.3 注水吞吐主控因素及其影响规律 …… (179)
6.3.4 改善注水吞吐开发效果技术研究 …… (182)
6.3.5 注水吞吐油藏数值模拟与工艺优化 …… (185)
6.3.6 矿场试验与效果分析 …… (187)
6.4 致密油注水吞吐技术挑战与发展方向 …… (190)
6.5 结论 …… (191)
参考文献 …… (193)

1 绪　　论

当前，我国对外能源依存超 70%，已开发老油田逐步进入高含水期，稳产难度与生产成本持续增加，国家能源安全面临严峻挑战。致密油被誉为石油工业界的“黑金”，其在世界范围内储量巨大，近十年来，随着石油开采技术的不断提高，致密油资源贡献的原油产量与日俱增。本章从致密油的定义出发，整理了世界范围内致密油资源储量情况，并以商业化开发程度最高的美国及加拿大为例，对其近年来致密油资源开发情况进行了总结，为深化该类资源与开发现状的认识提供有益借鉴。

1.1 致密油资源的定义

在石油工业里，致密油是近年来被广泛关注的能源，“致密”是一个描述性的词汇，视不同国家、不同时期的资源状况和技术经济条件而划定。其对应英文“tight oil”在 20 世纪 40 年代的 AAPG Bulletin 期刊上出现记载，描述了含油性的致密砂岩储层[1]。与此同时“tight gas”这类致密含气储层也很快被人们发现。作为非常规油气藏的典型代表，美国将页岩气开发的新技术和经验引入曾被认为没有商业开采价值的低渗透页岩及相关层系石油资源的勘探开发，这种石油资源被称为致密油(tight oil)或页岩油(shale oil)。

（1）美国国家石油委员会(NPC，2011)认为：致密油富集于埋藏深、不易开采的沉积岩层内，该类岩层渗透率极低；部分致密油区石油产量直接来源于页岩层，多数产区致密油来源于靠近烃源岩(页岩)的致密砂岩、粉砂岩和碳酸岩[2]。

（2）综合 2012 年与 2014 年美国能源信息署(EIA)对致密油的定义：致密油是指原油赋存于岩石基质渗透率极低的页岩、砂岩和碳酸岩储层内，必须通过水平井、大型水力压裂进行投产提高层内原油流动效率的油藏[3-4]。

（3）加拿大能源委员会(NEB，2012)认为：致密油可直接产自页岩，但多数来自低渗透、与烃源岩页岩相关的粉砂岩、砂岩、石灰岩和白云岩中，需借助水平井钻井和水力压裂增产技术[5]。

（4）我国学者贾承造、邹才能（2012)等认为：致密油属于非常规油气资源，指赋存于致密储层中的非常规石油资源，是烃源岩处于生油窗，源—储互层或紧邻，储层致密，覆压基质渗透率不大于 $0.1\times10^{-3}\mu m^2$(空气渗透率小于 $1\times10^{-3}\mu m^2$)，单井无自然产能或自然产能低于商业石油产量下限，但在一定经济条件和技术措施下可获得商业石油产量[6-7]。

（5）王香增等(2016)从我国鄂尔多斯盆地三叠系延长组致密油勘探开发经验出发，将鄂尔多斯盆地致密油定义为：赋存于油页岩及与其互层共生的致密砂岩储层中，未经过大规模长距离运移，利用目前常规开发技术无法动用或动用效果较差，须通过技术攻关才可以有效开发的原油称为致密油，包括致密砂岩油和页岩油两大类[8]。

对比国内外对致密油定义的主要内容，当前已经形成3点基本共识：(1)致密油生油岩有机碳含量高、成熟度较好，该类储层与优质烃源岩互层发育，无大规模长距离运移，为原地或就近成藏；(2)致密油的储层岩性包括石灰岩、白云岩和砂岩等；(3)致密油无自然产能，必须通过大规模储层改造才能获得经济产能。

在上述3个共识基础上，当前致密油仍存在岩性与渗透率大小两个方面争议。

(1)页岩油是否属于为致密油。以加拿大、美国为主的学者认为致密油应该同时包括致密砂岩油和页岩油，属于相对宽泛的概念，属于广义致密油概念。其中，页岩油是从页岩烃源岩中采出的石油，与页岩气相似；致密油是从页岩烃源岩中运移至附近或远处的致密砂岩、粉砂岩、石灰岩或白云岩等地层中的石油，与致密气类似，但油藏储层物性比页岩好。而对于中国来说，单纯的页岩内可开发致密油储量相对较少，致密油主要产自与页岩相近的致密砂岩或者致密碳酸盐岩，也就是所谓的“甜点区”，属于狭义的范畴。

(2)受各致密油盆地储层非均质性影响，当前各地区专家对致密储层致密化程度，即渗透率划分下限尚存在一定争议。例如，美国 Bakken 组将渗透率 $1\times10^{-3}\mu m^2$以下的储层界定为致密油；长庆油田杨华将渗透率为 $0.3\times10^{-3}\mu m^2$ 以下的储层定义为致密油；延长油田王香增将渗透率小于 $0.5\times10^{-3}\mu m^2$ 的储层定义为致密油。

1.2 全球致密油资源储量及分布情况

1.2.1 全球致密油资源储量情况

作为非常规能源的典型代表，致密油资源在全球66个含油气盆地范围内均有分布且储量丰富，是当今非常规油气开发中增速最快的前沿阵地。根据EIA评估全球致密油储量约为 67840×10^8bbl，技术可采储量约为 3362×10^8bbl，当前技术采收率约为5%。欧洲以俄罗斯、北美洲以美国、亚洲以中国、南美洲以阿根廷、非洲以利比亚和澳洲以澳大利亚为代表的6个国家致密油资源最为丰富，占世界致密油资源的60%以上(表1.1)。当前，全球致密油地质储量与技术可采储量俄罗斯排名第一，美国排名第二，中国排名第三[9]。

表1.1　全球致密油地质储量与技术可采储量分布情况[9]

大洲	国家	地质储量/10^8bbl	技术可采储量/10^8bbl	采收率/%
欧洲	俄罗斯	12430	746	6.00
北美洲	美国	6540	477	5.00
亚洲	中国	6440	322	5.00
非洲	利比亚	6130	261	4.26
南美洲	阿根廷	4800	270	5.63
澳洲	澳大利亚	4030	175	4.34
其他地区		22850	1023	4.56
合计		67840	3362	4.96

全球66个主要致密油储集盆地中，致密油储量排名前十的依次为：西西伯利亚、墨西哥湾盆地、威利斯顿盆地、二叠盆地、阿拉伯盆地、内乌肯盆地、锡尔特盆地、马拉开波盆地、阿巴拉契亚盆地、古达米盆地，这10个盆地的致密油资源储量占全球总量的60%。其中，排名第一的是位于俄罗斯的西西伯利亚盆地，该区致密油技术资源储量约为101.8×10^8t，占致密油资源总量的16.0%[10]，远高于其余盆地（表1.2）。

表1.2 全球主要致密油储集盆地可采储量分布情况

序号	盆地名称	致密油资源储量/10^8bbl	占比/%
1	西西伯利亚	101.8	16.0
2	墨西哥湾盆地	62.4	9.8
3	威利斯顿盆地	42.6	6.7
4	二叠盆地	38.8	6.1
5	阿拉伯盆地	33.1	5.2
6	内乌肯盆地	28.0	4.4
7	锡尔特盆地	24.8	3.9
8	马拉开波盆地	20.4	3.2
9	阿巴拉契亚盆地	18.5	2.9
10	古达米盆地	16.5	2.6

1.2.2 全球致密油资源开发现状

据石油输出国组织（OPEC）2020年发布的“World Oil Outlook 2045”预测指出，世界致密油（包含非常规天然油气）产量将从2019年的1230×10^4bbl/d增加到2025年的1540×10^4bbl/d。预测在2030年达到1700×10^4bbl/d的产能峰值。2030年之后，世界致密油产量将呈下降趋势，到2045年将降到1480×10^4bbl/d。尽管如此，世界致密油占非欧佩克石油总产量的比例仍将从2019年的19%上升到2045年的23%。

当前，全球致密油累计产油量排名前五的盆地依次为二叠盆地、威利斯顿盆地、墨西哥湾盆地，西加盆地和丹佛盆地，这5大盆地的致密油产量占全球致密油累计产量的75%；其中，美国占据了其中排名第一、第二、第三和第五的4个盆地。加拿大的西加盆地排名第四（表1.3）。

表1.3 全球致密油累计产量盆地分布[10]

排序	盆地名称	致密油累计产量/10^4bbl	占比/%
1	二叠盆地	24000	30.4
2	威利斯顿盆地	19000	23.8
3	墨西哥湾盆地	18840	23.6
4	西加盆地	4789	6.0
5	丹佛盆地	4391	5.5

1.3 美国与加拿大致密油开发情况

目前，全球致密油大规模商业化开发主要集中在美国，近年来，加拿大的致密油产量也逐年攀升。与美国相比，阿根廷、中国、俄罗斯等国家致密油开发规模较小，尚处于发展阶段。因此，回顾美国与加拿大致密油开发情况，对于提高我国致密油开发水平，具有重要的借鉴价值。

1.3.1 美国致密油资源开发情况

(1)美国致密油产区分布情况。

当前，美国能源信息署（EIA）关于致密油产量资料显示，美国致密油主要产自5个地区：①阿纳达科盆地区伍德福德组(Woodford)；②威利斯顿盆地的巴肯页岩区(Bakken)；③墨西哥湾盆地西部的伊格尔福特页岩区(Eagle Ford)；④落基山地区的奈厄布拉勒页岩区(Niobrara)；⑤二叠盆地区，产层包括沃尔夫坎普(Wolfcamp)、博恩斯普林(Bone Spring)和斯普拉贝里(Sparberry)组等。其中，二叠盆地区(2020年12月产量超过381.2×10^4bbl/d，占比约为54.4%)、巴肯页岩区(2019年12月产量达到峰值381.2×10^4bbl/d，2020年12月产量为120×10^4bbl/d，占比约为17.1%)、伊格尔福特页岩区(2015年3月达到产量峰值162.3×10^4bbl/d，2020年12月产量为93.2×10^4bbl/d，占比约为13.3%)3个致密油主产地累计产量占美国致密油总产量90%以上，二叠盆地区是目前美国乃至世界最大的致密油产区。除了3个主要的致密油产地外，包括俄克拉荷马、南阿纳达科、阿巴拉契亚、得克萨斯—路易斯安那盐盆、丹佛—朱尔斯堡等致密油含油盆地未开发致密油的未证实储量(待探明储量)仍十分丰富，储采比在9.4~15.5之间，具有良好的待开发潜力（表1.4）。

表1.4 美国主要页岩区带致密油证实储量[12]

序号	盆地	页岩区带	所在州	2019 年产量/10^6bbl	2019年 未证实储量/10^6bbl	储采比
1	二叠盆地	沃尔夫坎普 博恩斯普林	新墨西哥 得克萨斯	1209.0	11994.0	9.9
2	威利斯顿	巴肯 斯里福克斯	南达科他 蒙大拿 北达科他	517.0	5845.0	11.3
3	西墨西哥湾 沿岸盆地	伊格尔福特	得克萨斯	451.0	4297.0	9.5
4	俄克拉荷马 南阿纳达科	伍德福德	俄克拉荷马	53.0	524.0	9.9
5	阿巴拉契亚	马塞勒斯	宾夕法尼亚 西弗吉尼亚	21.0	326.0	15.5

续表

序号	盆地	页岩区带	所在州	2019 年产量/10^6bbl	2019 年未证实储量/10^6bbl	储采比
6	得克萨斯—路易斯安那盐盆	海恩斯维尔博西尔	得克萨斯 路易斯安那	3.4	46.7	13.7
7	丹佛—朱尔斯堡	奈厄布拉勒	科罗拉多 堪萨斯 内布拉斯加 怀阿明	25.0	235.0	9.4
8	沃斯堡	巴奈特	得克萨斯	2.0	19.0	9.5
小计				2278.0	23240.0	10.2

(2)2009 年—2019 年美国致密油产量发展情况。

借鉴早期页岩气的开发经验，采用大型水平井体积压裂技术，2009 年—2019 年是美国致密油产量发展势头迅速。最早实施开发的是威利斯顿盆地巴肯页岩区，后在伊格尔福特、奈厄布拉勒和二叠盆地等地区进行规模性推广。

2009 年，美国致密油产量为 12.5×10^6t，当年原油总产量为 268.2×10^6t，致密油产量仅占全国原油生产总量的 4.7%。2009 年以后致密油资源迎来了飞速发展期(表 1.5)，到了 2012 年，全美致密油产能上升至 109.7×10^6t，占全国原油生产总量的 33.7%，迎来了第一次产量高峰。截至 2019 年，全美致密油产量已经达到 399.3×10^6t，超过美国石油生产总量的 65%，成为美国石油产量增长的主要来源。

表 1.5　2009—2019 年美国致密油产量情况[12]

时间	原油总产量/10^6t	致密油产量/10^6t	占比/%
2009	268.2	12.5	4.7
2010	273.7	41.0	15.0
2011	282.9	65.7	23.2
2012	325.1	109.7	33.7
2013	372.0	157.5	42.3
2014	435.4	213.8	49.1
2015	470.8	243.6	51.7
2016	445.2	228.2	51.3
2017	467.8	252.9	54.1
2018	536.9	326.7	60.8
2019	613.1	399.3	65.1

(3)未来美国致密油产能发展预测。

当前，致密油已成为美国原油供给的主要力量，其在国内产能占比超过 65%。按照美国能源署(EIA)的预测，在 2021—2030 年，致密油产量依然会保持高水平发展，在 2025 年达到产能峰值，后逐渐趋于平缓，呈下降趋势。

预测在2030—2050年内，致密油主要产区中，二叠盆地中的沃尔夫坎普、博恩斯普林与斯普拉贝里3个区块仍将是未来致密油最大的产区，巴肯地区将是未来致密油第二大的产区，排名第三的是伊格尔福特区带(图1.1)。

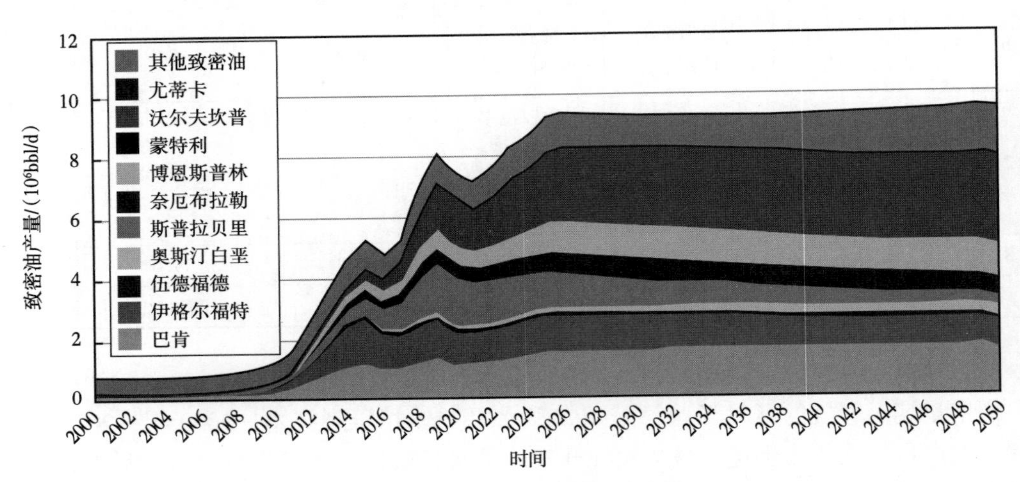

图1.1 美国致密油产量发展预测

1.3.2 加拿大致密油资源开发情况

加拿大致密油可采资源总量约为12.6×10^8t，排名世界第十，是继美国以后第二个成功商业化开发致密油的国家，为全球第五大石油出口国，在出口的原油中，致密油产量占比约为8%。

(1)加拿大致密油产区分布情况。

加拿大致密油资源主要分布于西加拿大含油气盆地、阿巴拉契亚山脉地区、纽芬兰岛格林角(Green Point)和魁北克安蒂科斯蒂岛马卡斯带 & 尤蒂卡(Macasty & Utica)等4个地区。其中，西加拿大含油气盆地规模最大，其横跨阿尔伯达省、萨斯喀彻温省、曼尼托巴省、英属哥伦比亚省4个省份。具有巴肯/埃克肖、卡尔蒂姆、维京、迪韦奈/马斯夸、下肖纳文、比弗希尔湖、白斑、诺德格、派克斯蔻多个致密油开发区。主要生产层位为：巴肯组、埃克肖组、卡尔蒂姆组、维京组。其中，巴肯组与埃克肖组是致密油的主要产层。

(2)加拿大致密油开发现状及发展预测。

2005年，利用美国成熟的水平井压裂技术，加拿大萨斯喀彻温省东南部和曼尼托巴省西南部的巴肯组致密油得到了商业化开发。随着生产规模的不断扩大，2010年加拿大全国致密油资源产量达到1.96×10^4t/d，2014年，致密油产量达到5.95×10^4t/d，产量规模较2010年成倍增长，生产层位也从巴肯组逐渐推广至其他地层组，占当前北美地区致密油产量的9%[13]。

受低油价的影响，2014-2016年间，致密油钻井数量骤减，钻井数量依次为3200、2300、1000口。2014年投产致密油井多依靠天然能量衰竭开发，产量递减迅速，致使2016年底，在投产1000口新井的前提下，致密油产量下降至4.93×10^4t/d。截至2018年，加拿大致密油产量为4.99×10^4t/d，产量趋于平稳。随着国际原油价格的逐渐升高，国际能源组织预测加拿大致密油产量将持续增加，预计 2040 年产量可达到 10.64×10^4t/d。

1.4 中国致密油资源及开发形势

第 4 次油气资源评价结果显示：我国常规石油地质资源量约为 1080.31×10^8t，技术可采资源量 272.5×10^8t，常规天然气地质资源量 784422.15×$10^8$$m^3$，技术可采资源量 484457.94×$10^8$t，约占常规资源量技术可采资源量的 55.5%。我国非常规资源丰富，按照资源类型划分，可分为致密油、油页岩油和油砂等三种非常规石油资源与页岩气、致密砂岩气、煤层气和天然气水合物等 4 种非常规气资源。其中，非常规石油地质资源总量约为 672.08×10^8t，非常规天然气资源量约为 2849500.47×$10^8$$m^3$（表 1.6）。

表 1.6 中国非常规能源评价结果[14]

资源类型		石油资源量/10^8t		天然气资源量/$10^8$$m^3$	
资源名称	分布面积/km^2	资源储量	技术可采资源量	资源储量	技术可采资源量
致密油	188541.00	125.80	12.34		
油页岩油	552478.67	533.73	131.80		
油砂	1492.32	12.55	7.67		
页岩气	425281.87			802085.82	128501.12
致密砂岩气	324544.00			218643.60	109386.10
煤层气	385060.55			298211.05	125142.38
天然气水合物	1912269.00			1530560.00	530000.00
合计	3789667.41	672.08	151.81	2849500.47	893029.60

1.5 中国致密油资源特点及分布情况

当前，非常规能源主要包括：致密油、油页岩油、油砂、页岩气、致密砂岩气、煤层气、天然气水合物等资源类型。2016 年我国石油对外依存度达 65.4%，据英国石油公司预测，2035 年对外依存度高达 75%，国家将面临严峻的能源安全问题（图 1.2）。

在非常规石油资源中，以油页岩油资源地质资源储量最大，其技术可采量是致密油的 10 倍以上。在非常规天然气资源中，天然气水合物资源规模最大，是致密气资源的 5 倍。然而，由于当前油页岩油与天然气水合物勘探程度极低，缺乏有效的商业开发技术，属于未来的潜力资源。我国致密油分布范围广、资源丰富，总资源量达 110×10^8～135×10^8t，是国内石油勘探开发主要的接替资源。

致密油作为非常规石油的资源的典型代表，其在准噶尔盆地二叠系、三塘湖盆地二叠系、鄂尔多斯盆地三叠系、四川盆地侏罗系、吐哈盆地侏罗系、松辽盆地白垩系、酒泉盆

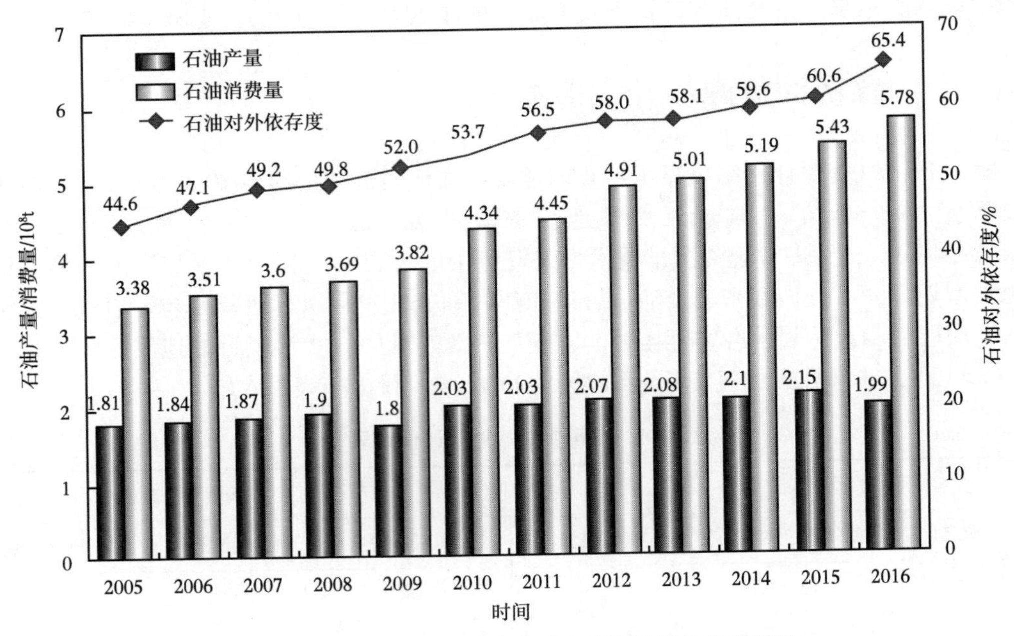

图 1.2　2005—2016 年中国石油产量与对外依存度统计

地白垩系、渤海湾盆地古近系、柴达木盆地新近系等各大含油盆地地区均匀分布。中国致密油可采资源主要分布在中部地区，其次为东部地区，西部地区最少；主要富集在鄂尔多斯盆地、松辽盆地和渤海湾盆地等 3 个盆地。其中，鄂尔多斯盆地致密油资源最为丰富，可采资源量为 4.93×10^8t，约为全国致密油资源可采量的 33.9%。排名第二的是松辽盆地，可采资源量为 2.72×10^8t，约为全国致密油资源可采量的 18.7%。排名第三的为渤海湾盆地，可采资源量为 2.16×10^8t，约为全国致密油资源可采量的 14.9%（表 1.7 和表 1.8）。

表 1.7　中国主要盆地致密油资源分布情况[15]

盆地名称	盆地类型	主力层位	岩性	资源量/10^8t	
				地质	技术可采
鄂尔多斯	克拉通	上三叠统	砂岩	41.88	4.93
四川	前陆	侏罗系	砂岩、介壳灰岩	16.11	1.29
松辽	裂谷	白垩系	砂岩	22.28	2.72
渤海湾	裂谷	古近系	砂岩、碳酸盐岩、混积岩	19.56	2.16
二连	裂谷	下白垩统	混积岩	6.10	0.61
准噶尔	克拉通	二叠系	混积岩	19.79	1.24
柴达木	克拉通	古近系—新近系	砂岩	8.58	0.70
三塘湖	前陆	二叠系	混积岩	11.04	0.77
酒泉	裂谷	下白垩统	混积岩	1.29	0.12
合计				146.60	14.54

表 1.8 中国致密油/页岩油资源量评价历程简表[16]

类型	资料来源	评价时间	资源量
致密油	中华人民共和国国土资源部	2015	地质资源量为 146.6×10^8t 技术可采资源量为 14.54×10^8t
	中国石油第四轮资评	2016	地质资源量为 125.8×10^4t 技术可采资源量为 12.34×10^8t
	国家“973”项目	2018	地质资源量为 178.2×10^8t 技术可采资源量为 17.65×10^8t
页岩油	李玉喜、罗承先	2011	初步估计页岩油可采资源量在 100×10^8t 以上
	中华人民共和国国土资源部 油气资源战略研究中心	2013	页岩油地质资源量为 402.67×10^8t 技术可采资源量为 37.06×10^8t
	中华人民共和国国土资源部	2013	全国页岩油技术可采资源量为 153×10^8t
	邹才能等	2013	初步预测页岩油可采资源量为（30~60）$\times10^8$t
	中国石化	2012	中国石化探区页岩油地质资源量为 85×10^8t
	中国石化	2014	全国页岩油技术可采资源量为 204×10^8t
	中国石油	“十三五”期间	中国石油探区页岩油地质资源量为 201.6×10^8t
	中国石油	2016	全国页岩油技术可采资源量为 145×10^8t
	杜金虎等	2019	初步估算中国陆相中高成熟度页岩油地质资源量约为 200×10^8t
	赵文智等	2020	中低成熟度页岩油原位转化技术可采资源量为（700~900）$\times10^8$t；中等油价（60~65 美元/bbl）下的经济可采量为（150~200）$\times10^8$t；中高成熟度页岩油地质资源量约为 100×10^8t

经过近年来我国对致密油的开发总结，与北美地区古生代中高成熟度致密油资源相比，我国致密油资源具有以下特点：

(1)美国海相致密油资源储层沉积较为整装，规模大，含油有利区多为数千平方米以上，而中国致密油资源主要分布于陆相湖盆储层中，沉积环境多变，纵向上砂泥薄层较多，“甜点区”局部富集，整体分布不均匀（表 1.9）。

(2)美国海相主力油藏压力系数高，多为异常高压，原油密度和黏度低，气油比一般小于 $120m^3/m^3$。而中国致密油储层天然压力低，压力系数仅为 0.75~1.60，原油密度与黏度较高，气油比一般大于 $120m^3/m^3$。

(3)我国不同盆地致密油矿物组成差异大，“甜点区”发育非均质性严重，且各“甜点区”储层孔隙结构、孔道尺寸、润湿性等基本物理特征也具有显著区别。

表 1.9 中国陆相致密油、页岩油与美国海相页岩油对比简表[16]

对比因素		美国	中国
地质条件	盆地类型	稳定克拉通边缘盆地、前陆盆地（二叠盆地、威利斯顿盆地）	大型坳陷盆地、断陷盆地（鄂尔多斯盆地、准噶尔盆地松辽盆地、渤海湾盆地等）
	岩性	相对简单，海相碳酸盐岩、混积岩、粉砂岩、页岩、泥岩、白垩、硅质岩	复杂，非均质性强，粉—细砂岩、湖相碳酸盐岩、泥岩页岩、混积岩、(沉)凝灰岩
	沉积相	海相（稳定，厚度大）	陆相（相变快，厚度薄）
	成熟度	成熟—高成熟	中低成熟度为主，局部高成熟
	压力系数	多为异常高压	天然能量低 压力系数为 0.75~1.60

1.6 中国致密油资源开发现状

截至 2017 年，我国致密油产能建设规模约为 200×10^4t，其中鄂尔多斯盆地长 7 段致密油产量为 130×10^4t，占比 65%；松辽盆地致密油产量为 33×10^4t，占比 16.5%；三塘湖盆地约为 20×10^4t，占比 10%；四川盆地侏罗统致密油产量 10×10^4t，占比 5%；其余的渤海湾盆地、柴达木盆地、酒泉盆地、汉江盆地累计产量约为 7×10^4t，占比 3.5%。李登华等指出，未来油价对我国致密油开发影响较大，在低油价条件下，预测 2030 年全国致密油产量为 500×10^4t，占比全国产量 2.5%。预测中油价条件下，2030 年全国致密油产量为 1500×10^4t，占比 7.5%；而高油价条件下，2030 年全国致密油产量为 2500×10^4t，占比 12.5%。

美国作为曾经世界最大的石油进口国家，随着页岩气与致密油等非常规能源的技术突破，已经转化为全球最大的能源出口国家。加拿大致密油技术可采储量排名世界第十，即使在低油价下该类能源开发规模依然缓慢增加。中国具有丰富的致密油资源，技术可采资源量约为 44.8×10^8t，排名世界第三位，据国土资源部的油气资源评价结果，致密油资源约占我国的可采石油资源的 40%。在国内石油与天然气产量缺口逐年增大，对进口石油依赖程度持续增加的背景下，借鉴国外致密油先进开发经验，对我国致密油资源特点进行深入认识，开展配套高效开发技术研究，对保障我国能源安全具有重要意义。

2　鄂尔多斯盆地致密油储层物性特征

在我国众多致密油区域内，以鄂尔多斯盆三叠系延长组致密油藏现阶段开发规模及储量最大。本章简要介绍了鄂尔多斯盆地区域范围，对致密油主要富集层位三叠系延长组沉积层序及演化特征进行了概述，在此基础上，对该区致密油成藏特征进行了分析。最后，以鄂尔多斯盆地东南部某处延长组下组合致密储层为例，利用取心探井薄片、孔渗测试、岩心压汞、润湿性测试、裂缝监测资料等系列分析手段，对其储层物性特征进行了系统总结。

2.1　鄂尔多斯盆地延长组致密油沉积演化形成过程及其成藏特征

2.1.1　鄂尔多斯盆地简介

鄂尔多斯盆地，北起阴山、大青山，南抵陇山、黄龙山、桥山，西至贺兰山、六盘山，东达吕梁山、太行山，总面积达 $37\times10^4 km^2$，是我国第二大沉积盆地，地跨内蒙古、陕西、山西、宁夏、甘肃 5 个省(区)，可划分为 6 个主要构造单元，依次为伊盟隆起、渭北隆起、天环坳陷、伊陕斜坡、晋西挠褶带和西缘逆冲带(图 2.1)。

2.1.2　鄂尔多斯盆地三叠系延长组沉积层序及演化特征

(1)延长组沉积层序构架。

鄂尔多斯盆地三叠系延长组在沉积构造演化、沉降过程中，形成以陆源碎屑物源为主的河流—湖泊相沉积体系。根据岩性、测井储层沉积特征，可以将三叠系划分为 5 段，对应 10 个油层组，分别为长 1、长 2、长 3、长 4+5、长 6、长 7、长 8、长 9 和长 10 储层。其中，长 1~长 6 油层组称为上组合、长 7 与长 8 油层组称为中组合，长 9 与长 10 油层组称为下组合。具体的地层层序及其特点见表 2.1 和图 2.2。

①第一段(T_3y_1)：长 10 油层组，主要是一套灰绿色、肉红色的长石砂岩夹暗紫色砂质泥岩、泥质粉砂岩和粉砂岩。砂岩中长石含量高(通常 40%以上)，富含浊沸石和方解石胶结物，并常因胶结物分布不均呈斑点状。砂体形态多呈透镜状河道砂岩，大型的槽状及板状交错层理发育，基底冲刷面起伏明显。泥质岩中含植物化石。该段地层自北而南粒度逐渐变细，地层厚度由薄变厚。电性特征清楚，视电阻率曲线一般呈指状高阻，自然电位偏负，呈高幅钟形及大段箱型。本段岩性、电性特征明显，地层厚度稳定，一般在 250~350m 之间。

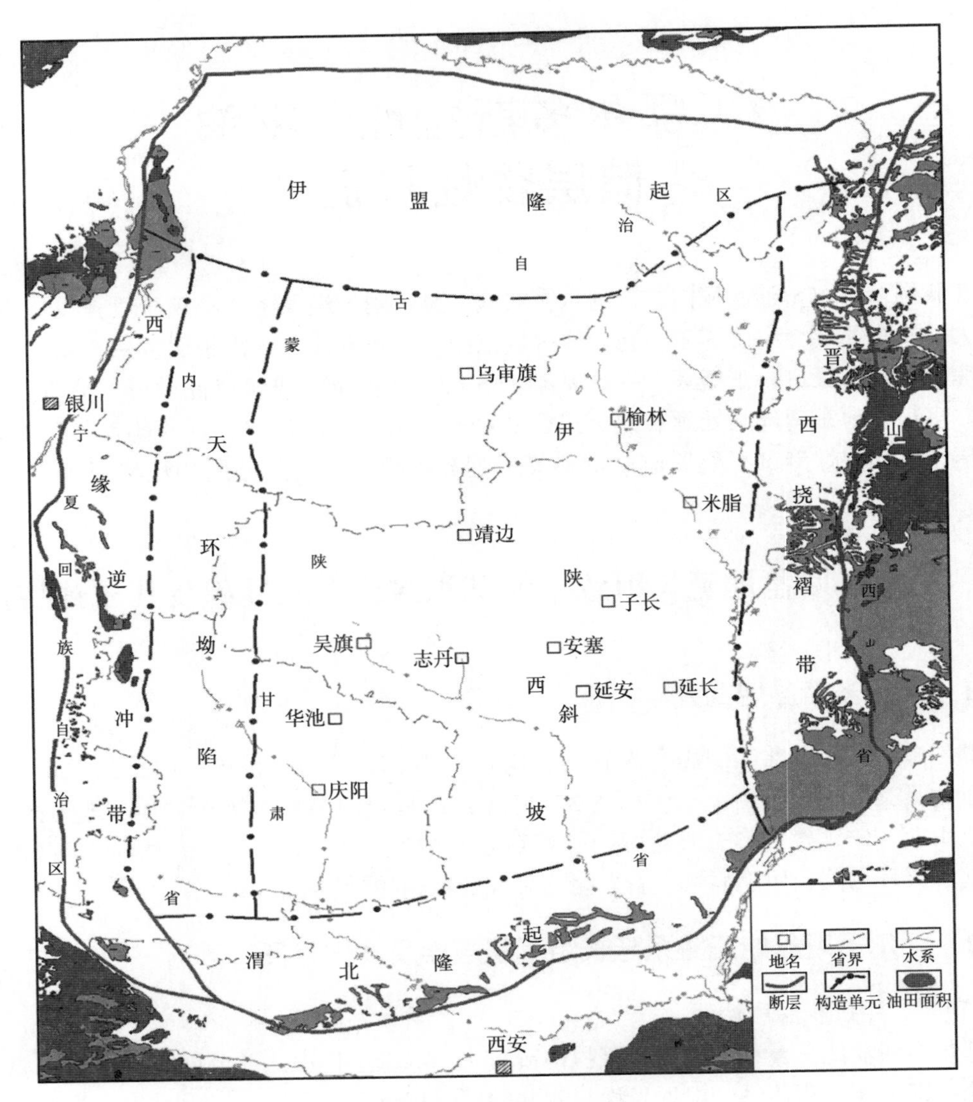

图 2.1　鄂尔多斯盆构造图

②第二段（T_3y_2）：包括长 9 和长 8 油层组，为深灰色、灰黑色泥岩夹粉细砂岩或两者的薄互层。一般下细上粗，下部泥质含量高，以泥岩为主，划分为长 9，而上部以砂岩为主，划分为长 8。长 9 是广泛湖侵背景下形成的产物，在长 9 的上部，除盆地边缘外，湖盆南部广泛发育黑色页岩、油页岩，习称“李家畔页岩”，厚约 20～40m，这套页岩在盆地内分布稳定，通常表现为高自然伽马和高电阻率，是井下地层对比的重要标志。长 8 主要为湖退背景下的三角洲沉积，粒度相对较粗，颜色为灰白色、灰色、灰黑色，细砂岩，含油性好。

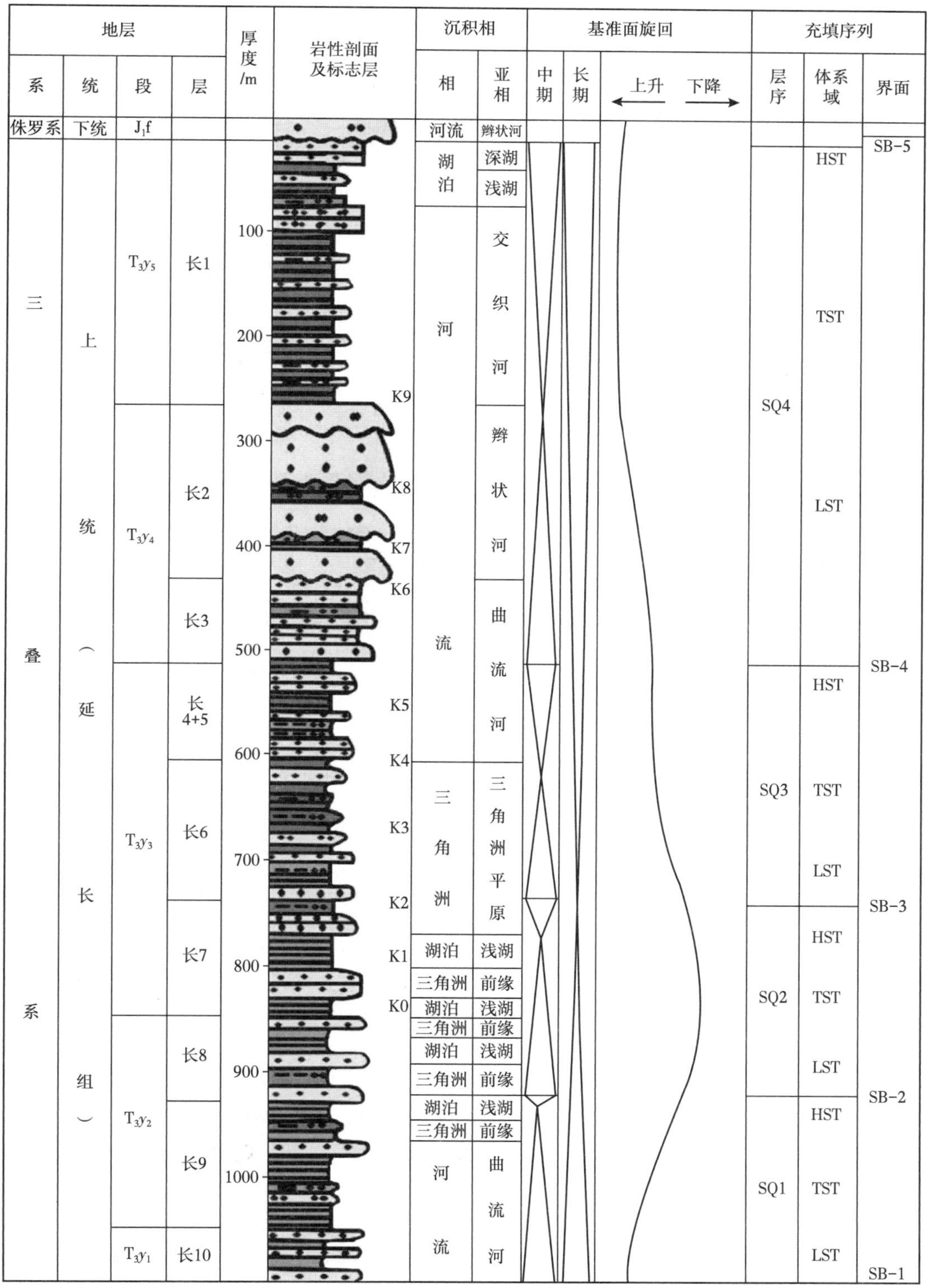

地层：系、统、段、层

侏罗系 | 下统 | J_1f

三叠系 | 上统（延长组）

T_3y_5：长1
T_3y_4：长2、长3
T_3y_3：长4+5、长6、长7
T_3y_2：长8、长9
T_3y_1：长10

厚度/m：100、200、300、400、500、600、700、800、900、1000

岩性剖面及标志层：K9、K8、K7、K6、K5、K4、K3、K2、K1、K0

沉积相（相 / 亚相）：
河流 / 辫状河
湖泊 / 深湖、浅湖
河流 / 交织河、辫状河、曲流河
三角洲 / 三角洲平原
湖泊 / 浅湖
三角洲 / 前缘
湖泊 / 浅湖
三角洲 / 前缘
湖泊 / 浅湖
三角洲 / 前缘
湖泊 / 浅湖
三角洲 / 前缘
河流 / 曲流河

基准面旋回：中期、长期、上升、下降

充填序列：
层序 SQ4：HST、TST、LST
层序 SQ3：HST、TST、LST
层序 SQ2：HST、TST、LST
层序 SQ1：HST、TST、LST

界面：SB-5、SB-4、SB-3、SB-2、SB-1

图 2.2　鄂尔多斯盆延长组旋回层序

表 2.1　鄂尔多斯盆地三叠系延长组地层界面与岩性对比标志层

<table>
<tr><th rowspan="2">系</th><th rowspan="2">统</th><th rowspan="2">组</th><th rowspan="2">段</th><th rowspan="2">油层组</th><th rowspan="2">小层</th><th rowspan="2">厚度/m</th><th rowspan="2">岩性特征</th><th colspan="2">标志层</th></tr>
<tr><th>名称</th><th>位置</th></tr>
<tr><td>侏罗系</td><td>下统</td><td colspan="4">富县组</td><td>0~150</td><td>厚层块状砂砾岩夹紫红色泥岩或两者成相变关系</td><td></td><td></td></tr>
<tr><td rowspan="20">三叠系</td><td rowspan="19">上统</td><td rowspan="19">延长组</td><td>第五段 T_3y_5</td><td>$长_1$</td><td></td><td>70~90</td><td>瓦窑包煤系灰绿色泥岩粉细砂岩，炭质页岩夹煤层</td><td>K_9</td><td>底</td></tr>
<tr><td rowspan="6">第四段 T_3y_4</td><td rowspan="3">长 2</td><td>长 2_1</td><td>40~45</td><td>灰绿色块状中、细砂岩夹灰绿色泥岩</td><td>K_8</td><td>底</td></tr>
<tr><td>长 2_2</td><td>40~45</td><td>浅灰色中、细砂岩夹夹灰色泥岩</td><td></td><td></td></tr>
<tr><td>长 2_3</td><td>45~50</td><td>灰、浅灰色中、细砂岩夹暗色泥岩</td><td></td><td></td></tr>
<tr><td rowspan="3">$长_3$</td><td>长 3_1</td><td rowspan="3">120~135</td><td rowspan="3">浅灰色、灰褐色细砂岩夹暗色泥岩</td><td rowspan="3">K_7
K_6</td><td rowspan="3">上
底</td></tr>
<tr><td>长 3_2</td></tr>
<tr><td>长 3_3</td></tr>
<tr><td rowspan="8">第三段 T_3y_3</td><td rowspan="2">长 4+5</td><td>长 $4+5_1$</td><td>45~50</td><td>暗色泥岩、细砂岩碳质泥岩煤线夹薄层粉—细砂岩</td><td rowspan="2">K_5</td><td rowspan="2">中</td></tr>
<tr><td>长 $4+5_2$</td><td>45~50</td><td>浅灰色粉、细砂岩与暗色泥岩互层</td></tr>
<tr><td rowspan="3">长 6</td><td>长 6_1</td><td>35~45</td><td>绿灰、灰绿色细砂岩夹暗色泥岩</td><td>K_4</td><td>顶</td></tr>
<tr><td>长 6_2</td><td>20~30</td><td>浅灰绿色粉—细砂岩夹暗色泥岩</td><td>K_3</td><td>底</td></tr>
<tr><td>长 6_3</td><td>25~35</td><td>灰黑色泥岩、泥质粉砂岩、粉—细砂岩互层夹薄层凝灰岩</td><td></td><td></td></tr>
<tr><td rowspan="3">长 7</td><td>长 7_1</td><td rowspan="3">80~120</td><td rowspan="3">中上部暗色泥岩、油页岩夹薄层粉—细砂岩下部为薄层砂岩与暗色泥岩</td><td rowspan="3">K_2</td><td rowspan="3">中上</td></tr>
<tr><td>长 7_2</td></tr>
<tr><td>长 7_3</td></tr>
<tr><td rowspan="3">第二段 T_3y_2</td><td rowspan="2">长 8</td><td>长 8_1</td><td rowspan="2">70~85</td><td>暗色泥岩、砂质泥岩夹灰色粉—细砂岩</td><td>K_1</td><td>顶</td></tr>
<tr><td>长 8_2</td><td>灰色中—细砂岩、泥质粉砂岩夹泥岩</td><td>K_0</td><td>顶</td></tr>
<tr><td colspan="2">长 9</td><td>90~120</td><td>暗色泥岩、页岩夹灰色粉—细砂岩</td><td>K_{-1}</td><td>底</td></tr>
<tr><td>第一段 T_3y_1</td><td colspan="2">长 10</td><td>280</td><td>肉红色、灰绿色长石砂岩夹粉砂质泥岩具麻斑构造</td><td></td><td></td></tr>
<tr><td></td><td></td><td colspan="3">纸坊组</td><td>300~360</td><td>上部灰绿、棕紫色泥质岩夹砂岩，下部为灰绿色砂岩、砂砾岩</td><td></td><td></td></tr>
</table>

③第三段(T_3y_3)：包括长 7、长 6 和长 4+5 油层组，岩性为深灰色、灰黑色泥页岩与灰色、灰绿色粉砂岩、细砂岩互层。长 7 主要以泥、页岩为主，在陇东地区长 7 深湖相油页岩中夹砂质浊积岩且含油，这套地层是延长组湖盆发育鼎盛时期形成的重要生油岩，俗称“张家滩页岩”，在湖盆广大地区均有分布，在井下测井曲线表现为“三高一低”(高电阻、高自然伽马、高声波时差和低自然电位)特征。长 6 主要为一套灰绿色中细粒砂岩沉积，在盆地北部、东北部发育三角洲沉积，是延长组主要的储油层段。自然电位曲线从下向上表现为倒三角形偏负的特征。长 4+5 地层厚度 80~100m 左右，主要由三角洲—滨浅湖

相细砂岩—粉砂岩组成，根据沉积旋回特征，可进一步划分这2个小层，分别为$4+5_1$、$4+5_2$顶部为高阻的(含碳)泥岩，俗称“细脖子段”，厚度约30~50cm。

④第四段(T_3y_4)：由长3和长2油层组组成。长3油层组主要为灰白色、灰色长石石英细砂岩，夹灰色、灰黑色泥岩，电性特征为自然电位偏负，呈箱状或指形态，视电阻率曲线形态呈锯齿状。长2油层组岩性比较单一，主要为浅灰色、灰绿色细粒砂岩夹灰黑色、灰色粉砂质泥岩。

⑤第五段(T_3y_5)：瓦窑堡煤系，由长1油层组构成。下部为深灰色、黄绿色泥岩、粉砂质泥岩与粉细砂岩互层，上部为深灰色、灰绿色泥岩、灰黑色碳质泥岩夹页岩及煤层，夹有大量植物化石，自然电位总体平直，夹中幅指状负异常，电阻率为齿状，是长2油层组的区域性盖层。由于遭受后期剥蚀，本段在盆地北、西、南部残存厚度差异很大，尤以盆地南部为甚，在马坊—姬原—庆阳—正宁—马栏一线以西全部侵蚀；庆阳—华池一带仅分布在“残丘”上。

(2)延长组沉积演化特征。

三叠纪晚期，鄂尔多斯盆地进入印支构造运动阶段。印支运动对中国古地理环境的发展影响巨大，它改变了三叠纪中期以前“南海北陆”的局面。印支期是亚洲大陆东部古地理、古构造格架发生巨变的转折点，是亚洲大陆构造体制演化新阶段的开始，即太平洋板块与亚洲大陆间沿西太平洋贝尼奥夫带强烈作用。从此中国南北陆地连为一体，大部分地区处于陆地环境。印支运动标志着华北大陆大型陆内沉积盆地演化阶段的开始。三叠系构造层大体上显示近东西向大型隆、坳相间展布的构造特征，在构造格局上，南北挤压、东西挤出的总体趋势，改变了长期以来东西成带、南北分块的构造格局，逐步转变为南北成带、东西分块的新格局。因此，印支运动是中国地壳运动史上的一个重大转折期，起到了承上启下的重要作用，具有划时代的意义。

鄂尔多斯盆地晚三叠世印支期构造变动的动力源是华北板块与扬子板块的碰撞运动，碰撞造成巨大的NE—SW向挤压力，导致NW向压性构造广泛分布。按照板块构造观点，华北和扬子两个陆块在晚古生代时还有较为宽广的古特提斯洋相隔，华北陆块与北方的西伯利亚陆块之间在晚古生代时也有宽阔的古蒙古洋相隔。但是，晚古生代期间，这些分离的陆块总体上是发生南北向的相对聚敛运动，且在聚敛运动过程中逐渐拼合，形成近东西向的褶皱带，最终将这些陆块“焊接”在一起，如图2.3所示。现有地质研究认识为华北地块和扬子地块呈由东向西逐渐剪刀状碰撞、闭合，促使鄂尔多斯地块逆时针旋转提供了佐证。通过对分布于秦岭地区花岗岩40Ar/39Ar年龄测定，发现东、西秦岭经历着完全不同的冷却历史，反映了东、西秦岭隆升的差异性；大别山岳西地区发育着大量244—211Ma的超高压变质岩带，而西秦岭地区则没有类似的超高压变质岩出露，广泛发育了一套活动大陆边缘型的火山岩浆构造。在南秦岭勉略缝合带发现黑陶山变质火山岩，属三叠纪变质的古生代洋壳残片，至晚三叠世勉略洋的闭合才导致扬子与华北地块在西部发生对接。对秦岭的地质研究也表明，中一晚三叠世在秦岭南北两侧呈明显角度不整合，在扬子北部地区(如旺苍)是海相地层向陆相地层转变的界限；晚三叠世地层在中秦岭缺失，在西秦岭仍为海相地层，但出露有限；这些地质证据均支持扬子与华北地块的对接是先东后西呈剪刀状闭合，也正是华北与扬子地块的这种特殊对接方式，导致了大别—苏鲁地区在晚二叠世受到强烈的挤压，使陆壳俯冲到上地幔，之后两地块又以该地区为支点发生不同方向的旋转运动，使该区受到持续不断的挤压作用，最初俯冲到上地幔的部分陆壳物质被推挤上升，形成该地区的超高压变质岩。

华北与扬子地块对接，形成大别—秦岭造山带的过程可以概括为：①先东部后西部的对接（东部为 P2，西部为 T3）；②以东部为支点的旋转和共同的北向平移运动（P2—T3）；③整体缝合，并伴随有强烈的地壳缩短和陆内相对逆时针旋转运动（T3—J2）；④受来自北部西伯利亚板块的挤压，华北地块与扬子地块一起逆时针旋，新生代以来受印度板块俯冲旋转明显（K1-Q）。华北板块与扬子板块的碰撞挤压导致大别山—秦岭褶皱带的崛起及鲁西南隆起区的形成，标志着华北盆地区进入全面陆内造山阶段，华北地区东、西差异的构造格局开始显现。

鄂尔多斯盆地晚三叠世时的古构造面貌既受其南侧秦岭造山作用的影响，亦受西侧阿拉善地块推挤作用的影响，二者共同作用的结果造就了晚三叠世盆地的古构造面貌。海西末期，华北板块与西伯利亚板块的碰撞形成了兴蒙造山带，使得鄂尔多斯盆地北缘在山前强烈拗陷。进入印支构造阶段，盆地主要受南面特提斯洋的作用，在晚三叠世盆地中南部秦岭造山带山前也发生强烈凹陷；除此之外，华北板块与西伯利亚板块在碰撞形成兴蒙造山带之后，俯冲作用并未停止，继续发生 A 型俯冲。上述这种南北夹击双向挤压的应力场特征，不仅对包括鄂尔多斯地块在内的华北板块的地质结构产生巨大的影响，而且对晚三叠世鄂尔多斯盆地形成和演化起着控制性的作用。

晚三叠世是盆地进入内陆盆地演化阶段以来构造活动性最强的时期，该时期是秦岭造山带的主造山期，秦岭洋因相邻板块全面碰撞而最终闭合。其盆地构造性质与来自盆地西南缘强烈的印支造山运动有关。盆地西南缘的构造应力促使鄂尔多斯地块逆时针旋转，在盆地西南缘形成强烈挤压区的同时，在西北缘必然形成拉张区。这一地球动力学过程已被古地磁资料证实。

盆地边界受控于盆地的构造格局，鄂尔多斯盆地的形成和演化与华北板块的构造发展息息相关。海西期末，华北板块与西伯利亚板块碰撞形成了兴蒙造山带，使鄂尔多斯盆地北缘在山前强烈坳陷。三叠系沉积时，盆地处于南北应力状态，北侧是陆内俯冲，南侧继续受特提斯洋的作用。随着扬子板块与华北板块的碰撞，其间的古特提斯洋消失，海水退向西南，形成秦岭—大别造山带。

在板块拼合的过程中，华北板块由于古太平洋向欧亚大陆板块俯冲、消减，发生逆时针旋转，同时扬子板块也受到来自 SSW 方向的挤压，与华北板块之间发生自东向西“剪刀式”碰撞、闭合。拼合大致沿阿尼玛聊—商丹断裂一线由东向西发生，即大别—合肥地区大致于早三叠世末—中三叠世发生对接；三门峡地区大致于中三叠世末—晚三叠世发生对接；鄂尔多斯盆地于晚三叠世延长组发生拼接；到西秦岭区则迟至晚三叠世后期—早侏罗世才完全碰撞。鄂尔多斯盆地内的碰撞过程具有波动式的特征，延长组早期，印支构造活动较弱，长 8 末期开始，印支构造旋回开始加剧，断裂活动及事件沉积频繁，受秦岭造山带强烈碰撞和快速隆升的影响，湖盆范围迅速扩大，水体变深，湖盆中心向西迁移、湖盆基底不均衡倾斜，盆地进入强烈坳陷阶段。长 7 沉积时期后，盆地由南北向对挤应力场转变为近南北向的左行剪切应力作用，印支运动强度逐渐减弱，鄂尔多斯地块开始了大型内陆盆地充填发展阶段。

整个延长组呈现为北缓南陡、湖盆向东南开口的不对称箕状坳陷。

从盆地边缘的性质看，延长组盆地西北部贺兰山的汝箕沟、白岌岌沟、水磨沟及香池子沟发育冲积扇，垂向上具“下粗上细”的正旋回沉积构造；同时在汝箕沟地区大岭子—古拉本一带，延长组顶部出现厚3~5m玄武岩，同位素年龄值为229±15Ma，表明晚三叠世西北缘为拉张松弛的应力状态，构成伸展构造盆地边缘，表现为正断层控制的裂陷盆地。盆地西南部发育“崆峒山砾岩”，形成于延长组中晚期，垂向上具“下细上粗”的反旋回，为挤压应力状态下造山带北麓深陷“前渊”的磨拉石构造，其发育时间对应于西秦岭强烈造山期和鄂尔多斯西南缘前陆盆地形成期，表明长7末盆地西南缘可能已经具有明显的前陆式盆地结构，发育由逆冲断层控制的坳陷盆地；盆地南缘，沿周至板房子洛南云架山、豫西南部的南召留山河南卢氏五里川、马市坪、卢氏瓦穴子和双槐树等地区一线分布有延长组地层，沉积物主要为砾岩、暗色泥岩和黄绿色粉砂岩，生物化石与鄂尔多斯盆地内延长组一致，为挤压应力作用下北秦岭地区沿商丹断裂带主缝合带汇聚拼接发育的一系列山间盆地，盆地南缘为向北逆冲的推覆断层边缘；而盆地东缘和北缘沉积稳定，为具有宽缓斜坡边界被动盆地边缘。盆地边界性质的差异反映出盆地构造演化的地球动力学机制。印支期，盆地西南缘的构造应力促使鄂尔多斯地块逆时针旋转，在盆地西南缘形成强烈挤压区的同时，在西北缘必然形成拉张区。从盆地内部沉积特征看，晚三叠世延长期湖盆经历了初始坳陷、强烈坳陷、回返抬升、萎缩消亡4个完整的阶段，在盆地充填演化过程中，湖盆沉积中心发生由东向西逐渐迁移。

长10—长9沉积时期，为湖盆初始坳陷阶段，湖盆开始发育。长10沉积时期印支运动活动较弱，盆地基本继承了早、中三叠世的应力影响，在纸坊组东北高、西南低的基础上缓慢下沉。沉降速度较慢，沉降中心与沉积中心基本一致，物源供给充足，虽然盆地可容空间和沉积物补给均在增长，但可容纳空间 A 增加量小于沉积碎屑补给量 S($A/S<1$)，河流沉积体系广覆在盆地大部分地区，呈主动进积充填。湖泊雏形初步形成，水体较浅，为滨浅湖沉积，平面上由北西向南东敞开，分布局限，发育在黄陵、黄龙等地。盆地东西两岸发育河流—三角洲裙，东北部主要为曲流河、曲流河三角洲；西北、西南主要发育辫状河及辫状河三角洲，三角洲前缘普遍不发育；盆地西南缘虽承受SW-NE向挤压力，但尚未形成明显的前陆式结构，没有发育大规模磨拉石构造。长9沉积时期印支构造运动活动有所增强，盆地西南部边缘断裂及与其斜交的锯齿状次级断裂活动加剧，湖盆快速下沉，可容空间增加，可容纳空间大于沉积物补给量($A/S>1$)，盆地内泥岩增厚，颜色变深。在盆地西部和东南部的沉积凹陷中主要发育有厚层黑色碳质泥岩夹油页岩，俗称“李家畔页岩”。随着湖盆范围的向外扩展，环湖三角洲沉积位置也相应向外迁移。

长8—长7沉积时期，为湖盆强烈坳陷阶段。长8沉积初期由于盆地不均衡下陷，湖盆范围迅速扩大，水体变深，可容空间增加量大于沉积碎屑补给量($A/S>1$)，盆地出现了短时间的退积过程；随后盆地沉降速度减慢，盆地周缘源区带来的丰富的物质源源不断地向盆地中补充充填，使可容纳空间小于沉积碎屑补给量($A/S<1$)，湖盆逐渐填平补齐，盆地大面积的滨湖沼泽化，煤系地层发育；长8沉积中晚期，在特提斯构造体系域与古太平洋动力体系域的联合作用下，盆地东北部的构造倾斜抬升，盆地北部二叠系地层中凝灰岩发生风化、剥蚀和再沉积，同时盆地西南部沉降增强，盆地沉积格局由滨浅湖沉积快速相变为半深湖沉积

为主。长 7 期是盆地基底整体不均衡强烈拉张下陷，水体急剧加深，湖盆发育达到鼎盛的时期。长 7^3—长 7^2 亚段沉积时期，湖盆范围明显扩大，定边—延安以南广大地区处于半深湖—深湖，湖盆发展进入全盛期。该时期，盆地处于弱补偿状态，盆地可容纳空间远远大于沉积碎屑补给量（$A/S>>1$），盆地内沉积了一套厚层大、有机质丰度高的暗色泥岩和油页岩，俗称“张家滩页岩”，为鄂尔多斯盆地中生界主力烃源岩。同时，半深湖—深湖周边三角洲前缘砂体在地震、波浪等外力诱导因素影响下，经历了再次搬运沉积，形成了广泛分布的浊积砂体。长 7^2 后湖盆开始萎缩，长 7^3—长 7^2 亚段沉积时期，盆地西南部受印支运动增强的影响，发生逆冲推覆作用，使不同的层位岩体被推出而成为新的母岩，导致盆地西部、西南、南部沉积体系中长 7 及其之上层位的砂岩成分与长 7 沉积前的砂岩成分存在较大的差异，其岩屑含量明显增多。同时，砂体厚度明显增加，盆地西南缘和西缘地区开始发育冲积扇（图 2.3）。

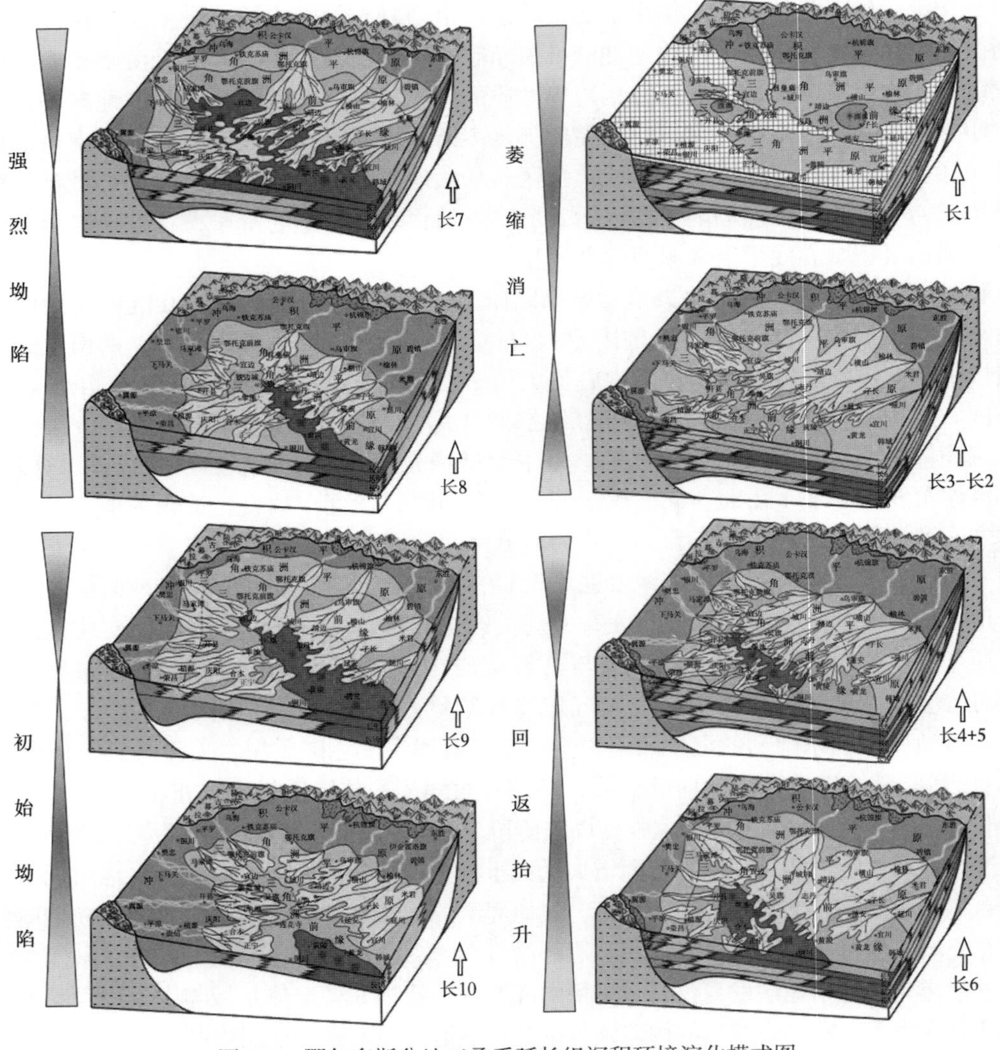

图 2.3　鄂尔多斯盆地三叠系延长组沉积环境演化模式图

长6—长4+5沉积期，为湖盆回返抬升阶段。长6沉积时期，随着盆地基底下沉作用逐渐减缓，并由下沉逐渐转为抬升，湖盆开始收缩，物源供给逐渐增大，盆地可容纳空间小于沉积碎屑补给量($A/S<1$)，沉积作用渐趋增强。由于河流的注入充填，在盆地中沉积了一系列高建设性的河流—湖泊三角洲沉积体系。长4+5沉积时期，盆地基本继承了长6的沉积格局。沉积初期局部范围内沉降速率大于沉积速率，湖盆小范围内又经历了一次短暂性的湖平面波动(湖侵)，湖水面积短时间发生扩张，三角洲建设进程趋于减慢，沉积物中泥岩含量增多，是盆地中又一次重要的生油岩形成时期。之后盆地发生湖退，深湖范围向合水—正宁一带进一步萎缩，盆地周缘三角洲进积作用明显。东北部吴旗三角洲推进至白豹一带，在重力作用下滑塌，形成较大的浊积砂体；靖边以北已全面平原化，在原来的三角洲前缘砂体之上沉积了大面积的漫滩沼泽泥岩，成为良好的区域盖层，西南三角洲沉积体系向湖盆中心进一步推进，前缘占据了大部分浊积岩分布区，整个湖盆逐渐填实、收敛。

长3—长1沉积期，为湖盆萎缩消亡阶段。长3沉积时期，盆地西缘、南缘构造活动明显减弱，断裂走滑—拉张作用基本停息，受其影响，湖盆开始逐步淤浅、萎缩、消亡。在沉积速率大于沉降速率条件下，盆地周缘三角洲建设进一步加强，各类三角洲沉积体系向湖盆内大幅度地进积。长2沉积时期，由于盆地强烈的后期抬升剥蚀作用，地层仅在湖盆内及南部部分地区有所保留，西南部剥蚀殆尽，西北部受蒙陕、宁陕等侏罗系古河道的侵蚀，地层也保留不全。湖盆的收缩速度加剧，湖岸线进一步向盆内推移，整个盆地缺乏深湖亚相，浅湖也是局部残存，河流和三角洲平原成为这一时期沉积相发育的重要特征。长1沉积时期，随着盆地基底的掀斜式抬升，促使了整个盆地进一步分化瓦解，在局部地方出现差异沉降，沉积中心和沉降中心迁移至盆地的中部定边—子长一线，在局部地区如姬塬、子长等地形成了内陆闭塞湖泊。盆地内大面积沼泽化，广泛发育煤层或煤线，其中包括著名的“瓦窑堡煤系”。由于后期的侵蚀及季节性洪水冲刷，盆地地层残缺不全。

在盆地充填过程中，同时还伴随着一系列的事件沉积的发生，包括火山事件沉积、地震事件沉积、浊流事件以及地区性缺氧事件等，这些事件沉积主要发育在延长组中晚期(长7以后)，虽然以区域性和地方性事件沉积为主，但紧密联系、彼此影响。盆地的沉积充填特征、沉积中心迁移规律以及事件沉积的频发在很大程度上都是印支期盆地构造活跃程度的综合反映。

2.1.3 鄂尔多斯盆地延长组致密油成藏典型特征

鄂尔多斯盆地三叠系延长组湖泛期泥岩、油页岩是良好的生油岩，主要发育延长组长7段(张家滩页岩)和长9段(李家畔页岩)两套主力烃源岩层。以鄂尔多斯盆地定边、吴起、志丹、下寺湾等延长西部探区致密油为例，其延长组长6、长7、长8致密油成藏模式如图2.4和图2.5所示。

由图2.4可知，定边、吴起、志丹、下寺湾等地区延长组地层纵向上发育多套有利的源储盖组合，为致密油藏的形成与分布提供了丰富的物质基础和良好的封盖条件。长7底部的“张家滩”油页岩发育稳定，且具高有机质含量、高成熟度，生排烃条件十分优越。分析有机地球化学资料可得，长7段烃源岩干酪根显微组分以腐泥组(77.2%~94.9%)为主。烃源岩中H/C原子比总体较小，主要在0.47~1.07之间，平均为0.88；O/C原子比

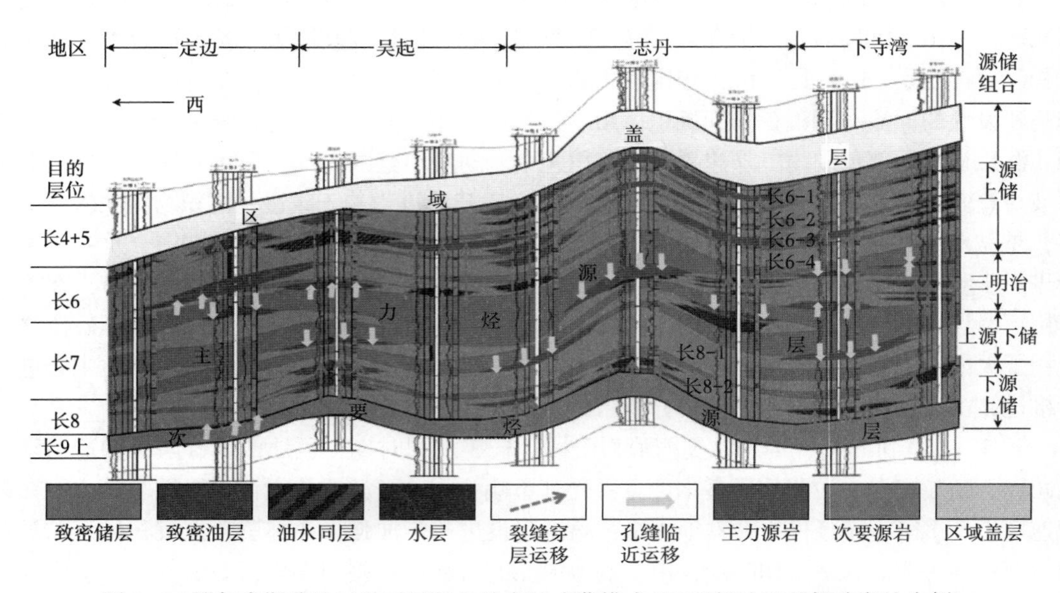

图 2.4 鄂尔多斯盆地三叠系延长组致密油成藏模式(以延长油田西部致密油为例)

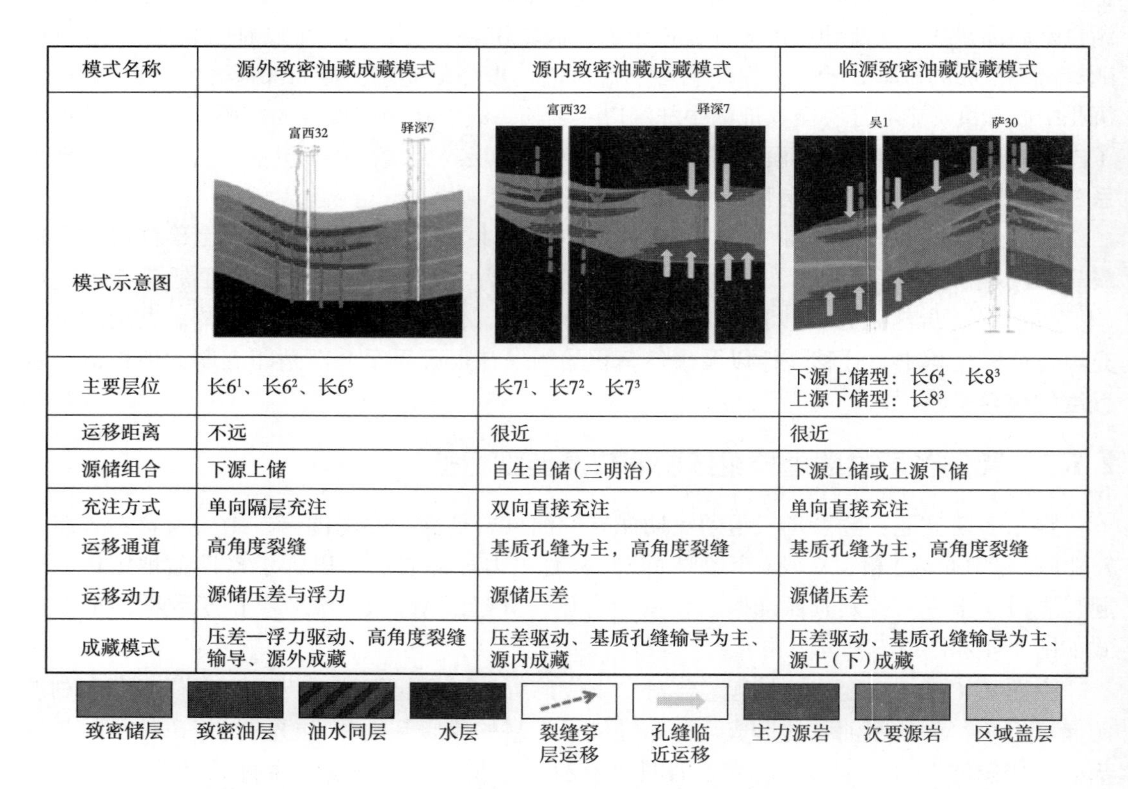

模式名称	源外致密油藏成藏模式	源内致密油藏成藏模式	临源致密油藏成藏模式
模式示意图	富西32 驿深7	富西32 驿深7	吴1 萨30
主要层位	长6^1、长6^2、长6^3	长7^1、长7^2、长7^3	下源上储型：长6^4、长8^3 上源下储型：长8^3
运移距离	不远	很近	很近
源储组合	下源上储	自生自储(三明治)	下源上储或上源下储
充注方式	单向隔层充注	双向直接充注	单向直接充注
运移通道	高角度裂缝	基质孔缝为主，高角度裂缝	基质孔缝为主，高角度裂缝
运移动力	源储压差与浮力	源储压差	源储压差
成藏模式	压差—浮力驱动、高角度裂缝输导、源外成藏	压差驱动、基质孔缝输导为主、源内成藏	压差驱动、基质孔缝输导为主、源上(下)成藏

图 2.5 鄂尔多斯盆地三叠系延长组致密油成藏模式 (以延长油田西部致密油为例)[17]

分布较窄，比值为0.03~0.09，平均值为0.04。判断其类型主要为II_1型干酪根，Ⅰ型含量次之，且含少量Ⅲ型。通过统计分析不同深度样品镜质体反射率（R_o）及干酪根最大热解峰温（T_{max}）测试数据，表明R_o在0.50%~1.13%之间，主要分布在0.9%~1.1%之间，平均为0.83%，有机质成熟度高，处于生/排烃高峰期，具有很高的排烃效率。此外，相比于长7张家滩页岩，长9上部的“李家畔”泥页岩是规模相对较小，为次要长9烃源岩，主要分布在志丹、富县、黄龙等地区的局部凹陷形成的半深湖环境。深湖—半深湖环境沉积的泥岩控制了烃源岩的分布范围及厚度。

长7、长9烃源岩生排出的大量的石油，被长4+5区域大盖层封盖在长6及其以下的空间中，在长6、长7、长8的致密储层中形成致密油藏。长6油藏主要为“下源上储”型、长7油藏、长8油藏多为下源上储、上源下储的复合“三明治”型的成藏模式。主要的油气成藏通道是高角度裂缝与储层内基质高渗透孔隙。

按照各主力层距离烃源岩距离，进一步划分为源外致密油藏、临源致密油藏和源内致密油藏等三种成藏模式，其中长6油层组上部的长6^1、长6^2、长6^3属于源外致密油藏；临源致密油藏主要分布于长6^4与长8储层，其油气主要由长7张家滩页岩贡献。源内致密油藏主要为长7油层，该油层原油主要由长7张家滩页岩与长9的李家畔页贡献（图2.5）。

2.2 鄂尔多斯盆地延长组致密油储层特征

岩石孔道细小，基质渗透率低，孔隙结构复杂是鄂尔多斯盆地三叠系延长组致密油藏岩石典型的物理特性。本节以鄂尔多斯盆地东南部某处致密油开发区延长组长7、长8、长9、长10油层组为例，该区长7油藏埋藏中深1255m、长8油藏埋藏中深1440m、长9油藏埋藏中深1540m、长10油藏埋藏中深1660m左右。通过对各致密油层组岩心薄片资料、X衍射、孔渗测试和压汞资料等相关测试结果的总结，研究分析了该类致密油资源储层物性的基础特征。

2.2.1 延长组致密油储层碎屑成分及填隙物特征

通过整理研究区长7、长8、长9、长10探井合计70余块取心测试结果（图2.6）可知：（1）长7油层组的长石含量在21%~67%之间，平均为41.3%；石英含量在11%~46%之间，平均为24.8%，岩屑含量在9%~24%之间，平均为15.6%；（2）长8油层组的长石含量在46%~67%之间，平均为56.3%；石英含量在12%~22%之间，平均为14.3%，岩屑含量在10%~19%之间，平均为13.7%；（3）长9油层组的长石含量在26%~61%之间，平均为37.9%；石英含量在13%~46%之间，平均为34.6%，岩屑含量在10%~14%之间，平均为12.0%；（4）长10油层组的长石含量在38%~42%之间，平均为40.2%；石英含量在31%~35%之间，平均为32.6%，岩屑含量在9%~15%之间，平均为11.6%。长石含量普遍较高，反映了其成分成熟度低的特点。此外，根据研究区26块样品的全岩X衍射分析：长7、长8、长9、长10油层组储层长石由钾长石和斜长石组成。其中，长7钾长石含量平均为13.0%，斜长石含量平均为40.5%；长8钾长石含量平均为15.5%，斜长石含量平均为49.1%；长9钾长石含量平均为13.8%，斜长石含量平均为41.7%；长10钾长

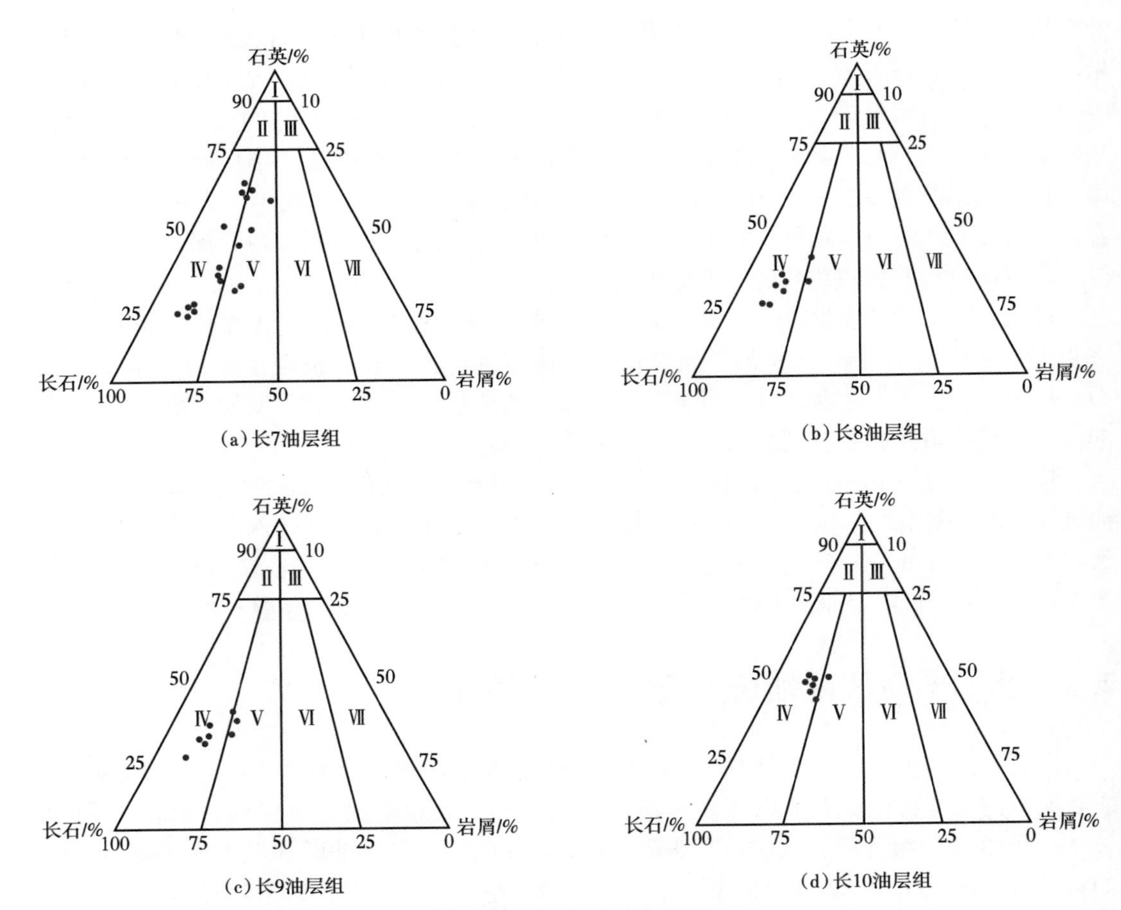

(a) 长7油层组

(b) 长8油层组

(c) 长9油层组

(d) 长10油层组

图 2.6　下组合砂岩分类图

Ⅰ：石英砂岩 Ⅱ：长石石英砂岩 Ⅲ：岩屑石英砂岩 Ⅳ：长石砂岩

Ⅴ：岩屑长石砂岩 Ⅵ：长石岩屑砂岩 Ⅶ：岩屑砂岩

石含量平均为 11. 1%，斜长石含量平均为 42. 1%。

根据研究区 74 块样品的薄片资料分析：长 7、长 8、长 9、长 10 致密储层砂岩的填隙物由杂基和胶结物组成。其中杂基主要有绿泥石、云母，胶结物主要有碳酸盐矿物（方解石、铁白云石）、菱铁矿等组成方解石平均含量的 7. 0%，绿泥石平均含量为 5. 2%，水云母平均含量为 3. 0%，菱铁矿平均含量为 2. 2%，下组合的填隙物总量平均为 14. 2%（表 2. 2）。

长 7 储层填隙物总量为 15. 9%，其中方解石含量最高，其次为绿泥石，平均含量依次为 9. 1%、4. 3%，不含凝灰质；长 8 储层填隙物总量为 12. 2%，其中绿泥石含量最高，其次为凝灰质、方解石、水云母，平均含量依次为 6. 4%、5. 0%、4. 3%、3. 5%，不含硅质；长 9 储层填隙物总量为 14. 9%，其中绿泥石含量最高，其次为方解石、凝灰质、水云母，平均含量依次为 8. 0%、7. 3%、6. 0%、4. 2%，不含铁质；长 10 储层填隙物总量为 13. 6%，其中方解石含量最高，其次为凝灰质，平均含量依次为 7. 0%、5. 0%（表 2. 3）。

表 2.2 长 7、长 8、长 9、长 10 致密储层碎屑成分表

层位	样品数/个	石英/%		长石/%		岩屑/%	
		范围	均值	范围	均值	范围	均值
长 7	38	11~46	24.8	21~67	41.3	9~24	15.6
长 8	28	12~22	14.3	46~67	56.3	10~19	13.7
长 9	17	13~46	34.6	26~61	37.9	10~14	12.0
长 10	17	31~35	32.6	38~42	40.2	9~15	11.6

表 2.3 长 7、长 8、长 9、长 10 致密储层填隙物成分统计表

层位	样品数/个	填隙物/%								
		水云母	绿泥石	凝灰质	方解石	铁白云石	铁质	硅质	菱铁矿	总量
长 7	38	2.7	4.3	0.0	9.1	2.0	2.0	2.0	2.4	15.9
长 8	28	3.5	6.4	5.0	4.3	1.0	1.0	0.0	2.0	12.2
长 9	17	4.2	8.0	6.0	7.3	1.0	0.0	1.0	2.5	14.9
长 10	17	1.4	2.0	5.0	7.0	1.0	1.0	1.2	2.0	13.6
平均值		3.0	5.2	4.0	7.0	1.3	1.0	1.1	2.2	14.2

2.2.2 延长组致密油储层孔渗特征

根据 7 口探井的 187 块岩心孔渗分析资料：(1)长 7 储层孔隙度最小值为 3.8%，最大值为 10.2%，平均值为 8.2%，主要孔隙度分布范围在 6%~9%之间，渗透率最小值为 $0.02\times10^{-3}\mu m^2$，最大值为 $1.10\times10^{-3}\mu m^2$，平均值为 $0.30\times10^{-3}\mu m^2$，主要渗透率分布在 $(0.2\sim0.7)\times10^{-3}\mu m^2$ 之间[图 2.7(a)和图 2.7（b)]；（2)长 8 储层孔隙度最小值为 2.5%，最大值为 14.5%，平均值为 10.1%，主要孔隙度分布范围在 8%~12%之间，渗透率最小值为 $0.03\times10^{-3}\mu m^2$，最大值为 $2.45\times10^{-3}\mu m^2$，平均值为 $0.33\times10^{-3}\mu m^2$，主要渗透率分布在 $(0.1\sim0.7)\times10^{-3}\mu m^2$ 之间[图 2.7(c)和图 2.7（d)]；(3)长 9 储层孔隙度最小值为 2.4%，最大值为 11.5%，平均值为 7.6%，主要孔隙度分布范围在 7%~9%之间，渗透率最小值为 $0.01\times10^{-3}\mu m^2$，最大值为 $1.05\times10^{-3}\mu m^2$，平均值为 $0.28\times10^{-3}\mu m^2$，主要渗透率分布在（$0.2\sim0.5$）$\times10^{-3}\mu m^2$ 之间[图 2.7(e)和图 2.7(f)]；(4)长 10 储层孔隙度最小值为 2.8%，最大值为 12.3%，平均值为 9.3%，主要孔隙度分布范围在 7%~11%之间，渗透率最小值为 $0.01\times10^{-3}\mu m^2$，最大值为 $2.06\times10^{-3}\mu m^2$，平均值为 $0.31\times10^{-3}\mu m^2$，主要渗透率分布在（$0.2\sim0.7$）$\times10^{-3}\mu m^2$ 之间[图 2.7(g)和图 2.7(h)]。

表 2.4 长 7、长 8、长 9、长 10 致密储层孔隙度、渗透率统计表

层位	孔隙度/%			渗透率/$10^{-3}\mu m^2$			样品数/个
	最大值	最小值	均值	最大值	最小值	均值	
长 7	10.2	3.8	7.2	1.60	0.02	0.26	66
长 8	14.5	2.5	10.1	2.75	0.03	0.33	86
长 9	11.5	2.4	7.6	1.15	0.01	0.28	34
长 10	12.3	2.8	9.3	2.06	0.01	0.31	51

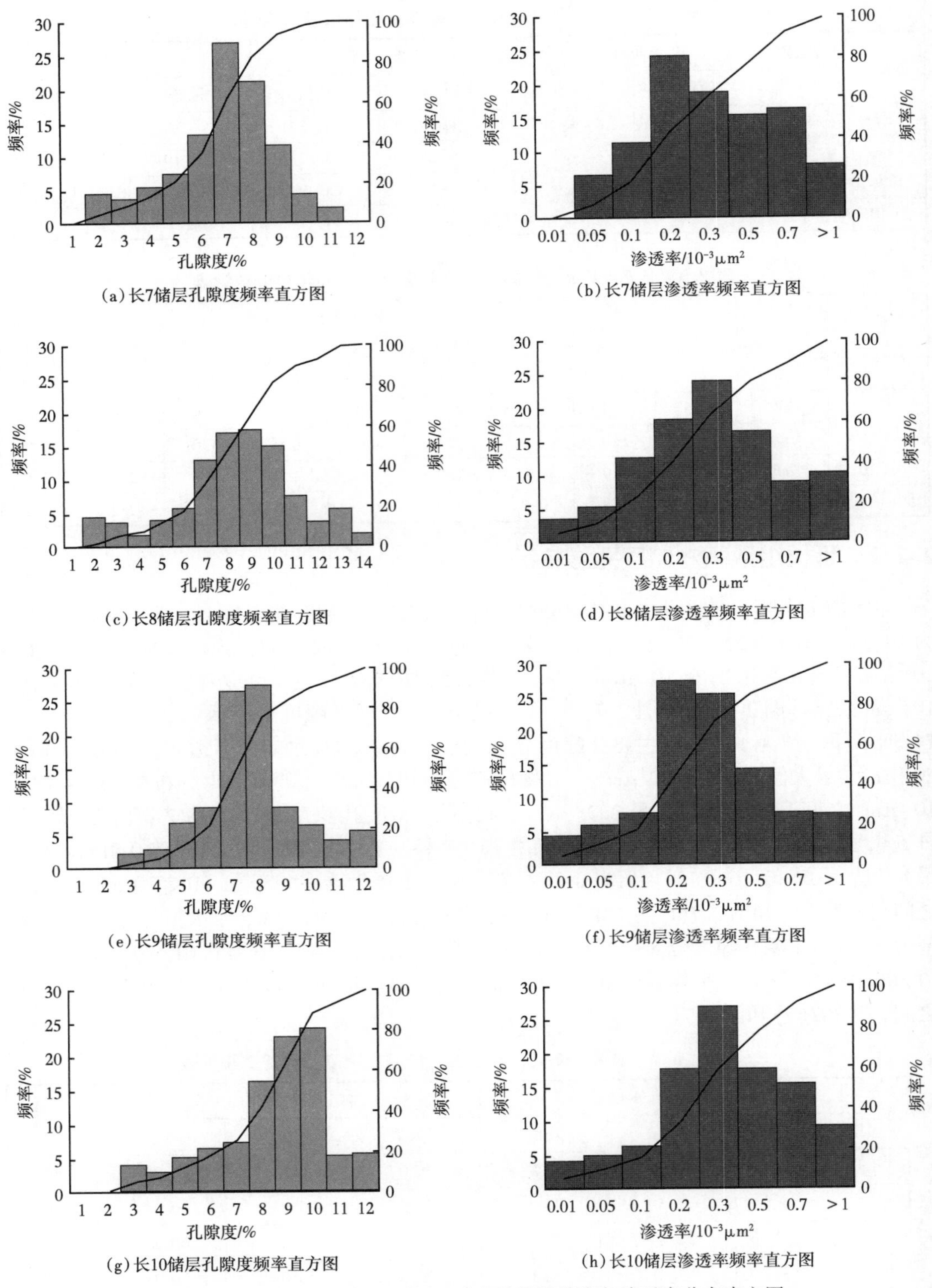

(a)长7储层孔隙度频率直方图

(b)长7储层渗透率频率直方图

(c)长8储层孔隙度频率直方图

(d)长8储层渗透率频率直方图

(e)长9储层孔隙度频率直方图

(f)长9储层渗透率频率直方图

(g)长10储层孔隙度频率直方图

(h)长10储层渗透率频率直方图

图 2.7　长 7、长 8、长 9、长 10 致密储层孔隙度与渗透率分布直方图

根据目标区长 7、长 8、长 9、长 10 孔隙度与渗透率测试结果，结合《油气储层评价方法》（SY/T 6285—2011）评价标准（表 2.5）：长 7 属于Ⅱ类超低渗透—特低孔致密砂岩储层；长 8 属于Ⅱ类超低渗透—低孔隙度致密砂岩储层；长 9 属于Ⅱ类超低渗透—特低孔隙度致密砂岩储层；长 10 属于Ⅱ类超低渗透—特低孔隙度致密砂岩储层。

表 2.5 鄂尔多斯盆地孔隙度与渗透率分级标准

碎屑岩储层孔隙度类型划分		储层渗透率类型	砂岩储层渗透率类型划分		
储层孔隙度类型	孔隙度/%		渗透率/$10^{-3}\mu m^2$	亚类	
				渗透率/$10^{-3}\mu m^2$	类型
低孔隙度	10~15	低渗透	10~50		
特低孔隙度	5~10	特低渗透	1~10	5.0~10	Ⅰ
				1~5	Ⅱ
超低孔隙度	<5	超低渗透	<1	0.5~1	Ⅰ
				0.1~0.5	Ⅱ
				<0.1	Ⅲ

2.2.3 延长组致密储层微观孔隙几何结构特征

在宏观岩石孔渗特征分析的基础上，利用下组合长 7 与长 8 岩心薄片、电镜扫描和压汞等分析结果，对该类致密储层微观孔隙几何结构进行了研究（图 2.8）。鄂尔多斯盆地东南部延长组储集砂体类型以长石砂岩、岩屑长石砂岩、长石岩屑砂岩及少量的岩屑砂岩，在漫长的成岩作用过程中，砂岩储层经历强烈的压实和压溶作用，碎屑颗粒尤其是石英和长石相互嵌合，并伴有不同程度的石英再生长，致使原生粒间孔隙大量消失，使得岩石的渗透性进一步下降。

长 7 储层与长 8 储层原生孔隙尺寸较大，其孔隙直径在 6.53~81.98μm 之间，而次生孔隙如粒间溶孔、粒内溶孔、黑云母溶孔、岩屑溶孔及长石溶孔等尺寸较小，其直径在

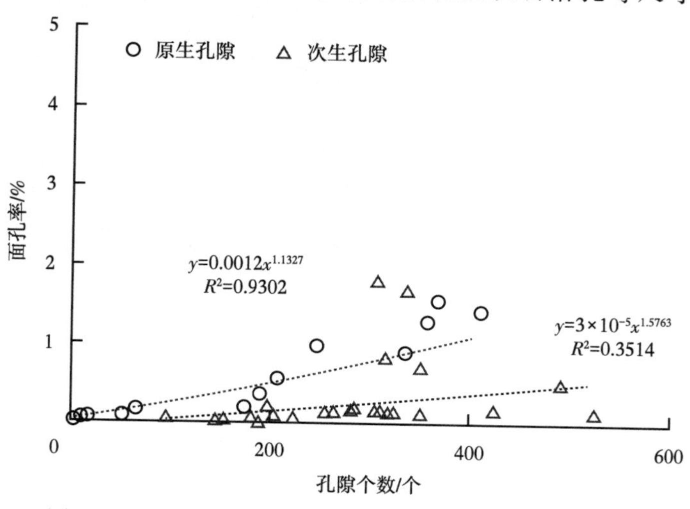

图 2.8 长 7 与长 8 致密储层原生孔隙与次生孔隙关系图

0.35～16.89μm 之间。因此，原生孔隙个数与面孔率正相关性明显优于次生孔隙个数与面孔率的正相关性。

(1)长 8 储层孔隙空间类型。

通过 70 余块显微镜岩之间心薄片观察分析结果，研究区长 8 段储层岩心孔隙直径范围在 6.91～81.97μm 之间，平均值约为 25.26μm，整体面孔率分布范围在 0.07%～5.13%之间，平均值约为 0.66%，薄片上孔隙个数在 5～700 个/片之间不等，平均值约为 303 个/片。储层岩心样品面孔率由原生孔隙与次生孔隙两部分构成，其中原生孔隙主要为残余粒间孔，次生孔隙主要为粒间溶孔、粒内溶孔、黑云母溶孔、岩屑溶孔和长石溶孔。颗粒粒径主要在 100～250μm 之间，孔隙形态多呈多边棱角状，线接触为主，孔隙发育较差，可见粒间溶孔及粒间孔，如图 2.8 所示。

由图 2.9 可知：长 8 岩心薄片面孔率发育差异较大，溶孔个数较多，但与溶孔相比，残余粒间孔是其最主要的优势储集空间。在长 8 岩石孔道中，绿泥石填充孔道常见，孔道表面粗糙，比表面大，渗流阻力大。

长8，原样号:1-31-56
取样深度：1417.53~1419.61m
主要为残余粒间孔，次为粒间溶孔与粒内溶孔

长8，原样号:2-37-65
取样深度：1552.97~1554.92m
孔隙发育差，主要为粒间溶孔可见孔较少

长8，原样号：2-29-65
取样深度1552.97~1554.92m
伊利石充填、孔隙发育极差

残余粒间孔发育
长8，原样号:1-31-56
取样深度：1413.49~1415.55m
孔隙发育较好

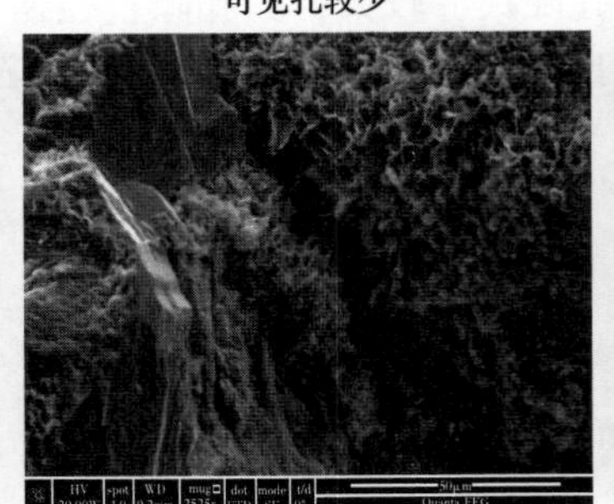

绿泥石充填孔道
长8，原样号:2-37-56
取样深度：1552.9~1554.9m
孔隙发育差，孔道比表面大

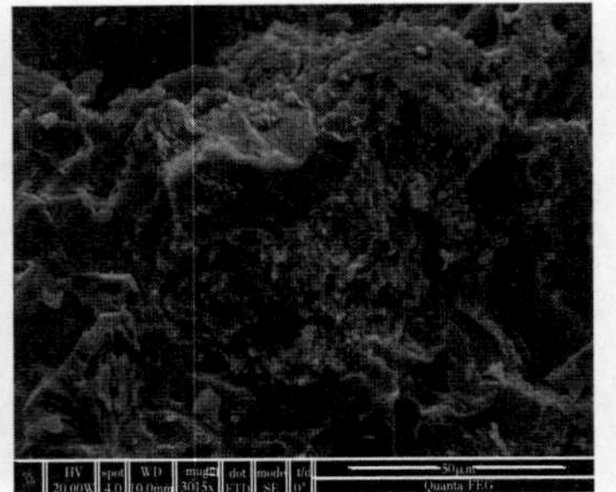

岩石致密、伊利石充填
长8，原样号：2-29-65
1552.97~1554.92m
孔隙发育极差

图 2.9　长 8 致密储层典型岩心薄片与电镜扫描图像

(2)长 7 储层孔隙空间类型。

通过 60 余块显微镜岩心薄片观察分析结果，研究区长 7 段储层岩心孔隙直径范围在 3.51～81.17μm 之间，平均值约为 21.36μm，整体面孔率分布范围在 0.02%～6.93%之间，

平均值约为 0.58%，薄片上孔隙个数在 38～520 个/片之间不等，平均值约为 286 个/片。储层岩心样品面孔率由原生孔隙与次生孔隙两部分构成，其中原生孔隙主要为残余粒间孔，次生孔隙主要为粒间溶孔、岩屑溶孔、长石溶孔。颗粒粒径主要在 50～250μm 之间，孔隙形态多呈多边棱角状，线接触为主，孔隙发育情况不如长 8 储层，具体情况如图 2.10 所示。

(a) 长7，原样号2-15-10
取样深度：1417.53~1419.61m
残余粒间孔与粒间溶孔发育

(b) 长7，原样号:1-31-56
取样深度：1413.49~1415.55m
主要为粒间溶孔、可见孔较少

(c) 长7，原样号：2-29-6
取样深度1552.97~1554.92m
孔隙发育极差、无可视溶孔

(d) 长7，原样号2-15-10
取样深度：1417.53~1419.61m
残余粒间孔与粒间溶孔发育

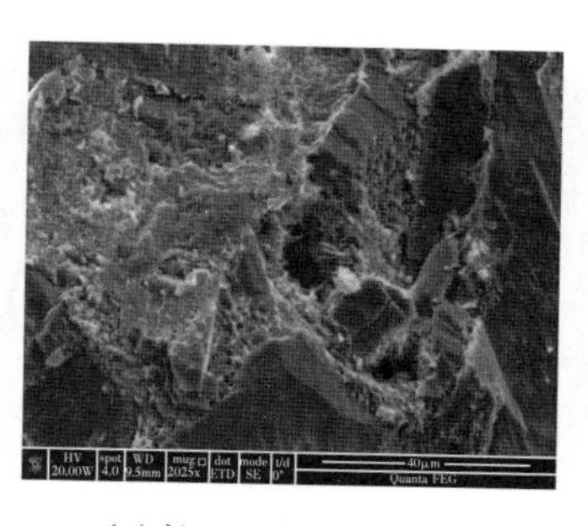

(e) 长7，原样号:1-31-56
取样深度：1413.49~1415.55m
伊利石充填孔道
孔隙发育差，孔道比表面大

(f) 长7，原样号：2-29-6
取样深度：1552.97~1554.92m
表面致密

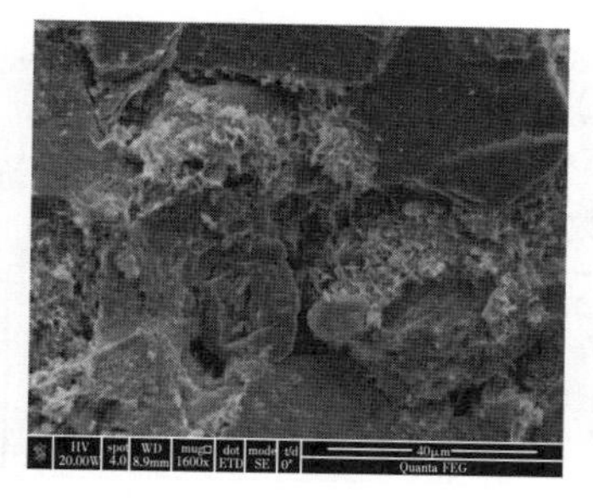

(g) 长7，原样号2-15-10
取样深度：1417.53~1419.61m
伊利石充填原生孔隙

(h) 长7，原样号:1-31-56
取样深度：1413.49~1415.55m
局部发育长石溶孔

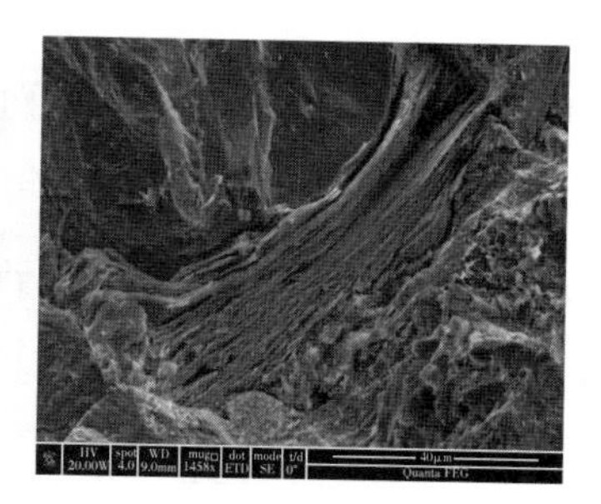

(i) 长7，原样号：2-29-6
1552.97~1554.92m
岩石致密、云母弯曲变形
孔隙发育极差

图 2.10　长 7 致密储层典型岩心薄片与电镜扫描图像

(3)长 8 与长 7 储层孔隙结构特征。

利用鄂尔多斯盆地东南部下组合探区长 7 与长 8 储层不同物性岩石压汞资料，对致密油储层岩石孔隙结构特征进行的定量表征，结果如图 2.11 和图 2.12，表 2.6 和表 2.7 所示。

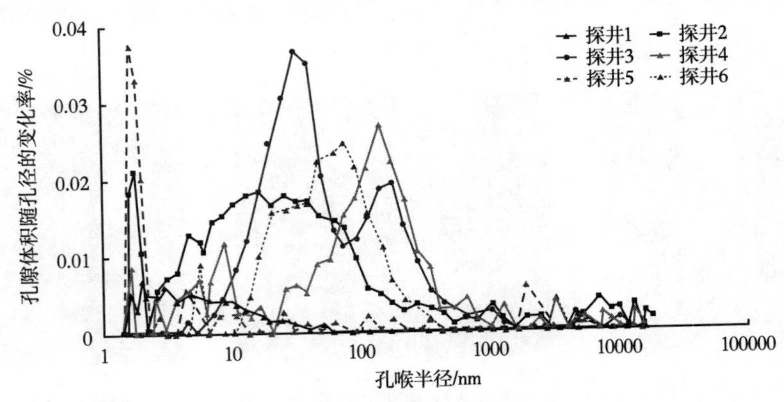

图 2.11 致密储层岩心孔喉半径分布图(部分)

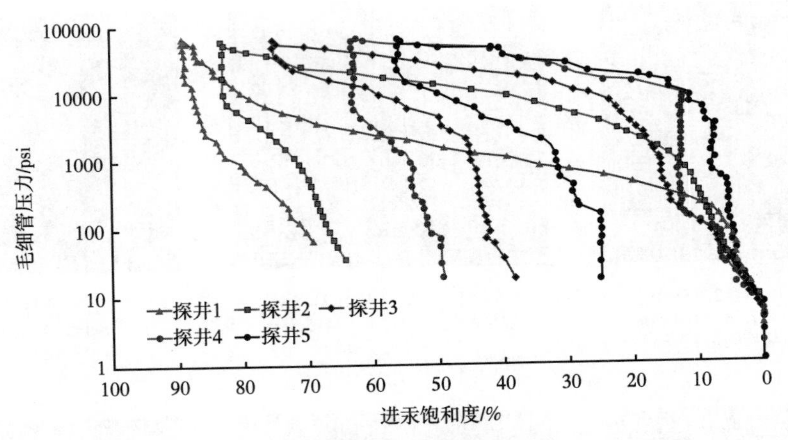

图 2.12 致密储层岩心压汞曲线(部分)

表 2.6 长 7 与长 8 致密储层孔隙结构参数表

层位	数值	孔隙度/%	渗透率/$10^{-3}\mu m^2$	排驱压力/MPa	中值压力/MPa	中值半径/μm	最大进汞饱和度/%	退汞效率/%	分选系数	变异系数	均质系数	歪度系数	样品数量
长 7	最大	10.16	0.89	3.59	8.23	3.11	88.53	39.46	3.95	16.84	11.32	2.06	46
	最小	4.13	0.07	0.43	1.18	0.05	36.43	20.56	0.36	0.28	8.26	0.49	
	平均	8.39	0.32	1.56	4.85	0.32	46.57	28.56	1.98	2.23	10.09	1.36	
长 8	最大	13.6	1.06	4.15	7.09	2.24	95.43	43.56	4.03	19.12	12.53	2.19	35
	最小	3.86	0.04	0.09	0.43	0.06	51.32	19.53	0.55	0.15	8.49	0.48	
	平均	9.56	0.09	1.18	3.31	0.42	72.58	31.59	2.31	1.18	11.54	1.24	

表 2.7 鄂尔多斯盆地中生界砂岩储层分类标准(赵靖舟，2007)

分类参数	中渗透层	低渗透层	特低渗透层		超低渗透层		致密层
	Ⅰ类	Ⅱ类	Ⅲa	Ⅲb	Ⅳa	Ⅳb	Ⅴ
渗透率/$10^{-3}\mu m^2$	500~50	50~10	10~5	5~1	1~0.3	0.3~0.1	<0.1
孔隙度/%	30~17	17~15	15~13	13~10	10~8	8~6	<6
排驱压力/MPa	0.04	0.04~0.11	0.11~0.16	0.16~0.37	0.37~0.72	0.72~1.31	>1.31
中值压力/MPa	0.27	0.27~0.68	0.68~1	1~2.49	2.49~4.90	4.90~9.10	>9.10
最大孔喉半径/μm	16.96	16.96~7.05	7.05~4.63	4.63~2.01	2.01~1.03	1.03~0.57	<0.57
中值半径/μm	2.73	2.73~1.10	1.1~0.74	0.74~0.3	0.3~0.15	0.15~0.08	<0.08
喉道均值/μm	4.18	4.18~1.77	1.77~1.22	1.22~0.52	0.52~0.27	0.27~0.15	<0.15
孔喉组合	大孔粗喉	中孔粗喉	中孔中细喉	小孔中细喉	小孔细喉	细孔微细喉	细—微孔微细喉—微喉
评价	好	好	较好	中等	较差	差	非

根据长 7 与长 8 储层的毛细管压力曲线分析结果，长 7 储层总体表现为高排驱压力，细歪度，孔喉分选性较差，连通性较差的特点。而长 8 储层总体表现为中等排驱压力，略细歪度，孔喉分选好，连通性一般的特点。下组合长 7 与长 8 储层排驱压力从 0.09~4.15MPa 均有分布。其中，长 7 平均排驱压力为 1.56MPa，高于长 8 平均排驱压力 1.18MPa；长 7 与长 8 储层岩石孔道中值半径分布在 0.05~3.11μm，其中，长 7 储层岩石孔道平均中值半径为 0.32μm，低于长 8 储层岩石孔道平均中值半径 0.42μm；长 7 与长 8 储层岩石孔喉分选一般，分选系数从 0.36~4.03 均有分布，其中，长 7 储层岩石分选系数平均值为 1.98，低于长 8 储层岩石分选系数为 2.31；长 7 储层岩石最大进汞饱和度为 36.43~88.53%，平均值为 46.57%。

根据储层毛细管压力曲线特征分析，结合岩性和含油性分析，鄂尔多斯盆地陕北地区致密油主要存在Ⅳa~Ⅴ类 3 种类型，孔喉组合主要为小孔细喉—细孔微细喉，储层类型主要属于超低渗透储层。

常规压汞分析测试中可以得到一系列反映孔隙结构特征的压汞参数，分别制作了不同压汞参数与孔隙度、渗透率之间的相关关系图，分析了各类压汞参数对储层渗透率与孔隙度等物性参数的影响，结果如图 2.13 和图 2.14 所示。

由图 2.13 和图 2.14 可知，岩心样品孔隙度越大，渗透率越大，其对应的排驱压力和中值压力越小，最大孔喉半径和中值半径越大，最大进汞饱和度和退汞效率越高，分选系数和均值系数越小，歪度系数和变异系数越大。研究发现，本区在常规压汞参数中，对渗透率大小影响最为敏感的参数为排驱压力、中值压力和中值半径，其次为最大孔喉半径。

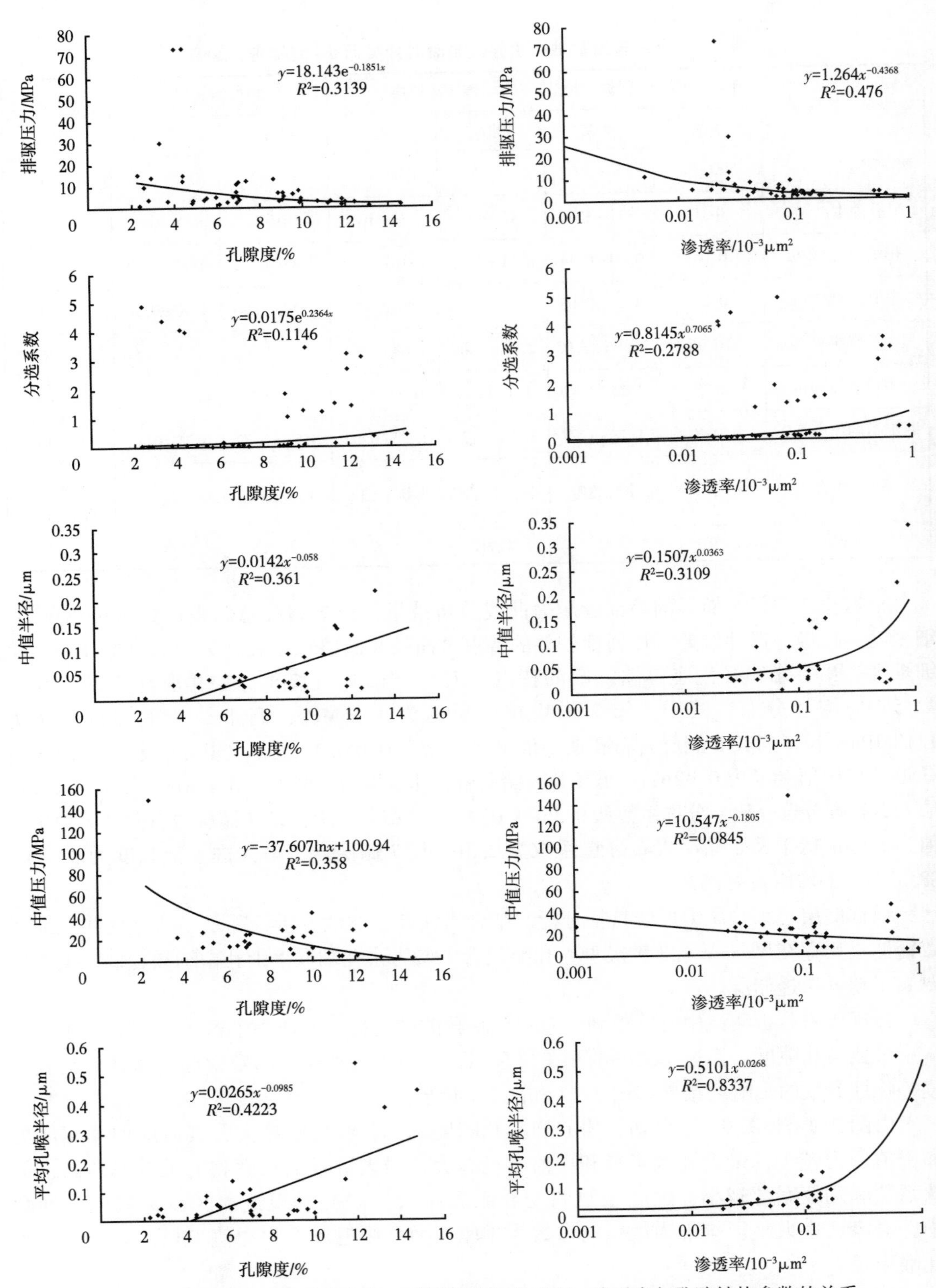

图 2.13　鄂尔多斯盆地东南部长 7 油层组储层孔隙度、渗透率与孔隙结构参数的关系

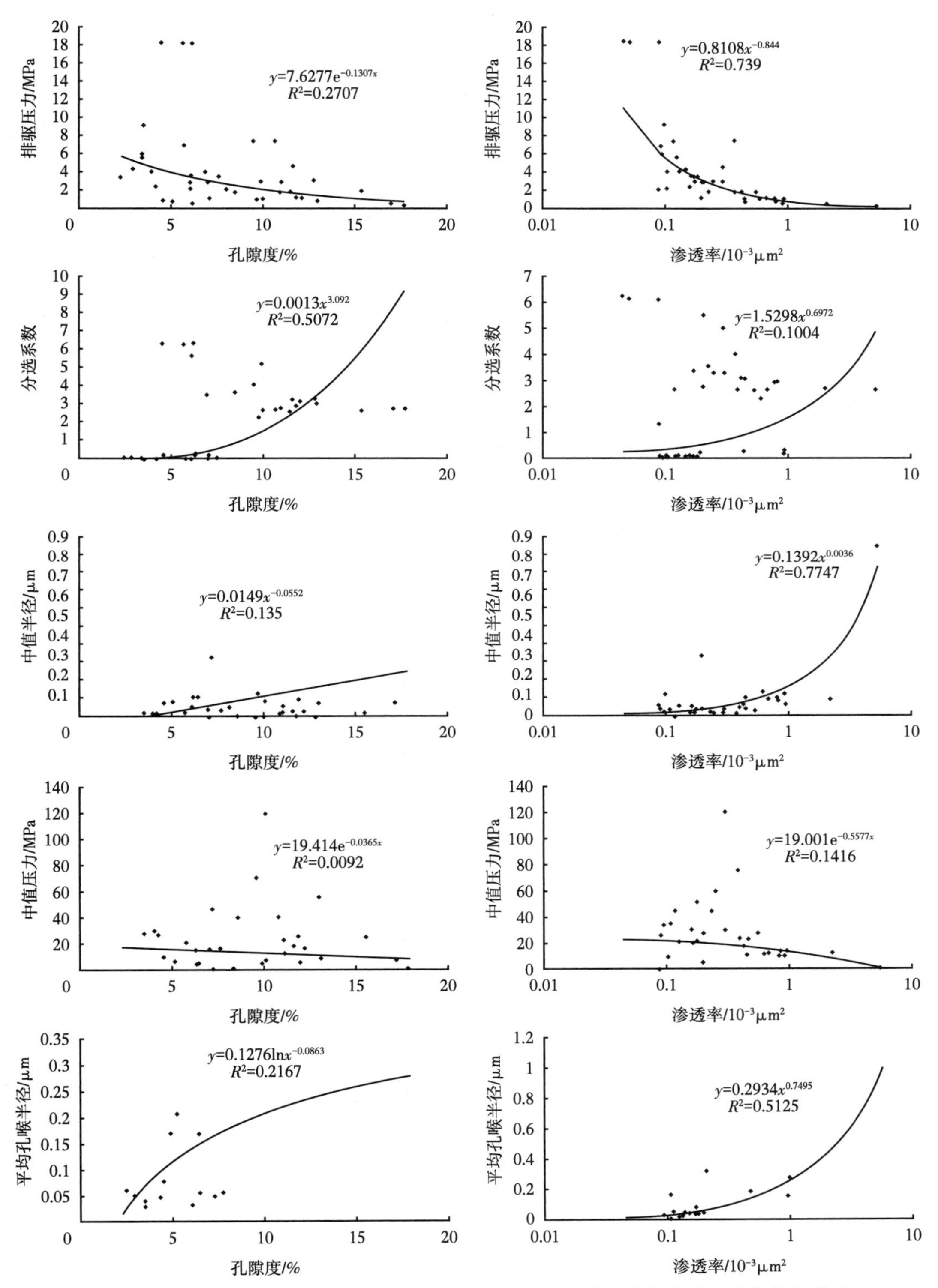

图 2.14 鄂尔多斯盆地东南部长 8 油层组储层孔隙度、渗透率与孔隙结构参数的关系

2.2.4 延长组致密储层敏感性与润湿性特征

通过铸体薄片，黏土 X 衍射分析，研究区长 7 与长 8 储层内黏土矿物以高岭石、绿泥石、伊利石和方解石为主，从黏土矿物组成来看，储层可能具有潜在速敏、水敏、盐敏、酸敏和碱敏性。

(1)速敏。

速敏性是指流体流动速度变化引起储层中速敏性矿物微粒移动，堵塞孔隙喉道而造成渗透率下降的现象。速敏指数定义为：与岩样的临界流速 V_c 成反比，与渗透率伤害率成正比。其公式为：

$$I_v = D_k / V_c \tag{2.1}$$

$$D_k = (K_{max} - K_{min}) / K_{max} \tag{2.2}$$

式中 I_v——速敏指数；

D_k——渗透率伤害率；

V_c——临界流速，mL/min；

K_{max}——临界流速前岩样渗透率最大值，$10^{-3}\mu m^2$；

K_{min}——岩样渗透率最小值，$10^{-3}\mu m^2$。

对流速敏感的黏土矿物主要为绿泥石，速敏性评价标准见表 2.8。经岩心速敏性试验得出：研究区长 7 储层为弱速敏(表 2.9)。

表 2.8 速敏性评价标准

速敏指数	≥0.7	0.3~0.7	≤0.3
速敏程度	强	中等	弱

表 2.9 5 块岩心样品储层速敏试验数据表

岩心编号	顶深/m	层位	长度/cm	直径/cm	气体渗透率/$10^{-3}\mu m^2$	孔隙度/%	临界流速/(mL/min)	伤害率/%	速敏指数	速敏程度
1	1461.34	长 7	2.33	2.52	0.36	2.34	8.220	21.92	0.27	弱速敏
2	1432.42	长 7	2.53	2.53	0.44	2.62	9.01	27.13	0.21	弱速敏
3	1459.67	长 7	2.36	2.51	0.16	1.15	8.8	25.43	0.24	弱速敏
4	1548.78	长 8	2.14	2.52	0.29	2.17	7.97	22.32	0.26	弱速敏
5	1559.89	长 8	2.31	2.51	0.56	4.45	8.79	24.26	0.22	弱速敏

(2)水敏。

水敏性是指与储层不匹配的外来流体进入储层后引起黏土膨涨、分散、运移，因而造成储层渗透率降低的现象。

按石油天然气行业标准《储层敏感性流动实验评价方法》(SY/T 5358-2010)规定，计算水敏指数，见式(2.3)：

$$I_w = (K_i - K_w) / K_i \tag{2.3}$$

式中 I_w——水敏感指数；

K_i——用地层水测定的岩样渗透率，$10^{-3}\mu m^2$；

K_w——用蒸馏水测定的岩样渗透率，$10^{-3}\mu m^2$。

水敏性评价标准见表 2.10，经岩心水敏性试验得出：研究区长 7 与长 8 储层为弱水敏（表 2.11）。

表 2.10 水敏性评价标准

水敏指数	>0.90	0.90~0.70	0.70~0.50	0.80~0.30	0.30~0.05	≤0.05
水敏程度	极强	强	中等偏强	中等偏弱	弱	无

表 2.11 10 块岩心样品储层水敏实验数据表

序号	顶深/m	层位	长度/cm	直径/cm	气体渗透率/$10^{-3}\mu m^2$	孔隙度/%	水敏指数	水敏程度
1	1459.34	长 7	2.33	2.52	0.36	2.34	0.24	弱水敏
2	1459.42	长 7	2.53	2.53	0.44	2.62	0.17	弱水敏
3	1459.67	长 7	2.36	2.51	0.16	1.15	0.22	弱水敏
4	1459.78	长 7	2.14	2.52	0.29	2.17	0.21	弱水敏
5	1459.89	长 7	2.31	2.51	0.56	4.45	0.18	弱水敏
6	1560.14	长 8	2.26	2.52	0.48	2.97	0.26	弱水敏
7	1560.27	长 8	2.04	2.52	0.27	2.09	0.16	弱水敏

（3）盐敏。

盐敏性是指储层在含盐度下降过程中，黏土矿物水化膨胀，以及晶层扩张增大导致渗透率降低的现象。本区长 7 与长 8 储层表现为弱盐敏（表 2.12）。

表 2.12 10 块岩心样品盐敏实验数据表

序号	顶深/m	层位	长度/cm	直径/cm	气测渗透率/$10^{-3}\mu m^2$	孔隙度/%	临界盐度/g/L	盐敏程度
1	1459.34	长 7	2.33	2.52	0.36	2.34	10.43	弱盐敏
2	1459.42	长 7	2.53	2.53	0.44	2.62	13.78	弱盐敏
3	1459.67	长 7	2.36	2.51	0.16	1.15	14.27	弱盐敏
4	1459.78	长 7	2.14	2.52	0.29	2.17	17.35	弱盐敏
5	1459.89	长 7	2.31	2.51	0.16	4.45	10.25	弱盐敏

（4）酸敏。

酸敏性是指酸液进入储层后，与储层中的酸敏性矿物发生反应，产生凝胶或沉淀，也可能释放出微粒，导致储层渗透率下降的现象，流动酸敏指数计算方法见式（2.4）：

$$I_a = (K_i - K_{ia})/K_i \qquad (2.4)$$

式中 I_a——酸敏指数；

K_i——酸化前用标准盐水(或地层水)测定的岩样渗透率，$10^{-3}\mu m^2$；

K_{ia}——酸化后用标准盐水(或地层水)测定的岩样渗透率，$10^{-3}\mu m^2$。

酸敏评价标准见表2.13。经岩心酸敏性试验得出：长7与长8储层均为弱酸敏(表2.14)。

表2.13 酸敏性评价标准

酸敏指数	>0.70	0.70~0.30	0.30~0.05	≤0.05
酸敏程度	强	中等	弱	无

表2.14 10块岩心酸敏实验数据表

序号	顶深/m	层位	长度/cm	直径/cm	气体渗透率/$10^{-3}\mu m^2$	孔隙度/%	酸敏指数	酸敏程度
1	1459.34	长7	2.33	2.52	0.36	2.34	0.16	弱酸敏
2	1459.42	长7	2.53	2.53	0.24	2.62	0.11	弱酸敏
3	1459.67	长7	2.36	2.51	0.16	1.15	0.20	弱酸敏
4	1459.78	长7	2.14	2.52	0.29	2.17	0.17	弱酸敏
5	1459.89	长7	2.31	2.51	0.36	4.45	0.09	弱酸敏
6	1563.14	长8	2.26	2.52	0.48	2.97	0.12	弱酸敏
7	1563.27	长8	2.04	2.52	0.27	2.09	0.24	弱酸敏
8	1563.40	长8	2.24	2.51	0.31	2.07	0.17	弱酸敏
9	1563.56	长8	2.26	2.52	0.33	2.36	0.18	弱酸敏
10	1563.76	长8	2.53	2.53	0.21	1.37	0.12	弱酸敏

(5)碱敏。

碱敏性是指碱液进入储层后，与储层中的碱敏性矿物发生反应而产生沉淀。

造成渗透率下降的现象，碱敏指数计算方法见式(2.5)：

$$I_b=(K_s-K_{sb(min)})/K_s \tag{2.5}$$

式中 I_b——碱敏指数；

K_s——KOH盐水测定的岩样渗透率，$10^{-3}\mu m^2$；

$K_{sb(min)}$——不同PH值碱溶液测定的岩样渗透率最小值，$10^{-3}\mu m^2$。

碱敏性评价标准见表2.15，经岩心碱敏性试验得出：研究区长7储层为中等偏弱碱敏(表2.16)。

表2.15 碱敏性评价标准

碱敏指数	>0.70	0.70~0.30	0.30~0.05	≤0.05
碱敏程度	强	中等	弱	无

表 2.16 7 块岩心样品碱敏试验数据表

序号	顶深/m	层位	长度/cm	直径/cm	气体渗透率/$10^{-3}\mu m^2$	孔隙度/%	碱敏指数	碱敏程度
1	1459.34	长 7	2.33	2.52	0.36	2.34	0.25	弱碱敏
2	1459.42	长 7	2.53	2.53	0.44	2.62	0.25	弱碱敏
3	1459.67	长 7	2.36	2.51	0.16	1.15	0.13	弱碱敏
4	1459.78	长 7	2.14	2.52	0.29	2.17	0.17	弱碱敏
5	1459.89	长 7	2.31	2.51	0.56	4.45	0.09	弱碱敏
6	1560.14	长 8	2.26	2.52	0.48	2.97	0.12	弱碱敏
7	1560.27	长 8	2.04	2.52	0.27	2.09	0.21	弱碱敏

储层润湿性是油藏评价过程中的重要参数，他决定着油藏流体在岩石孔道内的微观分析和原始分布状态，也决定着地层注入流体渗流的难易程度及驱油效率的高低等，在提高油田开发效果和提高采收率方面都具有十分重要的意义。经润湿性分析，岩心实验研究长 7与长 8 储层综合润湿性评价为中性（表 2.17）。

表 2.17 9 块岩心样品层润湿性实验分析结果

序号	层位	顶深/m	水润湿指数 W_w	油润湿指数 W_o	润湿性评价
1	长 7	1429.05	0.12	0.14	中性
2	长 7	1429.04	0.09	0.16	中性
3	长 7	1429.12	0.03	0.06	中性
4	长 7	1429.27	0.11	0.08	中性
5	长 7	1429.38	0.08	0.17	中性
6	长 8	1548.10	0.20	0.07	弱亲水
7	长 8	1548.14	0.07	0.16	中性
8	长 8	1548.20	0.11	0.07	中性
9	长 8	1548.32	0.17	0.23	中性

2.2.5 鄂尔多斯盆地东南部延长组致密油储层裂缝发育特征

鄂尔多斯盆地延长组致密基质致密、天然裂缝普遍发育，天然裂缝是该类致密砂岩油藏的有效储集空间和主要的渗流通道，是储层岩石整体基质致密化后影响油藏渗流系统的关键因素，其对油气富集规律、单井产能、开发方案部署及注水开发效果均有显著影响。

然而由于天然裂缝规模小，成因类型多，控制因素复杂，发育非均质性强，定量研究及评价其裂缝渗流能力难度大。本部分通过野外露头裂缝描述、探井取心裂缝描述、微尺度薄片裂缝观测等系列研究方法，对长 7 与长 8 油藏裂缝特征进行了定性与定量描述。

(1)天然裂缝发育角度。

通过观察黄陵、铜川地区长 7 与长 8 露头裂缝发育情况的统计发现，陕北地区长 7 致密油天然裂缝的裂缝倾角大于 60°，其中 80°~90°高角度近乎垂直的剪切裂缝为主绝大部分倾角大于 80°，80°~90°的裂缝高达占比 70.52%（表 2.18）。值得注意的是，岩性对裂缝发育影响较大，泥岩对砂岩中裂缝的发育具有较大的限制作用，在砂岩中通常裂缝比较发育且倾角较大，延伸到泥岩后裂缝倾角变小或者裂缝直接消失，绝大多数裂缝发育于砂岩而止于泥岩(图 2.15 和图 2.16)。造成该现象的主要原因为裂缝发育与岩石力学参数息息相关，相比于泥岩层，砂岩层内石英、长石等矿物含量高，岩石的脆性系数高，容易形成天然裂缝，而泥岩层黏土矿物含量越高，岩石的脆性系数则相对越低，不容易形成天然裂缝。这与石英和长石等矿物自身是一个刚性块体，其应力—应变曲线的初始变形中塑性变形阶段少，而黏土矿物的塑性强，塑性变形阶段也相对较多。当石英、长石等矿物含量较多的岩石受到应力作用时，更容易破裂；脆性系数随着黏土矿物含量的增大有逐渐减小的趋势，这主要由于黏土矿物均对构造应力的缓冲作用较大，当黏土矿物含量较高的岩石受到构造应力的作用时，黏土矿物沿着垂直于其挤压的方向发生塑性变形，难产生剪切破裂面。

表 2.18 长 7、长 8 露头裂缝统计表

裂缝倾角	<60°	50°~60°	60°~70°	70°~80°	80°~90°
裂缝条数	15	18	22	24	189
占比	5.59	6.71	8.22	8.96	70.52

(a) 黄陵龙首上塬，长7油层组的剪性裂缝，裂缝产状183° ∠80°

(b) 铜川市金锁关寨力坡，长8油层组的剪性裂缝，裂缝产状322° ∠85°

图 2.15 三叠系长 7 与长 8 段露头

图 2.16　泥岩对裂缝的限制作用

(2)天然裂缝间距特征。

裂缝间距指数和裂缝间距率是定量化裂缝间距和力学层厚度之间的关系的主要评价参数。以裂缝间距为 *X* 轴，所在的力学层厚为 *Y* 轴，所构成的线性函数的斜率为裂缝间距指数(FSI)。以裂缝间距中值除以力学层厚的比值为裂缝间距率(FSR)。裂缝间距指数和裂缝间距率的区别在于 FSI 表示不同层厚的层状岩层中裂缝发育的强度特征，而 FSR 表示单个力学层中裂缝发育的强度。FSI 和 FSR 的值越大，则表示裂缝间距越密集。

表 2.19　裂缝间距率(FSR)数据表

序号	FSR	序号	FSR
1	1.25	8	1.75
2	2.10	9	0.58
3	1.15	10	0.80
4	0.63	11	0.87
5	0.64	12	1.18
6	1.18	13	0.87
7	0.71	平均值	1.06

对研究区延长组地层的裂缝间距与层厚之间的关系，通过裂缝间距指数来表示(图 2.17)。研究区的裂缝间距指数(FSI)为 1.252，通过计算，我们得到了研究区裂缝间距率 FSR 数据表(表 2.22)，裂缝间距率(FSR)平均值为 1.06。Gross 等(1995)研究发现，在裂缝间距主要受岩层厚度控制时，FSI 和 FSR 的值近似相等。研究区 FSI 值与 FSR 值基本相似，说明延长组地层中，控制裂缝间距的主要因素为岩层厚度。研究区岩层厚度与裂缝间距的回归系数也很高，相关系数为 0.861。以上研究结果表明，研究区延长组不管是单个裂缝组还是所有裂缝的间距数据，裂缝间距和岩层层厚之间都有很好的线性关系。Narr 等曾研究认为，沉积岩层中的节理间距指数基本为恒定常数 1.3，这一研究成果得到了国内外的普遍认可，本次研究中的裂缝间距指数也基本符合这一规律，因此提出用岩层厚度来定量计算裂缝间距，见式(2.6)：

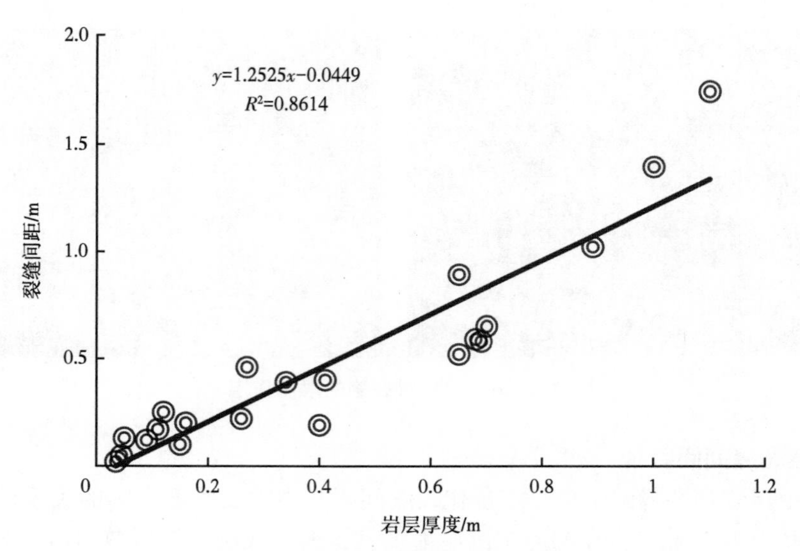

图 2.17 裂缝间距指数分析图

$$T=1.2525h-0.0449 \tag{2.6}$$

式中 T——裂缝间距平均值，m；

h——单套岩层厚度，m。

(3)天然裂缝性质。

按照裂缝成因可以将裂缝分为构造裂缝和非构造裂缝。构造裂缝是在构造应力作用下产生的破裂缝，是地应力状态达到破裂条件时形成的永久变形，一般为构造活动期的产物，是储层裂缝中最重要的类型。构造裂缝按照其力学性质可以分为张性缝、剪性缝及张剪性缝。

剪性缝是在剪应力作用下形成的裂缝，研究区剪性裂缝的主要特征有：① 产状稳定，倾角常大于 70°，在同一岩层的剖面和平面上均变化不大且延伸远[图 2.18(a)]，且常有穿层发育的特征；② 裂缝面平直、光滑，裂缝规则 [图 2.18(b)]，少量裂缝可见因剪切滑动而留下来的擦痕或阶步；③大部分裂缝未被其他矿物充填，呈闭合状态[图 2.18(c)]；④多组成 X 型共轭剪裂缝系统，岩层被切成菱形或者棋盘格状[图 2.18(d)]；⑤ 剪性缝常常具有切穿颗粒现象。

张剪性缝是在张应力和剪应力综合作用下而形成的一种复合裂缝形式，因而同时兼具张性缝和剪性缝的特征。张剪性裂缝的缝面开度一般比较大，天然裂缝形成以后，由于后期应力的叠加和地质流体的共同作用，裂缝内部往往充填一些矿物。野外观察表明，充填矿物主要有方解石、石英和泥质杂基等。裂缝中矿物充填之后，其介质环境发生变化，常产生溶蚀作用。

非构造裂缝在研究区也有少量发育裂缝，这类裂缝的发育一般不具有规律性，方向性比较差，总体产状不稳定，缝面弯曲，有时可见到裂缝末端分枝或分叉，裂缝延伸性差，裂缝长度短，受岩性的控制比较明显。分析认为，研究区的野外露头的非构造裂缝主要有以下类型：①岩石经过风化作用破裂后产生的风化裂缝；②成岩作用过程中形成的裂缝，这类裂缝在黏土矿物含量高的岩石中比较发育，黏土矿物的脱水作用使岩石释压，从而形成收缩裂缝。

(a)发育在三叠系延长组的剪性裂缝
裂缝产状263° ∠86°

(b)发育在三叠系延长组中的剪性裂缝
裂缝产状358° ∠85°

(c)三叠系延长组中裂缝中被方解石充填

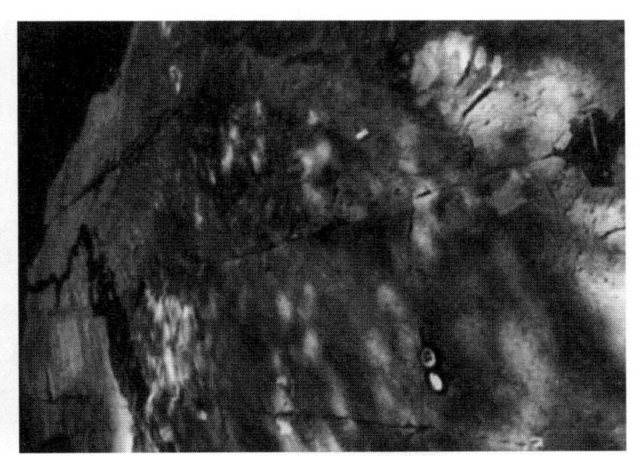

(d)三叠系延长组中的剪性裂缝
铜川市金锁关

图 2.18　野外剪性裂缝发育特征

(4)构造裂缝走向与期次分析。

自中生代以来，鄂尔多斯盆地经历的多期构造运动使盆地内部受到的远程应力作用十分复杂，多期的构造应力场也使延长组发育了多套裂缝系统。多套裂缝系统的表现为：①同一地点或者同一岩层发育了不同产状的多组裂缝系统；②同一岩层、不同地点发育的裂缝系统也产状不同。本部分仅以陕北 GQ 地区为例，将统计的延长组长 7 和长 8 地层所有裂缝数据通过裂缝走向玫瑰花图如图 2.17 所示。

基于裂缝空间展布状态，三叠系地层中发育 4 组裂缝，即近 E—W 向(85°~95°)、近 S—N 向(0°~10°)、NWW—SEE 向(300°~310°)及 NE—SW 向(40°~50°)裂缝系统，其中高角度的近 E—W 向裂缝最发育，其次为近 S—N 向裂缝，NW—SE 向以及 NNE—SSW 向 2 组裂缝发育程度较低。根据区域构造应力场分析以及野外对裂缝的分期配套，将研究区裂缝划分为近 E—W 向和近 S—N 向、NWW—SEE 向和 NE—SW 这两套近于正交的裂缝系统（图 2.19 和图 2.20)。

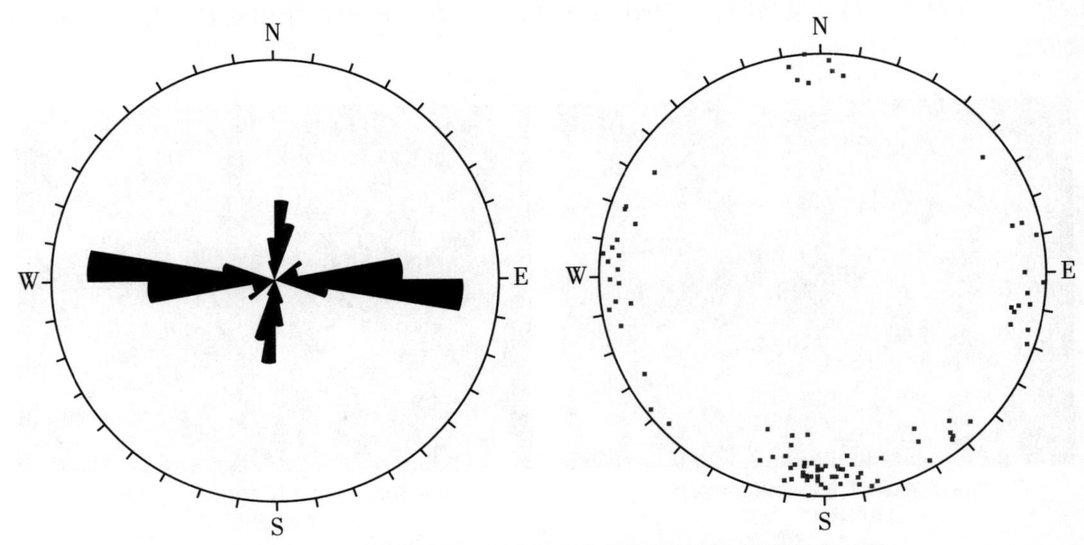

图 2.19　延长组长 7 油层组裂缝走向玫瑰花总图与裂缝极点总图

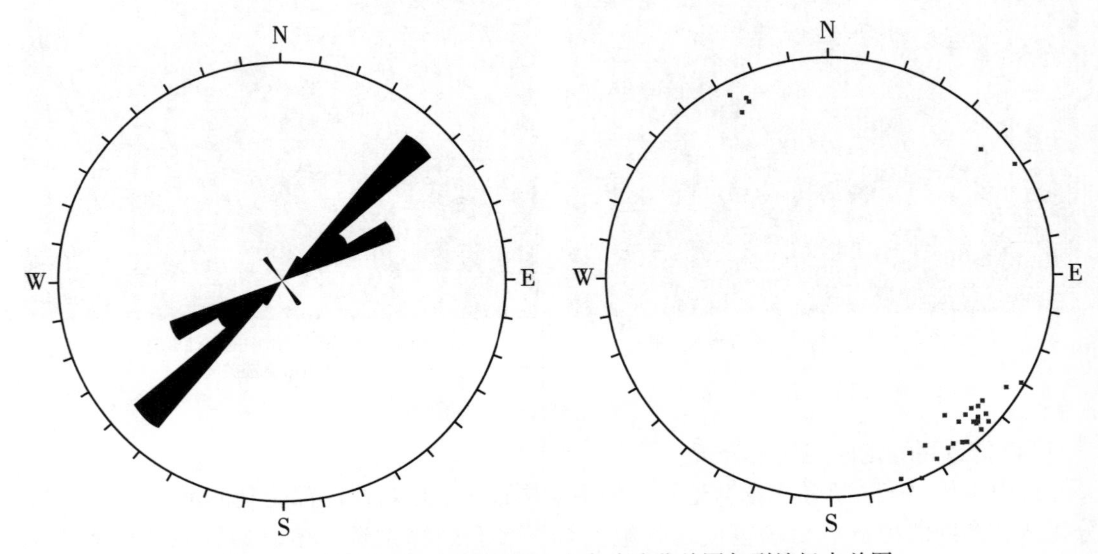

图 2.20　延长组长 8 油层组裂缝走向玫瑰花总图与裂缝极点总图

(5)薄片显微镜下识别微裂缝。

在对薄片显微鉴定中，在长 8 段与长 7 段砂岩体样品中均发现有微裂缝，且已被沥青质充填。说明这些微裂缝曾经有油气经过，是油气运移的通道。同时结合邻区研究资料，延长组储层中微裂缝面孔率约占 1%~2%。主要有 2 种形式：一类与层面呈高角度相交或近于垂直，为构造裂缝，多切穿碎屑颗粒及其胶结物，多数无充填，偶见沥青质充填物。另一类与层面平行，主要有因压实受力不均而造成沿黑云母等软碎屑发生滑脱形成的滑脱缝，属于成岩裂缝，微裂缝形态各异，缝面平直或弯曲（图 2.21）。

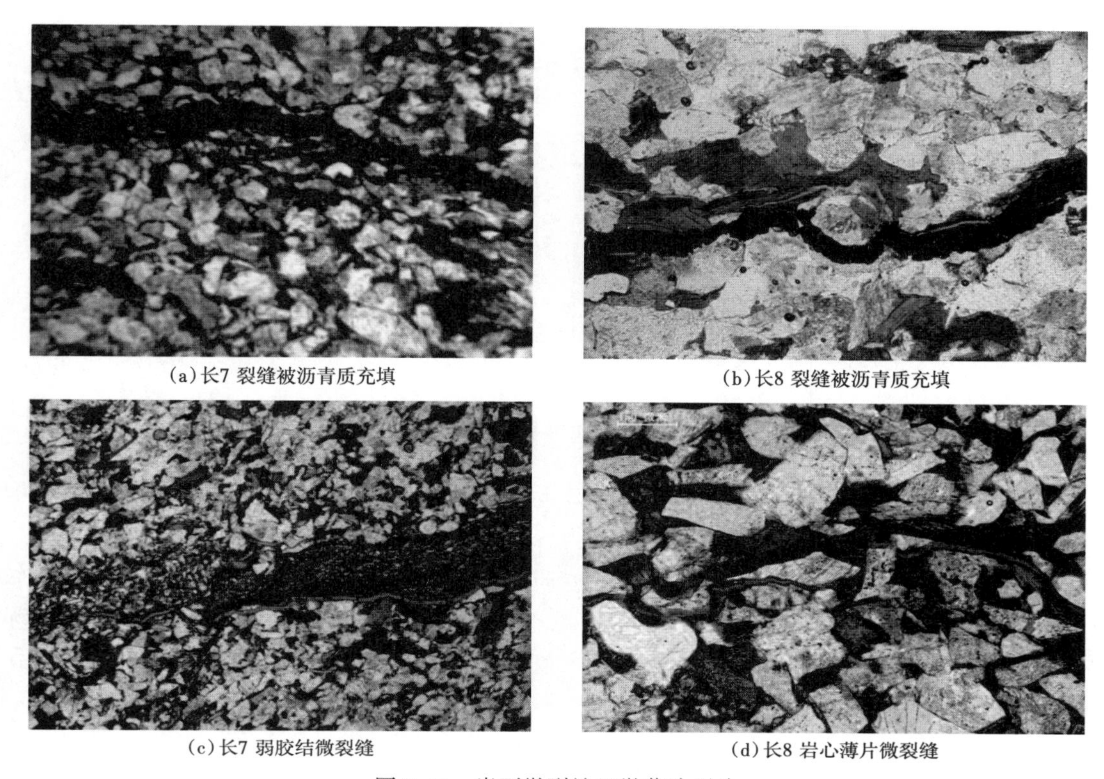

(a)长7 裂缝被沥青质充填　(b)长8 裂缝被沥青质充填

(c)长7 弱胶结微裂缝　(d)长8 岩心薄片微裂缝

图 2.21　岩石微裂缝显微薄片照片

2.3　致密油储层成岩过程及孔隙演化特征

鄂尔多斯平盆地三叠系延长组储层是经历了沉积、成岩和后期流体改造等系列物理化学变化过程所形成。成岩作用是影响储层孔隙发育和演化的主要因素，剖析盆地三叠系延长组成岩作用类型，有利于认识储层成岩演化阶段、序列及孔隙演化规律，揭示储层致密化的形成原因。鄂尔多斯盆地三叠系延长组致密油储层成岩作用主要可以分为压实和压溶作用、胶结作用及溶蚀作用。其中，压实、压溶及胶结作用是破坏碎屑岩孔隙结构的主导因素，而溶蚀作用对改善储层空间结构起建设性作用。

(1)压实及压溶作用。

压实作用是指沉积物沉积后在上覆沉积层的重荷压力作用下，起到水分排出、孔隙度降低且体积缩小的作用。研究表明，鄂尔多斯盆地延长组在成岩作用早期浅埋藏阶段，成岩作用主要以机械压实为主，矿物颗粒以线接触和面接触为主，压实作用的结果导致储层原始孔隙度降低、储层物性变差，影响油气渗透性。压溶作用是粒间孔隙破坏的直接因素，是物理和化学因素共同作用的结果，压实作用表现在碎屑颗粒紧密排列使孔隙体积缩小，是使孔渗性能变差的主要成岩作用。根据镜下和薄片照片观察分析，压实作用主要表现为颗粒之间紧密接触，塑性颗粒变形，石英和长石等刚性颗粒破裂，云母、绿泥石和塑性颗粒变形，颗粒定向排列，颗粒点、线和凹凸接触；压溶作用主要表现在石英颗粒次生加大及长边接触等，是造成储层物性变差的最主要因素（图 2.22）。

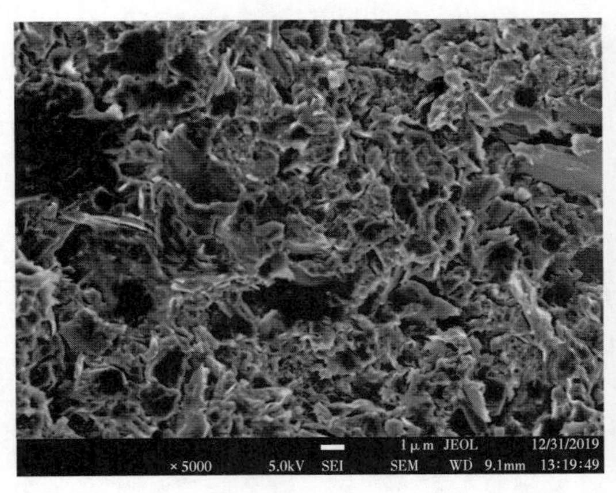

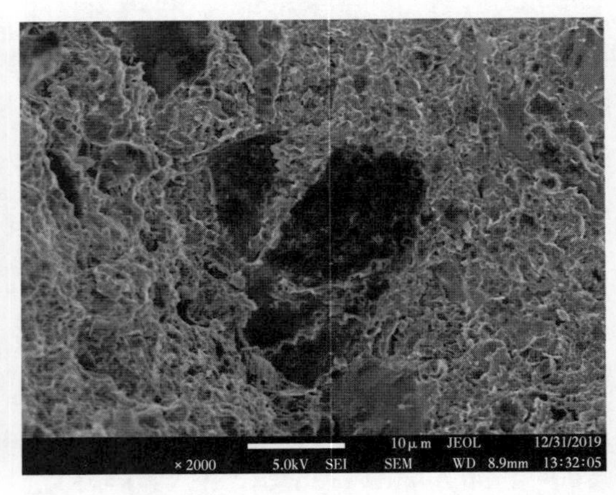

图 2.22　压实作用

（2）胶结作用。

胶结作用是指孔隙溶液中沉淀出的矿物质将松散的沉积物固结起来的作用，胶结作用也是砂岩孔隙度和渗透率降低的主要因素之一。研究区延长组长 7 储层主要的胶结物有方解石、硅质、绿泥石、泥质、凝灰质、硅质和伊利石等，胶结作用强烈、胶结类型繁多（图 2.23）。

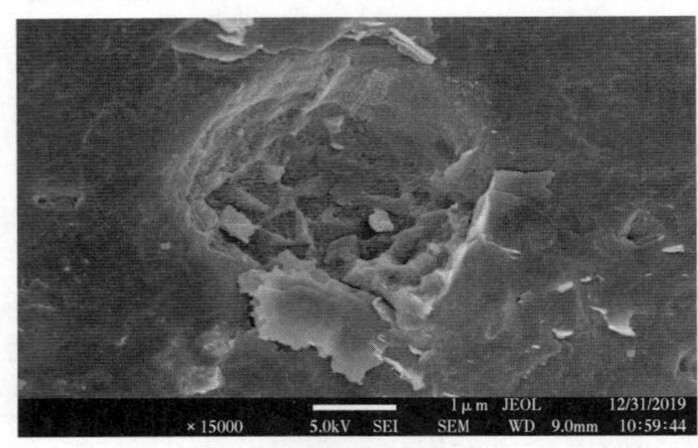

(a)方解石充填孔隙

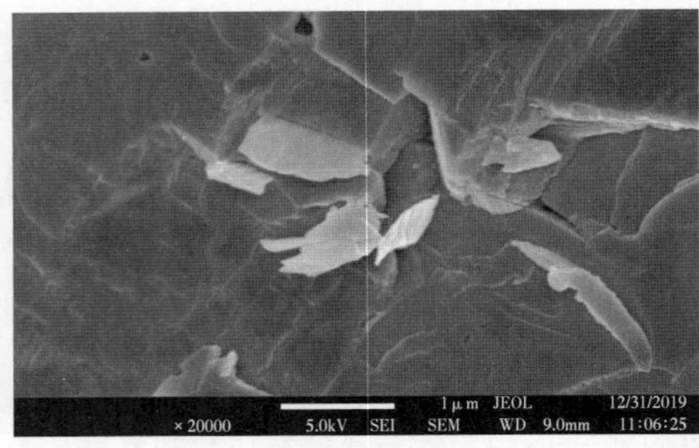

(b)高岭石充填孔隙

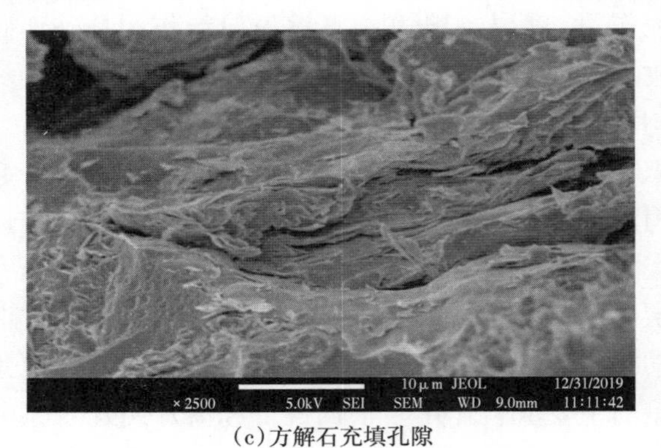

(c)方解石充填孔隙

图 2.23　胶结作用特征

（3）溶蚀作用。

溶蚀作用发生在成岩作用的各个阶段，形成了碎屑岩中的次生孔隙，对储集空间是一种重要的建设作用。在研究区油层储集岩中，长石的溶蚀作用是最普遍的，浊沸石的溶蚀作用也较常见。中基性火山岩岩屑的溶蚀作用也能见到，但由于这类岩石碎屑的含量不高，其溶蚀现象也不多见。长石的溶蚀作用非常常见，溶蚀往往从碎屑颗粒内部开始，长石颗粒内的解理缝或双晶面首先产生机械破裂，形成微裂缝，粒间溶液沿着微裂缝渗透，溶解长石，在某种程度上形成了许多粒内溶蚀微孔缝（图 2.24）。溶解作用和次生孔隙的形成主要由于 CO_2 及碳酸、有机酸的骨架颗粒的溶解作用和大气水对骨架颗粒的溶蚀。研究区长 7 油层岩石具有较强溶解作用，形成大量溶蚀型次生孔隙。

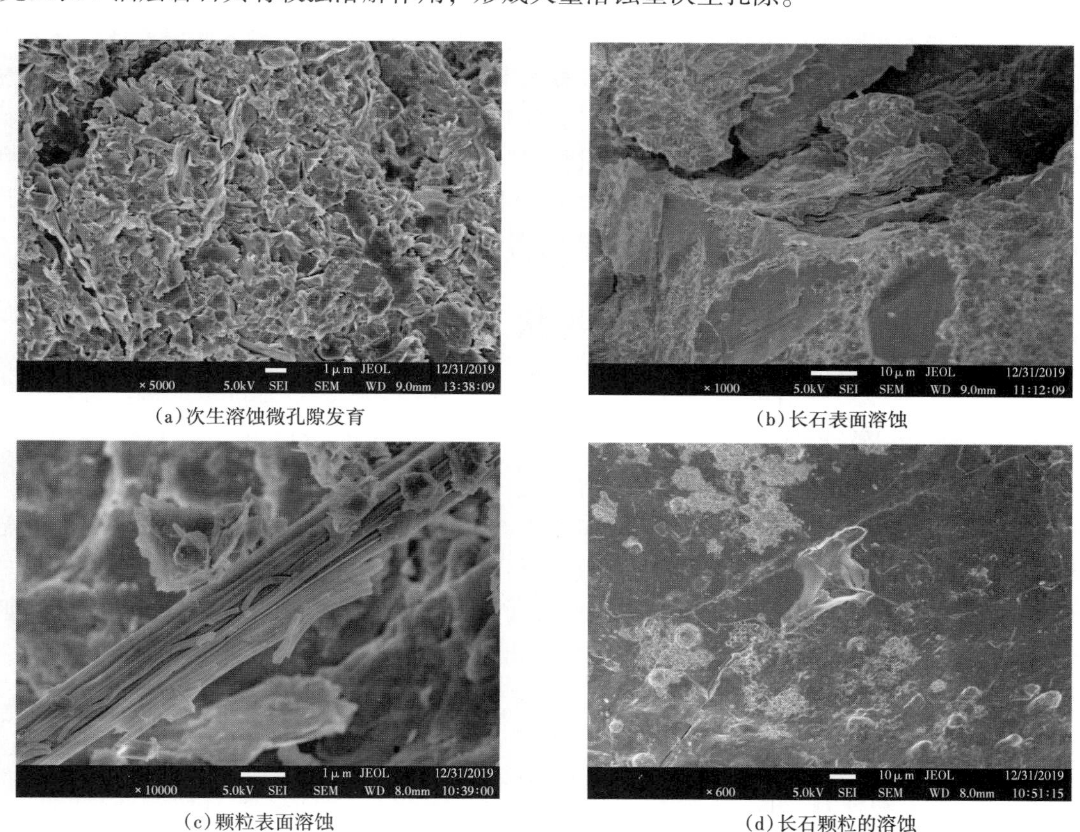

（a）次生溶蚀微孔隙发育　（b）长石表面溶蚀

（c）颗粒表面溶蚀　（d）长石颗粒的溶蚀

图 2.24　下组合岩心区扫描电镜

3 致密砂岩渗吸排油规律与微观特征

鄂尔多斯盆地下组合长7与长8层位储层多属于长石石英致密砂岩，该类油藏岩石基质孔隙致密，渗透率约为$0.3\times10^{-3}\mu m^2$，孔隙细小、毛细管作用强，自发渗吸排油作用是该类油藏重要的水驱采油机理。影响渗吸排油的因素较多，由于各地区储层流体性质(原油黏度、界面张力)基本稳定，但储层非均质性较强，因此本章重点对储层润湿性、渗透率和岩心尺寸等物性因素对渗吸采出程度的影响规律进行了深入研究，阐明了渗透率对渗吸排油的微观影响机制。在此基础上，探讨了裂缝注水流动过程中，不同渗透率岩心适用的注水速度。最后，利用先进的亚微米CT扫描技术，对岩石微观渗吸排油过程进行了定量可视化研究，为深化该类油藏渗吸排油规律与过程认识提供了有益借鉴。

3.1 储层自发渗吸国内外研究现状

3.1.1 自发渗吸现象

渗吸作用是润湿相流体在毛细管力作用下，自发地在毛细管或微裂缝内吸入运移的一种自然现象，其广泛存在于人们生活与工业生产的多个角落，如油渍侵染衣物、毛巾吸水、农业土壤灌溉、植物内水分运输及涂层材料等。由于应用背景广泛，在过去的100多年内，众多工程学领域(石油工程、地下水工程、土木工程、建筑工程和土壤物理)的研究人员不断地通过实验模拟与建立理论模型深化着对渗吸作用的认识。

$$p_c=\frac{2\sigma\cos\theta}{r_c} \tag{3.1}$$

式中 p_c——毛细管力，Pa；

σ——界面张力，mN/m；

θ——接触角，(°)；

r_c——毛细管半径，mm。

3.1.2 致密油藏自发静态渗吸排驱作用研究进展

中国致密油藏多为陆相砂岩沉积，储层具有典型的低孔隙度、低渗透、低压的特征，开发难度大。即使采用了水平井体积压裂改造技术，单纯依靠天然能量采油仅能动用生产井裂缝区域附近的部分原油，采出程度无法超过10%。注水补充地层能量是该类油藏进一步提高采收率的基本手段。研究表明，致密油藏经过体积压裂改造后，生产井井筒附近形成的大规模裂缝网络体系，大大增加了基质与裂缝系统之间的接触面积（图 3.1），水相的毛细管渗吸作用是该类油藏基质内剩余油排驱动用的主要采油机理[34-35]。

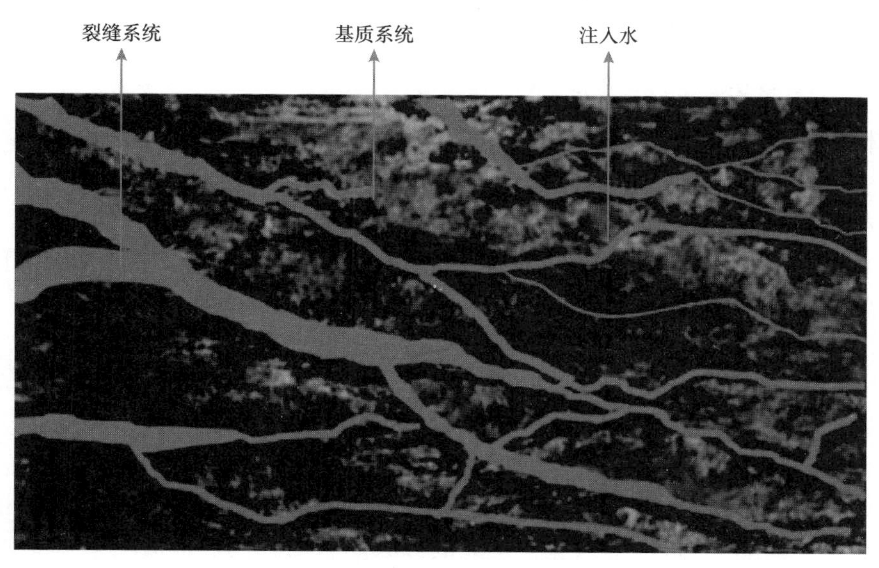

图 3.1　裂缝内流体与储层接触面积大

影响储层自发渗吸排驱效率的因素较多，岩石物理性质(润湿性、孔隙结构、岩石大小)与流体性质(压力、界面张力、油水黏度比)均会对最终的渗吸采收率产生显著的影响。近年来，随着微尺度研究手段的不断丰富，国内外学者借助先进的高精度 CT 扫描技术，逐渐揭示了注水过程中依靠储层自发渗吸排驱作用提高采收率存在的主要问题。Akbarabadi等发现，水相无法借助毛细管力进入亲油的孔喉，致使该类孔隙内的原油无法通过渗吸置换的方式进行动用。编者所在课题组前期研究发现，水相的渗吸排驱作用会将孔隙内原本连续性较好的油相分散，增加了内部原油向外排驱运移时的贾敏效应。同时易受孔隙—喉道处缩径几何结构的影响，单纯地依靠毛细管压差驱动，难以使原油有效地突破狭窄的喉道，致使大量剩余油滞留于基质内而无法有效动用。

3.1.3　致密砂岩油藏动态渗吸排油研究进展

致密油储层的孔隙度及渗透率差、纳米孔占比高、导致注水压力高、油藏体积压裂后，转化为致密基质与高渗裂缝双重介质系统，其中裂缝为主要的高导流通道，基质孔隙是储油空间。研究表明，在注水过程中，由于基质系统与裂缝系统间存在巨大的渗透率差异(裂缝系统渗透率约为基质系统的成百上千倍)，按照矿场的实际注水压差难以克服基质内的原油启动压力，裂缝—基质系统内的渗吸排油作用是该类油藏重要的水驱采油机理。与静态渗吸不同，实际注水过程中，裂缝内的流体是不断流动的。除了储层静态的渗透率、孔隙度、含油饱和度、孔隙结构和油水黏度比外，裂缝内注入介质的流动速度、界面张力和流体介质会对储层岩石渗吸排油作用产生影响。因此，探究裂缝系统流体注入速度与介质体系对储层渗吸作用的影响，对提高采收率具有重要的作用。

3.2 致密砂岩油藏静态自发渗吸排油规律研究

3.2.1 静态渗吸实验方法与步骤

(1)体积法自发渗吸原理。

体积法是通过渗吸仪计量不同时刻渗吸排油的体积来计算渗吸采出程度的方法。将饱和模拟油的岩样放入充满模拟地层水的渗吸仪中，再将渗吸仪放到恒温箱内，进行自发渗吸驱油实验，记录不同时刻渗吸仪刻度管中的渗吸驱油体积，计算渗吸驱油速度和采出程度。

(2)实验步骤。

① 利用常规油层物理方法标定岩心孔隙度与气测渗透率。

② 岩心抽真空稳定至 0.1MPa 保持 24h 以上，饱和地层水，将饱和地层水的岩心放入夹持器内饱和模拟油，待出口端无水流出且压力稳定时，计算束缚水饱和度，放入 50℃烘箱内，老化 36h 后备用。

③ 开展体积法自发渗吸实验，鉴于标定致密砂岩样品渗吸采出程度过程中出现的“挂壁现象”与“门槛跳跃”等效应，造成的渗吸中采出程度过程值测量不准确。因此，本实验忽略过程值变化，仅测定岩心样品的最终渗吸采出程度。

3.2.2 岩石润湿性对自发渗吸排油效率的影响

鄂尔多斯盆地延长组的物源主要来自大青山方向的东北物源、阿拉善古陆的西北物源及秦岭方向的西南物源，在鄂尔多斯盆地中从外围到内部发育由河流相、三角洲相和深湖—半深湖相构成的环带状沉积相带。以鄂尔多斯盆地东南部长 8 储层为例，长 8 期以湖侵为主，处于湖盆扩张的阶段，湖盆的规模和水深均继续加大，近岸冲积扇广泛发育，长 8 期储层沉积相主要为三角洲前缘，主要发育三角洲前缘水下分流河道、河道侧翼、水下分流间湾。由于地理位置不同，受沉积物源的影响，其矿物岩石学成分具有较大差异，以下寺湾、黄陵、旬邑等地长 8 探井的 X 衍射结果为例，虽然长 8 储层整体上属于长石石英砂岩，但在岩石骨架组分中，除亲水性强的石英含量比例具有较大差异，各地区黏土矿物百分含量也有较大差异，致使润湿性也差异显著。

本次研究选取了 9 块不同探区物性相近的长 8 岩心样品，利用滴定法测量了不同探区样品的接触角，结果如图 3.2 所示。实验岩心样品 X 全衍射矿物岩石学成分及物性参数见

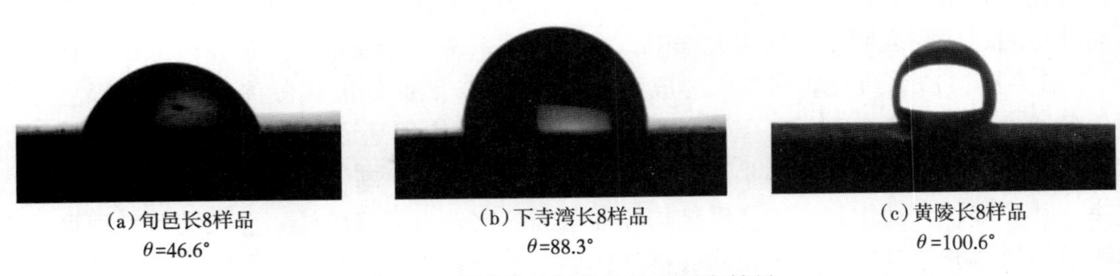

(a)旬邑长8样品 θ=46.6°　(b)下寺湾长8样品 θ=88.3°　(c)黄陵长8样品 θ=100.6°

图 3.2 典型岩心样品接触角测定结果

表 3.1 和表 3.2。

表 3.1 岩心样品 X 衍射分析结果

层位	样品数量	地区	长石含量/%	石英含量/%	岩屑含量/%
长 8	3	下寺湾	45.89	32.42	9.91
	3	黄陵	46.3	27.7	9.62
	3	旬邑	39.94	38.32	14.91

表 3.2 岩心填隙物分析结果

地区	层位	填隙物/%								
		高岭石	伊利石	绿泥石	方解石	铁方解石	白云石	硅质	黄铁矿	合计
下寺湾	长 8	2.23	1.43	1.32	1.58	2.21	2.51	0.43	0.07	11.78
黄陵		3.58	1.23	0.12	3.26	4.32	3.69	0.06	0.12	16.38
旬邑		0.63	0.6	1.25	0.11	0.35	0.19	3.65	0.05	6.83

下寺湾长 8 探井岩心润湿性为中性、旬邑长 8 岩心呈弱亲水、而黄陵长 8 探井岩心呈弱亲油状态。从矿物学角度分析，石英、伊利石和绿泥石均为典型的亲水矿物，而白云石和高岭石为典型的亲油矿物。石英表面具有硅氧烷官能团(Si—O—Si)，伊利石为硅铝酸盐矿物，绿泥石为层状铝硅酸盐矿物，层间具有 Mg—(O，OH)八面体层，在地层环境下易吸附溶液中的正电荷(H^+)，使得晶体结构或表面中富含水分子，具有亲水性。白云石为离子化合物，晶体在水溶液中具有很强的极性，容易吸附原油中的极性物质，这种吸附的能力以铁白云石尤为突出，因而白云石与原油接触后整体表现出亲油的润湿特征。高岭石为硅氧四面体片和铝氧八面体片状结构，晶体的片状结构之间具有很强的氢键作用，在水溶液中呈现出较强的稳定性，水分子不易进入。高岭石特殊的晶体结构使得其易吸附通过孔隙喉道的原油中的活性物质，具有弱亲油或亲油特性。综上所述，不同区域长 8 探井储层岩心样品的润湿性随着岩石中亲水矿物含量的增加而更加亲水。以不同润湿性致密砂岩样品为研究对象，开展了自发渗吸实验物理模拟，具体的岩心物性参数与采出程度见表 3.3。

表 3.3 岩心样品物性及自发渗吸实验结果表

岩心编号	地区	长度/cm	直径/cm	气测渗透率/$10^{-3}\mu m^2$	孔隙度/%	束缚水饱和度/%	渗吸采出程度/%
1	下寺湾	5.021	2.512	0.262	8.02	39.47	14.3
2		5.032	2.496	0.253	8.15	42.23	13.5
3		5.011	2.489	0.243	7.36	43.34	14.6
4	黄陵	5.032	2.516	0.226	8.13	44.15	10.3
5		5.012	2.523	0.265	8.33	44.22	9.9
6		4.915	2.524	0.236	7.39	43.21	13.1

续表

岩心编号	地区	长度/cm	直径/cm	气测渗透率/$10^{-3}\mu m^2$	孔隙度/%	束缚水饱和度/%	渗吸采出程度/%
7	旬邑	5.011	2.531	0.263	8.18	41.65	22.5
8		5.023	2.521	0.245	8.16	45.33	23.6
9		5.012	2.532	0.244	9.26	43.86	22.8

由表3.3可知，润湿性是影响致密砂岩储层岩石渗吸排油采出程度的决定性因素，随着储层润湿亲水性的增强、渗吸采出程度增加，旬邑长8探井亲水性较好，其渗吸采出程度最高，下寺湾长8探井岩心样品呈中性，采出程度次之、黄陵地区长8储层最差。造成该现象的主要原因为：渗吸作用是润湿相流体在毛细管力作用下，自发地在毛细管或微裂缝内吸入运移的并驱替非润湿相的一种自然现象。在致密岩石多孔介质内，若岩石孔道表面为油润湿，则此时油为润湿相，水为非润湿相，水则难以在毛细管力的作用下吸入多孔介质，渗吸采出程度处于较低的水平。

3.2.3 渗透率对自发渗吸采出程度的影响规律

对于特定的致密储层而言，油藏温度、流体性质和岩石润湿性相对较为稳定，由于岩石非均质性较强，岩石渗透率(岩石结构)是影响渗吸采出程度的关键。按照油层物理基本原理和已有的对常规低渗透油藏实验研究的认识，毛细管力是渗吸采油的动力，当储层润湿性不变时，毛细管力与孔隙半径成反比，孔隙半径越小，毛细管力越大。以往研究渗透率对于低渗透砂岩渗吸采油效率的影响时，多致力于宏观岩心采出程度测定与实验规律总结，其中部分学者研究时发现了样品渗透率降低，渗吸驱油效率变差的现象，但均未就渗透率对渗吸采油效率的微观影响机制进行深入分析，导致了自发渗吸采油对于致密储层适用条件与微观机理的认识不足。

本实验以鄂尔多斯盆地富县地区中生界延长组长8段天然致密砂岩样品为例，通过自发渗吸物理模拟研究了渗透率对致密油藏渗吸采出程度的影响规律。在此基础上，利用核磁共振与亚微米CT扫描等分析手段对其微观影响机制进行深入剖析，以期对致密油藏注水补充地层能量、渗吸法采油开发决策提供重要的理论依据。

核磁共振实验原理：核磁共振实验是一种无损的检测方法，根据核磁共振原理，饱和单相流体的岩石的磁共振 T_2 谱可以反映岩石内部孔隙结构，均匀磁场中，所测横向弛豫时间 T_2 见式（3.2）：

$$\frac{1}{T_2} = \frac{1}{T_{2B}} + \rho_2 \frac{S}{V} \tag{3.2}$$

式中 T_2——横向弛豫时间，ms；

T_{2B}——体积弛豫时间，ms；

ρ_2——横向表面弛豫强度，μm/ms；

V——单个孔隙体积，μm^3；

S——单个孔隙表面积，μm^2。

由于 T_{2B} 数值大于3000ms，远大于 T_2，可忽略不计，令 $\frac{S}{V}=\frac{F_s}{r_c}$ 则式（3.2）可简化为：

$$T_2=\frac{r_c}{\rho_2 F_s} \tag{3.3}$$

式中　F_s——单个孔隙的形状因子。

F_s 为单个孔隙的形状因子，与孔隙形态有关（对球形孔隙 $F_s=3$；对柱状孔隙 $F_s=2$）。令 $C=\rho_2 F_s$ 则：

$$r_c=CT_2 \tag{3.4}$$

式中　C——核磁转换系数。

可见，横向弛豫时间 T_2 与孔径 r_c 理论上呈线性正比例关系，由于天然岩心孔隙结构复杂，李爱芬、李艳、王学武等通过大量的统计实验发现了 T_2 与 r_c 呈幂函数关系：

$$r_c=CT_2^n \tag{3.5}$$

以高压压汞数据为依据，求出 C 和 n 值，代入（3-5）式即可完成 T_2 到孔径的线性或幂函数转换，进而根据孔隙分量前后变化计算得出不同孔径的对于采出程度的贡献。

CT扫描实验原理：岩心X射线CT扫描技术是一种利用X射线对岩心进行切片扫描成像的测试手段，借助计算机技术将不同的切面重构，可对非透明物质的组成和结构进行无损化检测，X射线源向载物台上的物品发出X射线，与检测样品发生一系列作用后X射线被接收器接收，接收器并将其转化为电信号后返回给计算机进行接收。对于天然岩心样品而言，由于岩石骨架、黏土矿物、孔隙的密度不同，X射线到达接收器并不是只穿过一种物质，且X射线通过样品后会引起能量衰减，其衰减程度取决于光子能量、吸收体密度、原子序数和每克电子数4个因素，不同物质X射线穿过物体后的强度可用下式表示：

$$I=I_0\times \mathrm{e}^{-\sum_i \mu_i L_i} \tag{3.6}$$

式中　I——X射线穿过物体后被衰减后的射线强度，W/sr；

I_0——X射线发出时的初始强度，W/sr；

μ_i——第 i 种组分的线性吸收系数；

L_i——第 i 种组分在X射线途径路径上的厚度，m。

扫描完成后便可得到样品不同切面上的多组投影数据，将所有二维投影叠加起来，便可得到三维图像信息。

自发渗吸核磁共振实验步骤：

（1）开启核磁共振监测仪器，主要测试参数为等待时间2.5s，回波间隔0.504ms，回波个数2500个，测试岩心饱和油状态时的弛豫时间 T_2 谱。

（2）将岩心放入渗吸仪内，渗吸仪内介质为含有 $MnCl_2$ 的地层水溶液。设定恒温箱温度为50℃，观察岩心表面再无油滴渗出后，继续浸泡48h以上，将样品取出，测定渗吸终止后的弛豫时间 T_2 图谱。

（3）将完成以上步骤的岩心重新洗油、烘干，放入压汞仪进行压汞试验，设定最高进汞压力为 241MPa，可识别出的最小喉道直径为 0.003μm。

岩心 CT 扫描实验步骤：

(1)将压汞前的核磁岩心固定于扫描转台上，利用 Zeiss510 亚微米 CT 扫描仪对岩心干样中部 801 个截面进行扫描，设定扫描工作电压为 50kV，曝光时间为 1.5s，切片间距为 2.3μm，扫描精度为 0.7μm/像素，可满足亚微米级以上的孔隙识别需要。

(2)为消除岩心边界伪影的影响，截取 500 个 CT 扫描图像矩形部分作为研究区域，对 500 张二维图像进行中值滤波降噪处理，使得图像的清晰度与对比度得到提高。

(3)根据岩石与孔隙的灰度差峰值差异对获取的二维图像进行二值化分割处理，获取切片内孔隙信息。

(4)利用三维容积重建技术，将所有的二维图像叠加起来，还原岩心模型内孔隙三维信息(模型尺寸为 1.15mm×1.15mm×1.15mm)，并通过最大球算法获取亚微米级—微米级孔径分布。

(5)在岩心模型孔隙结构三维重构的基础上，定义岩心模型内孔隙体像素点与岩心边界切面边界重合且体像素点间连续的孔隙为连通孔隙，否则视为不连通孔隙，从而将岩心模型内三维空间与二维切片内连通孔隙与不连通的孔隙区分开来。

实验材料：本实验所用岩心、原油及地层水均来源于鄂尔多斯盆地东南部中生界延长组长 8 致密油藏。

岩心样品：长度为 2.544~5.067cm，直径为 2.5cm 左右，气测渗透率为(0.048~0.262)× 10^{-3}μm^2，孔隙度为 4.26%~9.23%，岩心润湿性为弱亲水，相对润湿指数为 0.28 左右。

实验用水：长 8 地层水，矿化度为 15100mg/L 左右，水型为 $CaCl_2$ 型，黏度为 0.98mPa·s (50℃)，pH 值为 7.1。

实验用油：实验模拟油为长 8 原油与煤油体积比 1:2 混合而成，黏度为 2.75mPa·s (50℃)，与地层水的界面张力为 16.7mN/m，密度为 0.81g/cm^3。

实验设备：实验主要设备有 Zeiss510 亚微米 CT 扫描仪、MicroMR12-025V 岩心核磁分析仪、体积法渗吸仪、BROOKFIELD 黏度计、美国 ISCO 柱塞泵、V9500 压汞仪、分析天平、高压驱替装置、恒温箱、CMS-300 型孔渗测量仪、索氏抽提器及实验玻璃仪器等(图 3.3)。

(a)渗吸仪

(b)岩心核磁仪

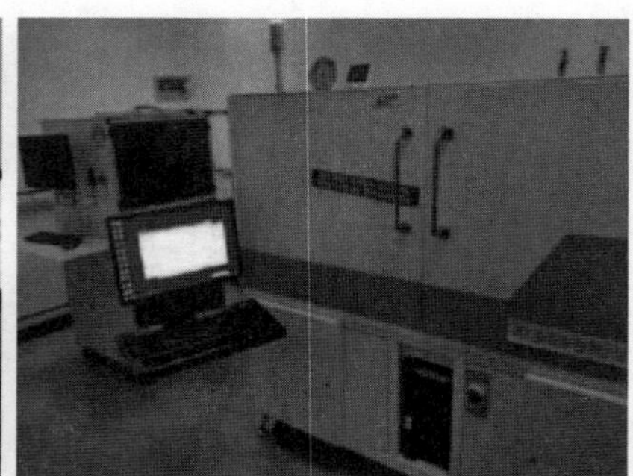
(c)Zeiss510 CT扫描仪

图 3.3 主要实验仪器

表 3.4　12 块致密岩心基本数据表

岩心编号	长度/cm	直径/cm	气测渗透率/$10^{-3}\mu m^2$	孔隙度/%	束缚水饱和度/%	实验种类	
1	5.051	2.512	0.262	8.74	38.27	自发渗吸	
2	5.062	2.496	0.223	8.25	39.83		
3	5.024	2.489	0.178	7.36	41.24		
4	5.067	2.516	0.135	8.63	40.25		
5	5.043	2.523	0.117	9.23	40.20		
6	4.982	2.524	0.102	6.07	44.24		
7	5.016	2.531	0.093	6.42	42.55		
8	5.045	2.521	0.073	7.19	47.53		
9	5.037	2.532	0.052	4.26	54.86		
10	2.661	2.497	0.048	5.62	47.56	核磁共振	CT 扫描
11	2.544	2.511	0.138	8.23	42.44		
12	2.632	2.523	0.257	8.62	40.22		

由表 3.4 可知：实验样品渗透率整体与孔隙度、储层质量指数$\sqrt{k/\phi}$正相关，与束缚水饱和度负相关。

(1)渗透率对自发渗吸采出程度的影响。

对 9 块不同渗透率天然岩心样品开展自发渗吸模拟，为避免实验时出现挂壁现象，实验前用酒精与硫酸混合液清洗渗吸仪器，实验过程中适当补充地层水，确保体积读数，实验结果如图 3.4 和图 3.5 所示。

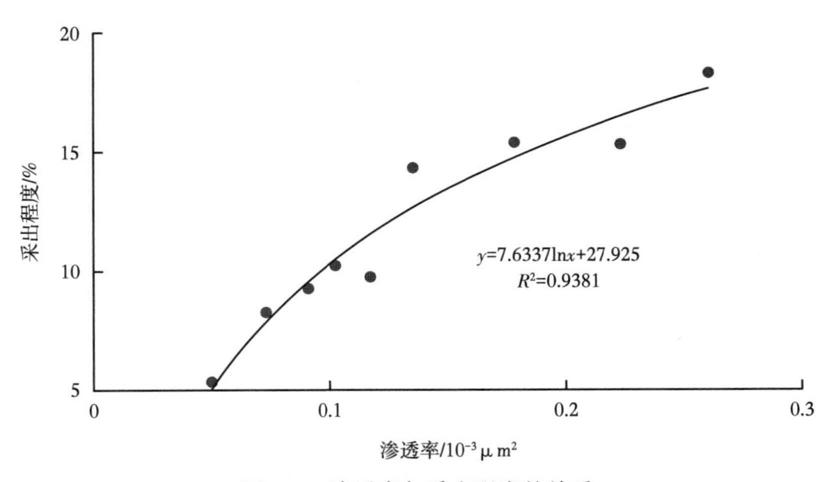

图 3.4　渗透率与采出程度的关系

由图 3.4 可知：研究区致密砂岩样品渗吸采出程度介于 5.24%～18.23%之间，基质渗透率对采出程度影响很大，基质渗透率越高，渗吸采出程度越高；通过实验图像采集观测，不同渗透率岩心样品岩心表面油滴析出时间非常接近，约40~60min，随浸泡时间的增加，岩心表面的细小油滴的体积逐渐变大，油滴间距逐渐减小，当油滴互相靠近时，在界面张力的作用下，油滴间发生“聚并”现象，“聚并”后的大油滴在浮力的作用下，克服油滴与岩石表面的黏滞力，脱离岩心表面。等时间条件下，样品渗透率越高，岩石表面渗吸油滴分布越多（图3.5）。

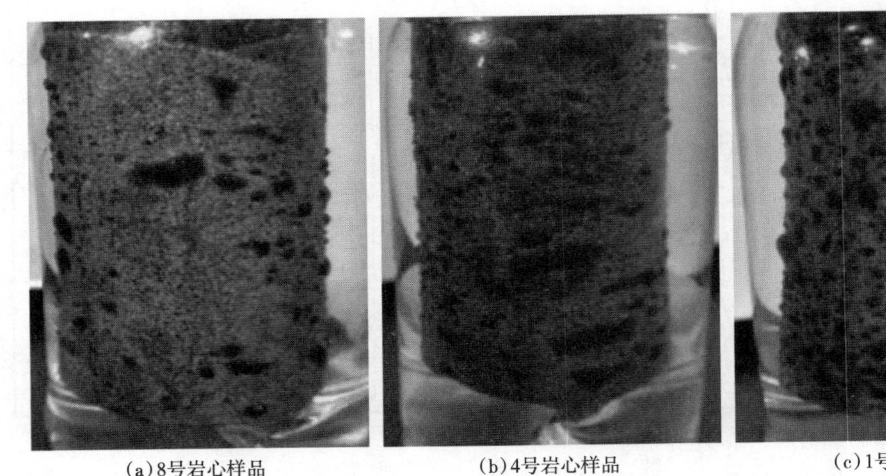
(a)8号岩心样品　(b)4号岩心样品　(c)1号岩心样品

图3.5　典型致密砂岩样品等时刻渗吸现象

毛细管力是低渗透砂岩基质渗吸驱油的动力，由于实验岩心样品符合典型的岩性致密油藏特征，渗透率越低，孔隙半径越细小，毛细管力越大。为分析低渗透样品毛细管力大但采出程度较小的“反常”现象，本实验利用核磁共振手段进一步分析了渗透率对自发渗吸可动流体分布的影响。

(2)渗透率对自发渗吸可动流体分布的影响。

选取与1号、4号、8号岩心样品物性参数基本吻合的10号、11号、12号岩心样品，开展自发渗吸核磁共振实验，将岩心样品渗吸前与渗吸终的弛豫时间 T_2 绘制于同一坐标内，实验结果如图3.6所示。

由图3.6可知：①天然长8致密岩心 T_2 谱呈双峰形态，随着样品渗透率的增加，右峰所占比例逐渐增加，反映大孔隙占据的孔隙比例逐渐增加；②样品渗透率越高，渗吸前后的 T_2 曲线包围面积差值越大，采出程度越高；③3个样品 T_2 谱左峰内均存在部分区域渗吸前后孔隙度分量无变化，表明了致密砂岩样品水渗吸过程中，存在部分细小孔隙无法发生渗吸作用。

弛豫时间 T_2 越大，对应的孔隙半径越大，由于不同渗透率样品的孔隙结构存在差异，以实验样品压汞资料为依据，利用多元回归的方法拟合获得参数 C 和 n（表3.5），通过式(3.5)可将核磁 T_2 弛豫时间转化为孔隙半径，从而获取了不同孔径内渗吸采出程度分布情况。在此基础上，定义孔隙度分量开始出现差异的 T_2 时间所对应的孔隙半径为渗吸流动下限，根据核磁孔隙度变化分量累计值，统计获取了不同渗透率样品孔径分别小于1μm、在1~10μm之间、大于10μm内的渗吸采出程度，结果见表3.5和图3.7。

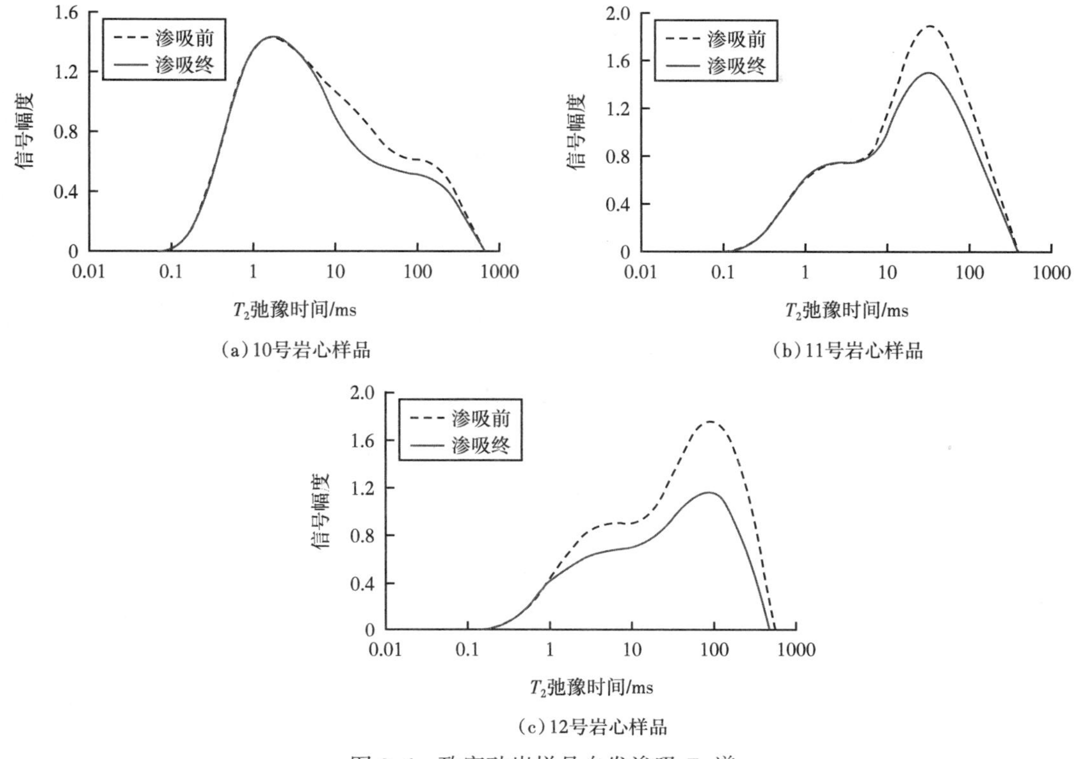

(a) 10号岩心样品

(b) 11号岩心样品

(c) 12号岩心样品

图 3.6 致密砂岩样品自发渗吸 T_2 谱

表 3.5 核磁数据转化表

岩心编号	转换系数 C	转换系数 n	孔径半径分布/μm	开始流动 T_2 值/ms	渗吸驱油孔隙半径下限/μm
10	0.183	0.7785	0.005～27.39	4.5	0.59
11	0.169	0.8423	0.003～38.12	4.82	0.64
12	0.194	0.8247	0.004～39.08	0.91	0.18

由表3.5可知：研究区致密砂岩样品孔径细小(纳米—微米级)，实验样品自发渗吸驱油孔径下限各不相同，整体而言，亚微米孔径为研究区致密储层渗吸排油的下限；岩心样品内小于1μm孔径渗吸采出程度较低，大于1μm孔径内占渗吸采出程度的主导地位，其中，1～10μm的孔径是渗吸发生的主要场所，随样品渗透率增加大于10μm的孔径渗吸能力逐渐增强。

由于研究区样品渗吸排驱的孔径下限为亚微米级，微米级以上孔径占据了渗吸驱油的绝对主导作用，因此，对于致密储层渗吸采油而言，孔径尺寸并非越细小越好。分析认为，毛细管力是渗吸排驱时的驱动力，而对于理想条件下的假设圆管，管径，长度，油水黏度均为定值，符合Hagen-Poiseuille公式，受孔喉表面粗糙及黏土矿物的影响，致使原油与水常以油膜或水膜形式吸附在孔喉表面，导致有效渗吸毛细管半径常小于实际孔喉半

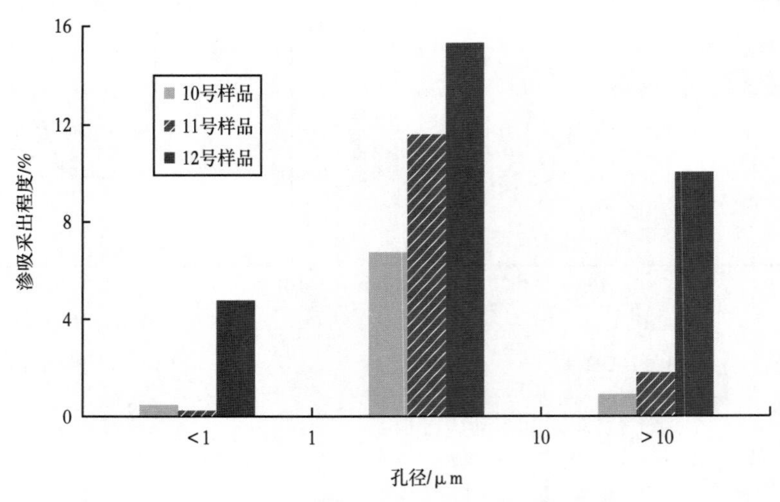

图 3.7　不同孔径对渗吸采出程度贡献

径。因此，对于致密油藏渗吸采油而言，可将 Hagen-Poiseuille 公式可转化为式(3.8)，当 $\delta=r_c$ 时，渗吸流量 Q 降为 0，这是因为流体介质越靠近壁面，岩石表面对流体分子的吸引作用越强，最表面的边界层流体分子紧密排序，黏度可视为+∞，表现为无法流动的特性，即经典边界层理论的无滑移条件。因此当孔隙半径不大于吸附层厚度时，孔道内因液膜吸附层的反常力学性质变成了无效的渗流空间。

$$p_c=\frac{2\sigma\cos\theta}{r_c} \tag{3.7}$$

$$Q=\frac{\pi(r_c-\delta)^4}{8\mu L p_c} \tag{3.8}$$

$$\mu=\mu_0+a/d^m \tag{3.9}$$

式中　Q——渗吸流量，m^3/s；

δ——吸附层厚度，m；

μ——流体黏度，mPa·s；

L——管长，m；

p_c——毛细管压力，MPa；

μ_0——自由流体黏度，mPa·s；

a——固体表面性质和分子性质有关的系数，$10^{-3}N\cdot m^{-1}\cdot s$；

d——与固体表面的距离，m；

m——指数。

根据李洋等的微管水驱的研究结果，对于微米级石英圆管，静水边界层厚度约为 0.7μm，对于管径为 2.5μm 的石英圆管，即使压力梯度达 10MPa/m，管内仍有 6%(占管径百分比)左右的边界层无法移动，水膜(吸附层)厚度约为 0.15μm。此外，郑忠文等利用研究区长6—长8岩心开展了超低渗透储层原油边界层测试，结果表明，特低渗透储层孔喉中原油吸附层厚度为0.11~0.345μm，原油吸附层占孔隙体积15%~23%。该结论得到的吸附层厚度与本实验得到的渗吸排驱下限的实验结果具有较好的一致性。

(3)不同渗透率样品亚微米—微米级岩心结构参数分析。

由于亚微米—微米级孔径占据了渗吸采出程度的主导作用，因此，亚微纳米—微米级的岩心结构差异是造成采出程度差异的主要原因。将10号、11号和12号岩心样品，洗油烘干后，利用Zeiss510亚微米CT扫描仪，获取了不同渗透率样品岩心结构特征，结果见图3.8至图3.11和表3.6。

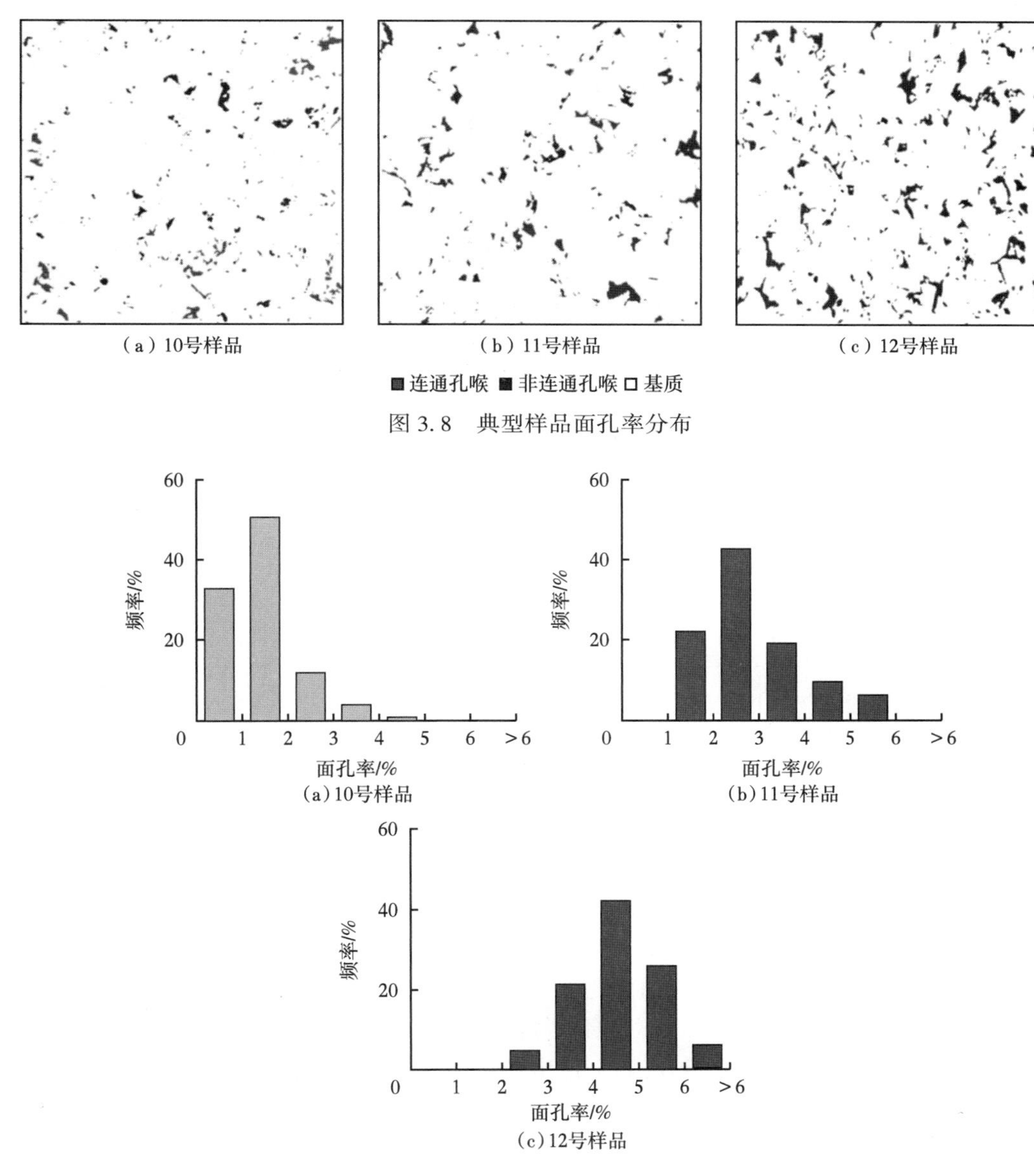

图3.8 典型样品面孔率分布

(a) 10号样品 (b) 11号样品 (c) 12号样品

图3.9 典型样品连通面孔率频率分布

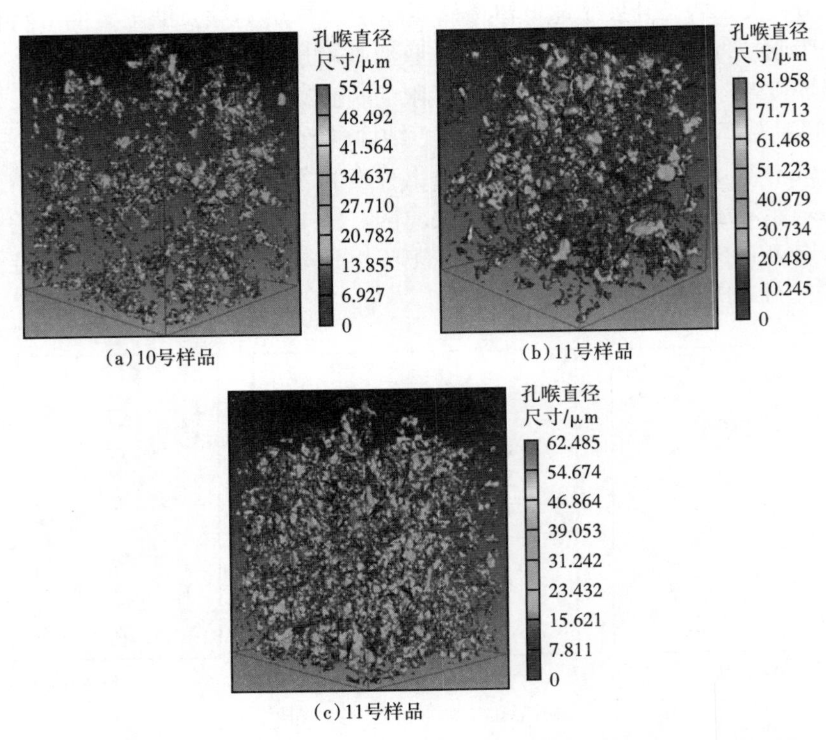

(a)10号样品 (b)11号样品

(c)11号样品

图 3.10 样品连通孔隙三维分布（标注尺数值大小为样品孔喉直径尺寸分布/μm）

表 3.6 CT 扫描岩心结构参数表

结构参数	样品编号		
	10	11	12
总孔喉个数/个	11403	12006	16857
连通孔喉个数/个	624	881	1641
孔喉连通率/%	5.4	7.3	9.7
平均连通面孔率/%	1.9	3.4	5.2

由图 3.8 至图 3.11 和表 3.6 可知：3 个不同渗透率样品亚微米—微米级孔隙整体尺寸属同一量级且峰值尺寸差异不大，亚微米—微米级孔喉连通性整体较差，孔喉连通率普遍小于 10%，体现出研究区长 8 储层的致密化特点。值得注意的是，随着样品渗透率的增加，亚微米—微米级孔喉的平均连通面孔率、连通孔喉个数与孔喉连通率呈指数递增的态势，高渗样品孔喉三维连通性远高于低渗透样品。

综上所述：受孔隙壁面固—液吸附层厚度的影响，亚微米级以上孔隙在渗吸驱油过程中起主导作用，纳米—亚微米级孔隙对渗吸采出程度贡献相对较弱；由于不同渗透率样品亚微米—微米级孔隙尺寸属同一量级且峰值尺寸差异不大，致使该类孔隙内渗吸排驱动力相近。但样品渗透率越高，连通孔喉个数与连通面孔率呈指数递增的态势，微米级孔喉连通性的显著增强，减少油滴排驱时卡断的概率，有利于扩大渗吸范围，从而出现了样品渗透率越高，渗吸采出程度越大的现象。

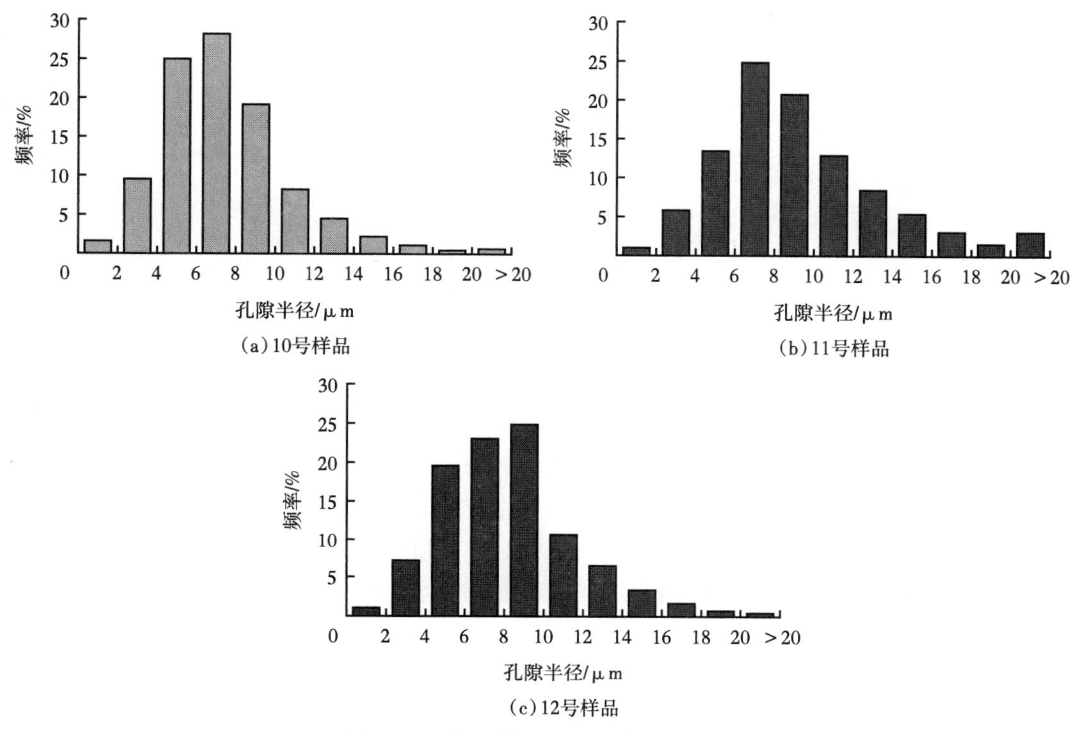

(a) 10号样品

(b) 11号样品

(c) 12号样品

图 3.11 典型样品连通孔隙半径分布

3.2.4 岩心尺寸对自发渗吸采出程度的影响规律

致密砂岩渗吸排油的过程中，岩心尺寸越小（岩石裂缝越和发育），孔隙内原油向外排驱的距离越短，因此除了岩石润湿性和基质渗透率以外，岩心尺寸大小也是影响致密储层渗吸排油采出程度的关键因素之一。为研究岩心尺寸对渗吸采出程度的影响，选取了润湿性、物性相近但岩心尺寸不同的 3 块岩心样品，开展了自发渗吸排油实验，以岩心表面开始出油时间、渗吸终止时间和渗吸采出程度为评价指标，具体的岩心参数表与实验结果见表 3.7 和表 3.8。

表 3.7 实验岩心参数表

岩心编号	长度/cm	直径/cm	气测渗透率/$10^{-3}\mu m^2$	孔隙度/%	接触角/(°)
1	5.004	2.512	0.302	8.74	56.78
2	3.568	2.518	0.294	8.25	59.45
3	2.326	2.516	0.312	7.36	53.46

表 3.8 实验结果

岩心编号	出油时间/min	平衡时间/h	采出程度/%
1	86.3	76.5	18.1
2	70.4	61.5	24.6
3	56.5	43.6	38.4

由表 3.7 和表 3.8 可知：岩石尺寸是影响渗吸采出程度的关键因素，近似物性岩心条件下，岩心尺寸越小，渗吸采出程度越高。因此，对于致密油藏提高基质渗吸效率而言，体积压裂后岩石破碎程度越高，越有利于基质渗吸排油作用，单位时间内渗吸采出程度高、出油速度快且所需的渗吸置换时间短。

3.3 致密砂岩油藏动态渗吸排油规律

与静态渗吸不同，实际注水过程中，裂缝内的流体是不断流动的。除了储层基质物理性质与流体性质外，裂缝内的注入介质的流动速度、界面张力和流体介质会对储层岩石渗吸排油作用产生影响。因此，探究裂缝系统内合理的流体注入速度对提高该类油藏注水过程中的渗吸采收率具有重要的作用。

3.3.1 动态渗吸实验方法与步骤

(1)岩心准备：根据 GB/T 29172—2012《岩心分析方法》测定长 8 岩心孔隙度与渗透率等基本参数，抽真空饱和地层水后，利用模拟油驱替至束缚水状态后，老化 3 天。

(2)岩心裂缝制作：利用老化后的岩心利用数控线切割机，切割单条裂缝，切割线直径为 0.4mm。切割方向与速度完全由计算机控制，切割后的岩心裂缝平整，由于线切割造成的岩石样品质量损失较小(2%左右)，可忽略此过程中岩心内饱和度的变化。

(3)裂缝开度计算：根据 L. H. Reiss 提出的计算片状裂缝渗透率的简化模型式(3.10)，当岩心内只有一条裂缝时：$\phi_f=bL/A$。结合达西公式[式(3.11)]，可推导出裂缝的宽度计算公式[式(3.12)]。根据实验参数，由式(3.12)可知：切割后的裂缝性岩心样品，围压为10MPa 时的裂缝宽度为 0.031~0.034mm，可满足后续实验对平行岩心的要求。

$$k_f=8.33\times10^4\phi_f b^2 \tag{3.10}$$

式中 b——裂缝开度，mm；

k_f——裂缝渗透率，μm^2。

$$k_f=\frac{q\mu L}{A\ (p_1-p_2)} \tag{3.11}$$

$$b=0.023\left(\frac{q\mu}{p_1-p_2}\right)^{\frac{1}{3}} \tag{3.12}$$

式中 L——岩心长度，mm；

A——岩心截面积，mm^2；

b——裂缝宽度，mm；

q——流量，mm^3/s；

μ——流体黏度，mPa · s；

p_1——注入端压力，Pa；

p_2——出口端压力，Pa。

(4)使用聚四氟乙烯胶带将裂缝性岩心外表面和两个单面密封后(留出两端裂缝口)，将老化后的岩心放入夹加持器中，设定恒温箱温度为50℃，围压为10MPa，选取水驱速度，待出口端含水率大于98%时，停止实验，标定岩心动态渗吸采出程度（图3.12）。

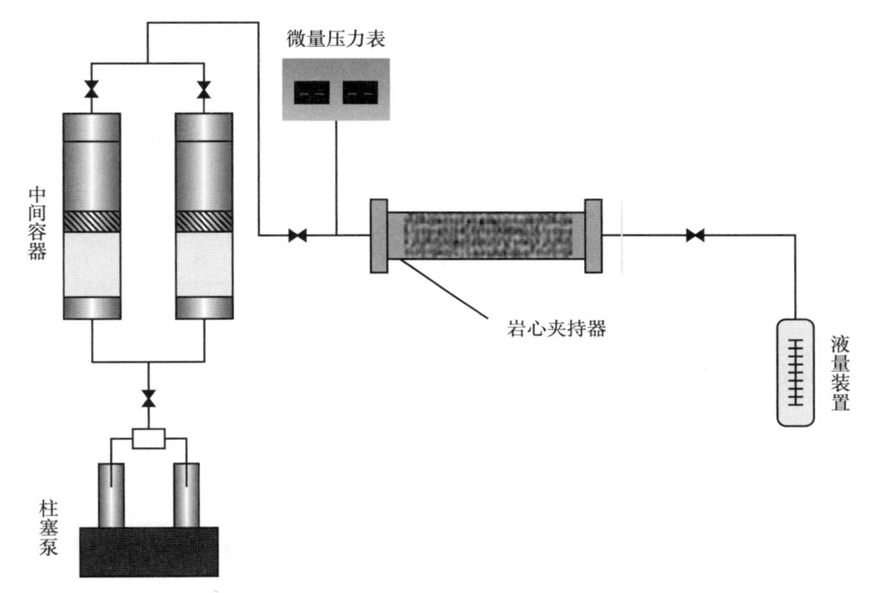

图3.12 动态渗吸流程装置

实验用岩心、原油及地层水均来源于鄂尔多斯盆地富县地区中生界延长组长8致密油藏。岩心样品长度为5cm左右，直径为2.5cm左右，气测渗透率为$(0.046\sim0.274)\times10^{-3}\mu m^2$，孔隙度为4.46%~10.21%；实验用水为长8地层水，矿化度为15100mg/L左右，水型为$CaCl_2$型，黏度为0.98mPa · s（50℃），pH值为7.1；实验模拟油为长8原油与煤油体积比1∶2混合而成，黏度为2.75mPa · s（50℃），与地层水的界面张力为16.7mN/m，密度为$0.81g/cm^3$。

本实验合计使用了25块长8天然岩心用于裂缝性致密油藏水驱动态渗吸特征研究；编号为1—9的岩心用于研究基质渗透率对裂缝性岩心动态渗吸采出程度的影响。编号为10—25的岩心用于研究水驱速度对裂缝性岩心动态渗吸采出程度的影响。具体岩心参数见表3.9。

表 3.9　岩心参数表

岩心编号	气测渗透率/$10^{-3}\mu m^2$	孔隙度/%	束缚水饱和度/%	实验类别
1	0.274	9.04	37.24	动态渗吸渗透率采出程度标定
2	0.245	8.69	40.21	
3	0.176	7.28	42.23	
4	0.154	7.23	43.24	
5	0.126	7.56	46.05	
6	0.104	6.24	43.06	
7	0.108	6.94	43.03	
8	0.068	7.25	53.36	
9	0.052	6.04	47.06	
10	0.046	5.83	52.23	驱替速度与渗吸采出程度标定
11	0.253	9.25	38.53	
12	0.252	7.36	37.84	
13	0.254	8.83	40.23	
14	0.246	10.21	35.23	
15	0.254	8.05	36.24	
16	0.127	6.23	40.2	
17	0.124	6.07	42.34	
18	0.123	6.42	40.55	
19	0.121	7.19	38.32	
20	0.122	7.19	38.32	
21	0.047	4.21	40.31	
22	0.046	4.26	45.32	
23	0.056	6.51	53.34	
24	0.047	4.46	51.31	
25	0.046	4.86	45.32	

3.3.2　不同渗透率岩心样品动态渗吸采出程度

裂缝性致密岩心水驱动态渗吸过程为：注入水沿裂缝推进，在毛细管力作用下，沿裂缝壁面小孔隙进入基质，将大孔隙内原油驱替至裂缝面，在压力梯度作用下，将裂缝内原油驱替至夹持器出口端。选取表1内岩心编号为10—19的裂缝性岩心样品，设定水驱速度0.2mL/min，开展裂缝性岩心样品动态渗吸模拟，研究相同水驱速度条件下，基质渗透率对裂缝性岩心模型动态渗吸采出程度的影响规律，实验结果如图 3. 13 所示。

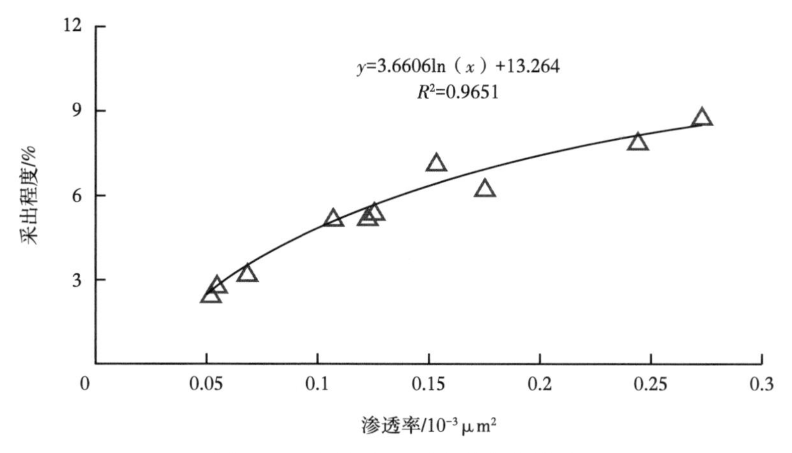

图 3. 13　渗透率与采出程度的关系

由图 3. 13 可知：水驱速度相同时，对于基质渗透率介于（0. 048~0. 276）$\times10^{-3}\mu m^2$ 岩心样品，动态渗吸采出程度介于 2. 53%~8. 8%之间，渗透率与动态渗吸采出程度正相关。分析认为：由于不同渗透率样品亚微米—微米级孔隙尺寸分布范围属同一量级且峰值尺寸差异不大，致使该类孔隙内渗吸排驱动力相近。但样品渗透率越高，连通孔喉个数与连通面孔率呈指数递增的态势，微米级孔喉连通性的显著增强，减少油滴排驱时卡断的概率，有利于扩大渗吸范围，从而出现了样品渗透率越高，渗吸采出程度越大的现象。同时值得注意的是，当基质渗透率约为 0. 05$\times10^{-3}\mu m^2$ 时，动态渗吸采出程度约为 3. 1%，大量剩余油赋存于基质孔隙内部，难以有效开采。值得注意的是，由于岩心样品与水的接触面积不同，致密砂岩动态渗吸采出程度整体小于静态渗吸。在静态自发渗吸实验中，岩心各截面均与水接触，而在动态渗吸过程中，岩心样品截面与夹持器胶皮套贴紧，仅有裂缝系统内的流体与基质孔隙孔隙发生渗吸置换作用。

3. 3. 3　水驱速度对裂缝性岩心动态渗吸采出程度的影响

选取表 3. 9 内基质渗透率为 0. 05$\times10^{-3}\mu m^2$、0. 12$\times10^{-3}\mu m^2$ 和 0. 25$\times10^{-3}\mu m^2$ 的平行裂缝性岩心样品（编号 10-编号 25），研究了水驱速度为 0. 05mL/min、0. 1mL/min、0. 2mL/min、0. 4mL/min 与 0. 8mL/min 时，水驱速度对裂缝性岩心动态渗吸采出程度状况的影响规律，实验结果如图 3. 14 所示。

由图 3. 14 可知：对于基质渗透率约为 0. 25$\times10^{-3}\mu m^2$、0. 12$\times10^{-3}\mu m^2$ 与 0. 05$\times10^{-3}\mu m^2$ 的三组平行岩心动态渗吸结果而言，存在两个较为明显的规律：（1）存在最优水驱速度使得裂缝性岩心样品动态渗吸采出程度达到最大值，基质渗透率不同，则对应的最优水驱速度不同。（2）最优水驱速度下，实验样品动态渗吸采出程度范围介于 4. 5%~9. 5%。水驱速度较高时，岩心基质渗透率越高的裂缝性岩心模型采出程度（R_{max}—R_{min}）下降越明显。分析认为造成上述规律的主要原因如图 3. 15 所示。

（1）对于裂缝性岩心模型水驱采油而言，最终采出程度同时受毛细管力与黏性力共同

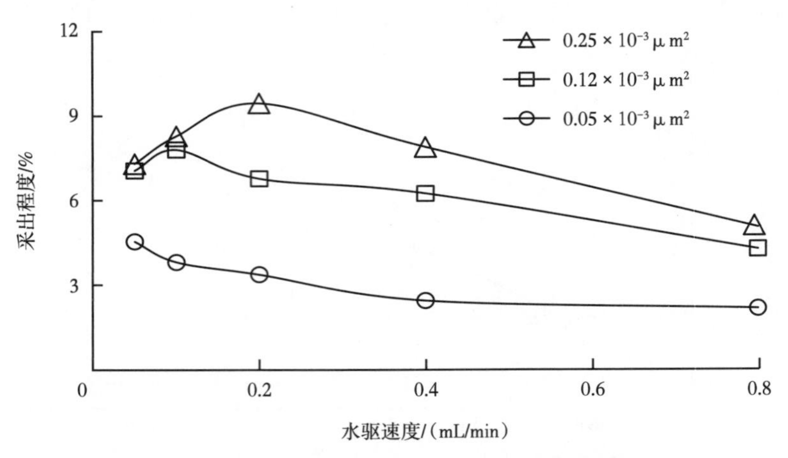

图 3.14　水驱速度对不同渗透率岩心动态渗吸采出程度影响

影响，水驱速度越低，越有利于发挥毛细管渗吸作用，水驱速度越高，越有利于发挥黏性驱替作用，因此存在最优的水驱速度。

(2)相同水驱速度时，基质渗透率越高，裂缝面连通面孔率越高，基质内孔隙连通性越好，吸水能力越强，孔隙端口渗吸出油越多，裂缝系统内油水段塞数量越多，为了更好地克服渗吸时毛细管末端效应，因此，基质渗透率与的最优水驱速度呈正相关。

(3)小孔隙吸水，大孔隙排油的逆向渗吸作用是致密砂岩重要的采油机理[图 3.15(a)和图 3.16(b)]，裂缝系统内水驱速度越高，对应的注入压力越高，注入水将裂缝内渗吸初期的油滴驱走后，高速水驱时，后续注入水“封闭”了大孔隙渗吸出油端面，阻碍了基质渗吸作用的进行，同时水驱前缘推进速度越快，使得裂缝中的水过早地被驱替出来，造成注入水低效、无效循环。因此，高速水驱时基质渗透率越高，造成的采出程度损失就越高。

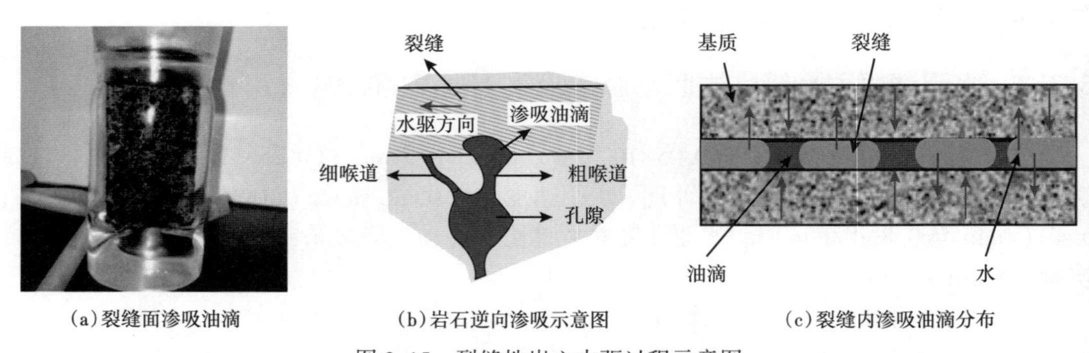

(a)裂缝面渗吸油滴　(b)岩石逆向渗吸示意图　(c)裂缝内渗吸油滴分布

图 3.15　裂缝性岩心水驱过程示意图

3.4　致密砂岩渗吸后基质孔隙内剩余油微观赋存状态研究

本节借助亚微米 CT 扫描技术，通过图像分割与三维重构技术，获取了岩石孔隙内不同渗吸阶段自发渗吸后的剩余油三维可视化信息。以单块剩余油形状因子与体积因子为评价指标，结合二维岩石切片剩余油饱和度大小，定量研究了渗吸自发渗吸后孔隙内剩余油微观赋存状态。

3.4.1 微尺度渗吸实验方法与步骤

为获取高分辨图像信息，设定扫描工作电压为50keV，曝光时间为1.5s，扫描精度为1.6μm/像素。

(1)岩心孔隙结构提取：用苯和乙醇混合液(2∶1体积比)将岩心清洗烘干后固定于岩心CT渗吸外壳内的碳纤维支架上。将岩心渗吸CT扫描装置固定于CT扫描台上，扫描岩心样品，获取岩心孔隙结构参数。

(2)岩心饱和油特征提取：将渗吸CT扫描装置取下，放置于真空瓶内，保持负压0.1MPa持续12h。然后，将模拟油注入岩心渗吸室内保持12h后，对其进行CT扫描，获取饱和油岩心样品内的原油分布特征。

(3)自发渗吸后剩余油信息提取：将利用注射器将渗吸室内的完全原油驱出，静置72h，扫描岩心样品，获取自发渗吸后孔隙内的剩余油分布信息。

3.4.2 实验装置

主要实验设备包括：自制CT渗吸装置、DV-Ⅲ Brookfield黏度计、真空瓶和Zeiss 510亚微米CT扫描系统等。所述的CT扫描用微型渗吸装置由固定底座、碳纤维岩心固定支架与岩心渗吸内组成，具体结构如图3.16所示。

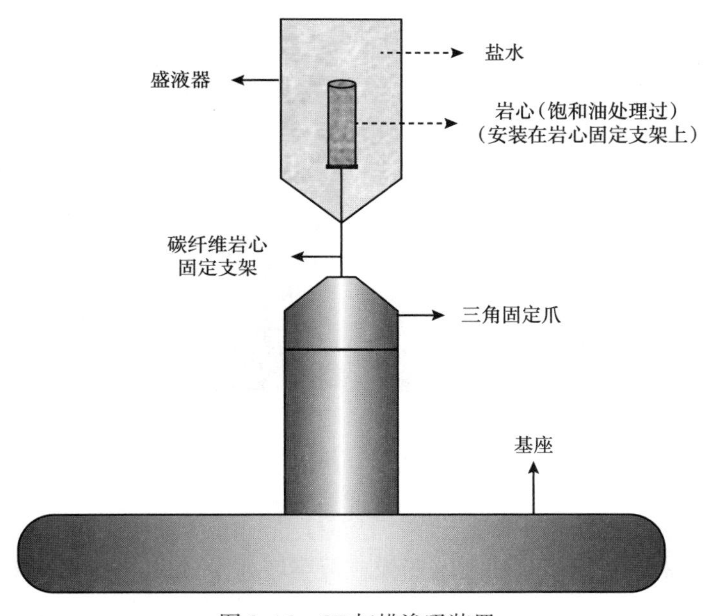

图3.16 CT扫描渗吸装置

岩心样品：实验用岩心与原油均来源于鄂尔多斯盆地南部某中生界延长组特低渗透油藏。与传统油层物理实验直径为2.5cm的岩心相比，小尺寸岩心样品有利于获取高精

图 3.17　CT 扫描岩心图像

度的扫描结果，本实验使用的岩心样品长度为 10mm，半径为 2.5mm，气测渗透率为 $3.41\times10^{-3}\mu m^2$，孔隙度为 8.29%，扫描岩心照片如图 3.17 所示。

实验用水：注入水为质量分数为6%的 KI 溶液，25℃时密度为 1.06g/cm^3，用于增加油之间水的密度比，加大孔隙内油、水介质对 X 射线的吸收度差异，提高油、水介质图像衬度，使得油、水阈值二值化分割更为准确。

实验用油：模拟油为原油与煤油按体积比 1∶2 配制而成，25℃时密度为 0.82g/cm^3，黏度为 5.3mPa · s。

3.4.3　处理流程

CT 扫描结束后，对获取的不同渗吸阶段图像数据应进行以下步骤的处理，分别为图像滤波降噪、二值化图像分割与三维图像重构。

（1）图像滤波处理。

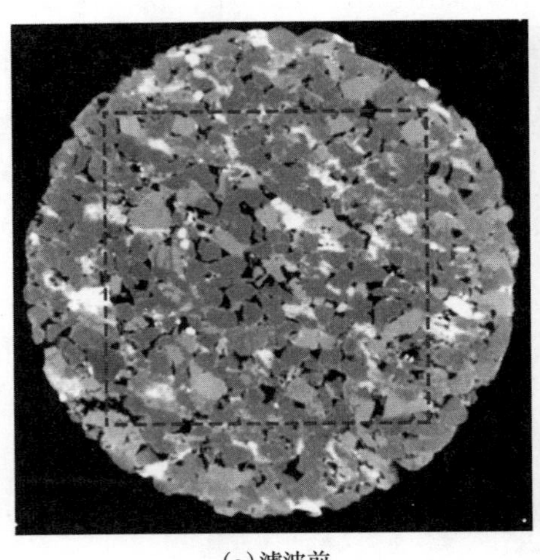

（a）滤波前

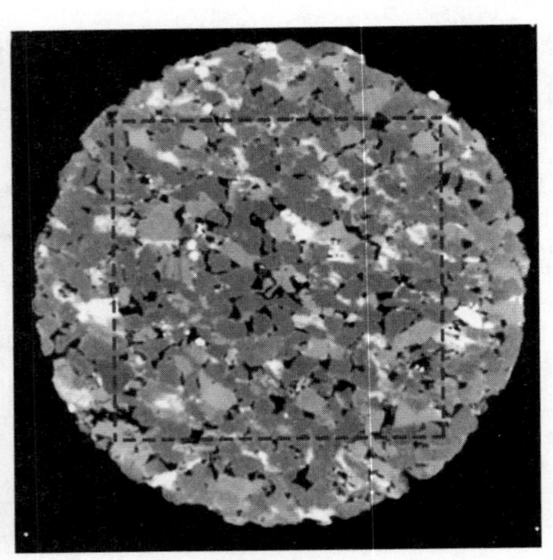

（b）滤波后

图 3.18　滤波前后灰度图像对比

图像滤波是 CT 数据处理的基础工作，是基于排序统计理论的一种能有效抑制噪声的非线性信号处理技术。其原理是把数字图像或数字序列中任意点的值用该点的一个邻域中各点值的中值代替，从而消除孤立的噪声点，降低信噪比，使图像更为准确清晰。此外，由于 X 射线对岩心模型边界与两端信号干扰较大，为提高图像准确性与稳定性，截取岩心中部 X、Y、Z 方向各 500 张二维切片组成的矩形区域作为研究对象，处理前后图像如图 3.18 所示。

(2)二值化图像分割。

二值化图像分割是将岩心内岩石颗粒、孔隙、油相和水相区分开来的重要步骤。由于岩心内三类物质(岩石颗粒、水、油)的密度及X射线对各类物质穿透能力不同，造成了各相间图像扫描灰度峰值不同，在研究孔隙结构时，通常采用简单的阈值分割的方式将图像内孔隙与岩石颗粒区分开来。但由于边界伪影效应的存在，特别是对于孔隙中含有多相流体的岩心样品而言，处于油水界面处的像素往往具有中间的灰度值，致使采用常规阈值分割后的图像准确性不高。为提高图像分割的精度，本次实验采用分水岭阈值分割方法对获取的图像进行处理，图像分割结果如图3.19所示。

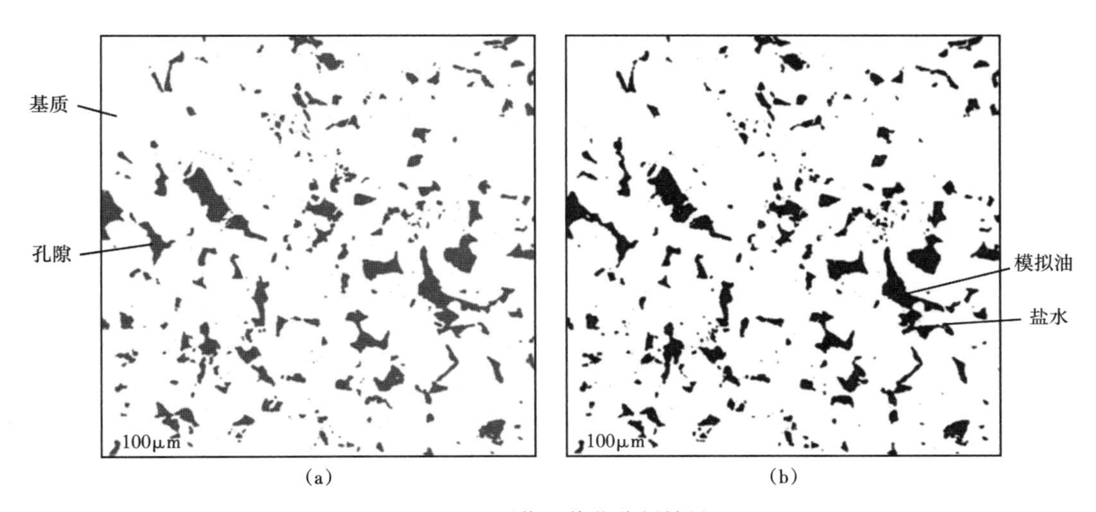

图3.19　图像二值化分割结果

(3)三维图像重构。

在图像二值化分割的基础上，将获取的500张二维图像内的孔隙、油、水的分布信息叠合起来，即可得到岩心模型内完整的孔隙、油、水三维分布信息，以岩心干样与自发渗吸后获取的扫描数据为例，其重构结果如图3.20所示，在此基础上，即可对岩心模型内不同渗吸阶段孔隙内剩余油微观赋存特征进行深入剖析。

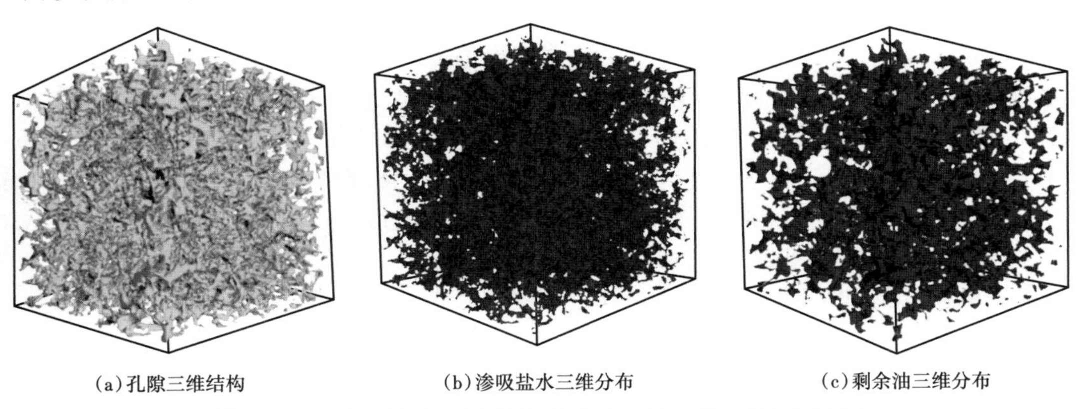

(a)孔隙三维结构　(b)渗吸盐水三维分布　(c)剩余油三维分布

图3.20　三维重构结果(模型边界尺寸：500×500×500个切片)

(4)CT 扫描数据体定量识别。

随着渗吸过程中岩心内的原油被逐渐采出，孔隙内剩余油滴的形状与大小会发生明显的变化。由于孔隙网络三维几何结构复杂，造成了剩余油在孔隙内的微观赋存状态种类多样。为定量区分剩余油微观赋存状态，以孔隙内单块剩余油为研究对象，利用形状因子与体积因子等评价指标，将具有复杂非均质结构的单块剩余油进行了相对均质化进行分类研究。

$$G=6\sqrt{\pi}V_o/S_o^{1.5} \tag{3.13}$$

式中 G——某块剩余油的形状因子；

V_o——某块剩余油的体积，μm^3；

S_o——某块剩余油的表面积，μm^2。

形状因子表示了物体的形状规则程度，G 值越小，说明物体形状越不规则，表面越粗糙，G 值越大，物体表面越光滑，形状越接近于球体。

$$R_{op}=\frac{V_{oi}}{V_p} \tag{3.14}$$

式中 R_{op}——体积因子；

V_{oi}——某块剩余油的体积，μm^3；

V_p——一个单位体积，本次实验中 V_p 大小为 10000μm^3(大约为 5 倍的平均孔隙体积)。R_{op}反映了给定单块剩余油的体积大小，R_{op}越大，剩余油体积越大，相对的挖潜潜力也越大。

3.4.4 实验结果与讨论

(1)岩石样品孔隙结构特征。

孔隙结构特征研究是揭示特低渗透砂岩微观渗吸行为的基础工作，以干燥岩心 CT 扫描数据为基础，通过最大球算法、面孔率及连通性识别，研究了岩心模型内三维孔隙半径与二维面孔率的分布特征，结果如图 3.21 所示。

由图 3.21 可知：① 岩心样品二维切片面孔率与三维孔隙半径均呈正态分布，500 张二维切片内，最大面孔率为 10.45%，最小面孔率为 6.25%，平均面孔率为 8.29%，峰值面孔率分布区间为 8%~9%，岩心面孔率(XY 平面)分布波动明显，体现出特低渗透岩石孔隙结构的较强非均质性[图 3.21 (a)]；② 岩石样品三维孔隙峰值半径分布区间为 6~9μm，因此，实验扫描分辨率可较好地满足孔隙内油水识别的需要；③ 岩心样品孔隙总体积为 $4.67\times10^7\mu m^3$，连通孔隙体积为 $4.39\times10^7\mu m^3$，为后续的孔隙级剩余油微观赋存状态研究提供了较好的物质基础。

(2)不同渗吸阶段孔隙网络内剩余油整体演化特征。

根据 CT 扫描结果，以孔隙网络模型内的剩余油为研究对象，通过图像分割与三维重构技术，剖析了饱和油阶段(渗吸前)与自发渗吸结束阶段时刻岩心孔隙内剩余油的块数与体积分布的整体演化特征，具体结果见图 3.22 和表 3.10。

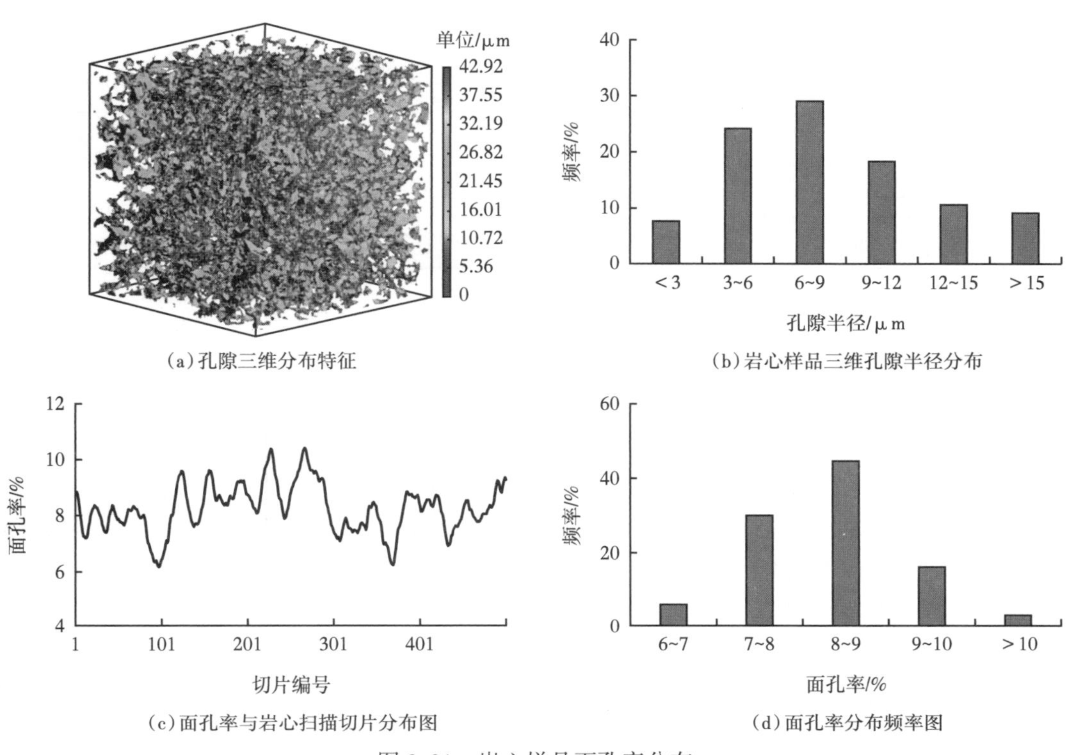

(a)孔隙三维分布特征

(b)岩心样品三维孔隙半径分布

(c)面孔率与岩心扫描切片分布图

(d)面孔率分布频率图

图 3.21 岩心样品面孔率分布

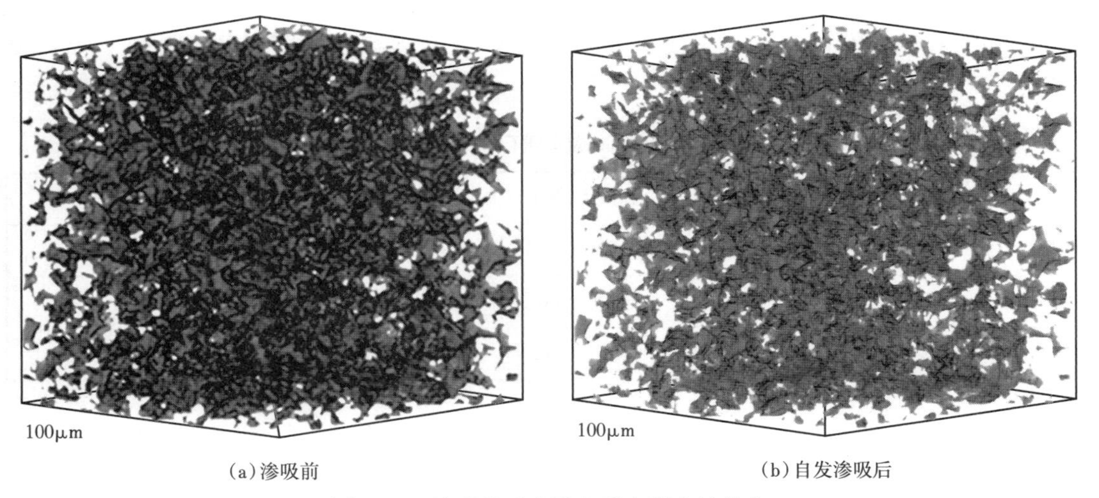

(a)渗吸前

(b)自发渗吸后

图 3.22 渗吸前后多孔介质内剩余油分布

表 3.10 不同渗吸阶段岩心内油相变化

项目	渗吸前	自发渗吸后
饱和油总体积/μm^3	4.26×10^7	2.27×10^7
饱和度/%	—	53.28
块数/个	958	6072
分布范围/μm^3	$12.2\times10^7\sim3.68\times10^7$	$8.2\times10^5\sim9.27\times10^5$

由图 3.22 和表 3.10 可知：自发渗吸终止时刻，孔隙网络内的剩余油饱和度约为 52.06%。(本次实验样品渗吸采出程度高于宏观岩心尺度采出程度的主要原因是 CT 扫描岩心样 3mm×10mm 尺寸远远小于常规油层物理实验岩心 2.5cm×5cm。)受孔隙结构非均质性的影响，孔隙网络内的最初连续性好的油相在润湿性自发渗吸过程中被逐渐分割开来，原油块数从渗吸前的 958 块增加至 6072 块，其中，单块剩余油的体积分布范围下降明显，从 $1.22\times10^7\sim3.68\times10^7\mu m^3$ 降低至 $8.2\times10^5\sim9.27\times10^5\mu m^3$。值得注意的是，孔隙内原油块数的增加(油水界面个数增加)，导致了孔隙内排驱时的贾敏效应急剧增加，使得油相排驱时所需克服的阻力增加，致使岩石渗吸排驱采油作用停止。

(3)剩余油微观赋存状态研究。

在岩石样品吸水排油过程中，孔隙内原油体积与形状会逐渐发生变化，由于单块剩余油个体结构差异较大，为定量地描述孔隙网络内剩余油的微观赋存状态，以单块剩余油形状因子与体积因子为评价指标，将几何结构复杂的剩余油进行了分类定量研究。以自发渗吸结束时刻的三类典型剩余油赋存为例，利用最大球算法，剖析了不同类型剩余油所在的微观孔隙结构特征。不同类型剩余油微观赋存状态分类标准见表 3.11，典型的剩余油微观赋状态可归纳为三类，不同类型剩余油赋存状态所在的孔隙结构特征如图 3.23 所示。

表 3.11 剩余油微观赋存状态分类标准表

剩余油类型	形状因子范围	体积因子范围
网络状	$G<0.15$	$R_{op}>10$
簇状	$0.15<G<0.3$	$1<R_{op}<10$
孤粒状	$G>0.3$	$R_{op}<1$

① 网络状：网络状剩余油的体积因子较大，结构极为复杂，个体结构主要是由细小管束状连接的多个大尺寸油团组成［图 3.23(a)］。

② 簇状：簇状剩余油体积因子小于网络状剩余油，结构较为复杂，个体结构主要呈分枝状［图 3.23(b)］。

③ 孤粒状：孤粒状剩余油的体积因子较小，形状趋近与圆球形，个体结构简单［图 3.23(c)］。

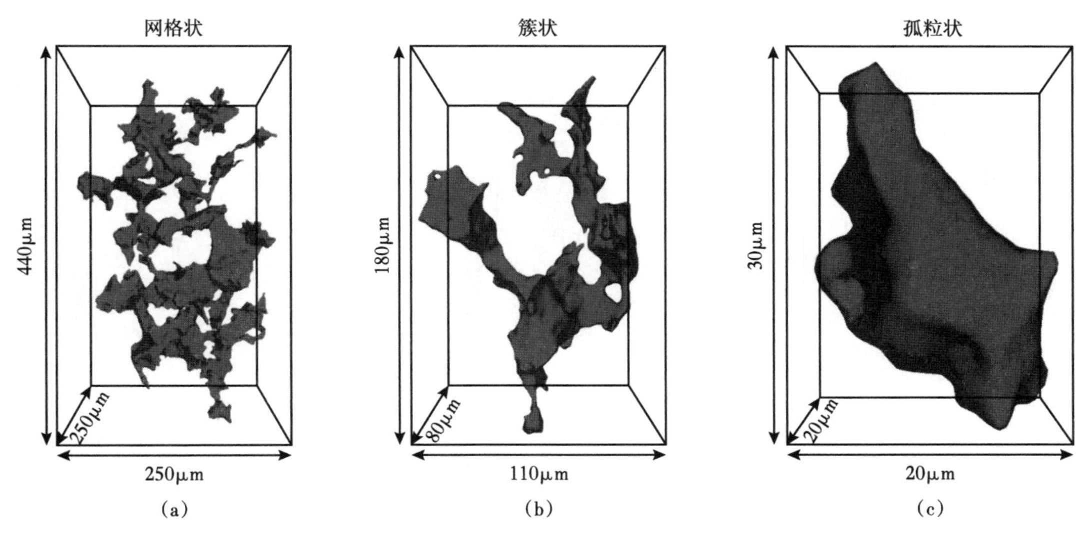

图 3.23 三种典型剩余油微观赋存状态

如图 3.24 至图 3.26 和表 3.12 所示，网络状剩余油主要富集于在半径超过 7.8μm 的大孔道内。受局部较高的孔喉比影响，仅依靠毛细管力的作用，大体积的网络状剩余油块难以克服排驱时的贾敏效应，从而滞留在孔隙内；簇状剩余油分布于半径大于 9.4μm 树枝状通道内，该类剩余油所在的孔道的平均孔喉比小于网络状剩余油孔道，易于原油的流动；受孔隙结构与孔道表面润湿性的影响，孤粒状剩余油主要分布在孔隙的角隅、局部表面与盲孔内。值得注意的是，体积相对较大的孤粒状剩余油分布仍然富集于孔道半径较大的区域（>7.2μm）。综上所述，由于大孔隙内毛细管驱动力弱，加之孔喉比的影响，致使剩余油主要集中在半径大于峰值孔半径（10μm）的大通道中。

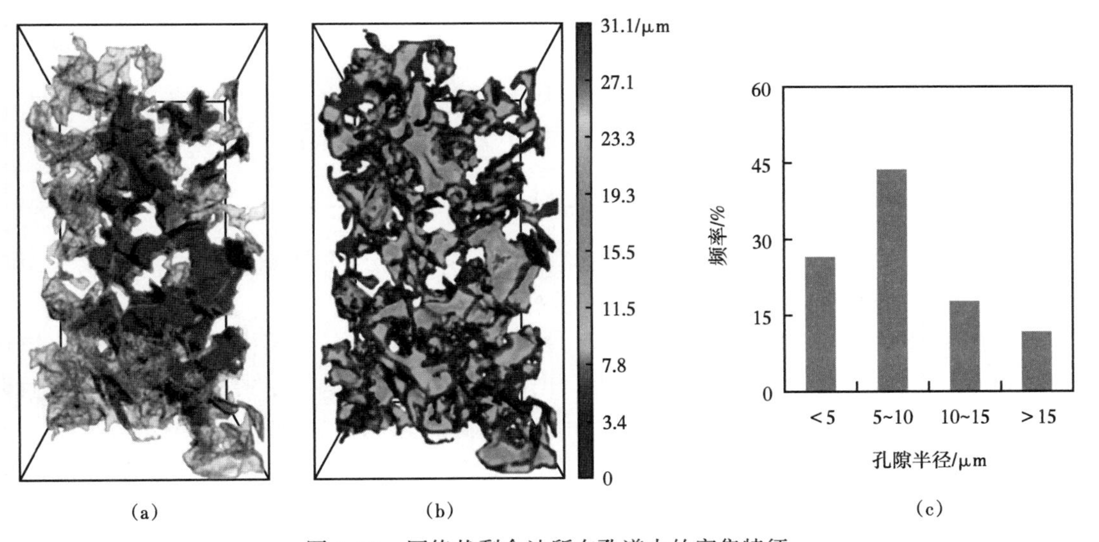

图 3.24 网络状剩余油所在孔道内的富集特征

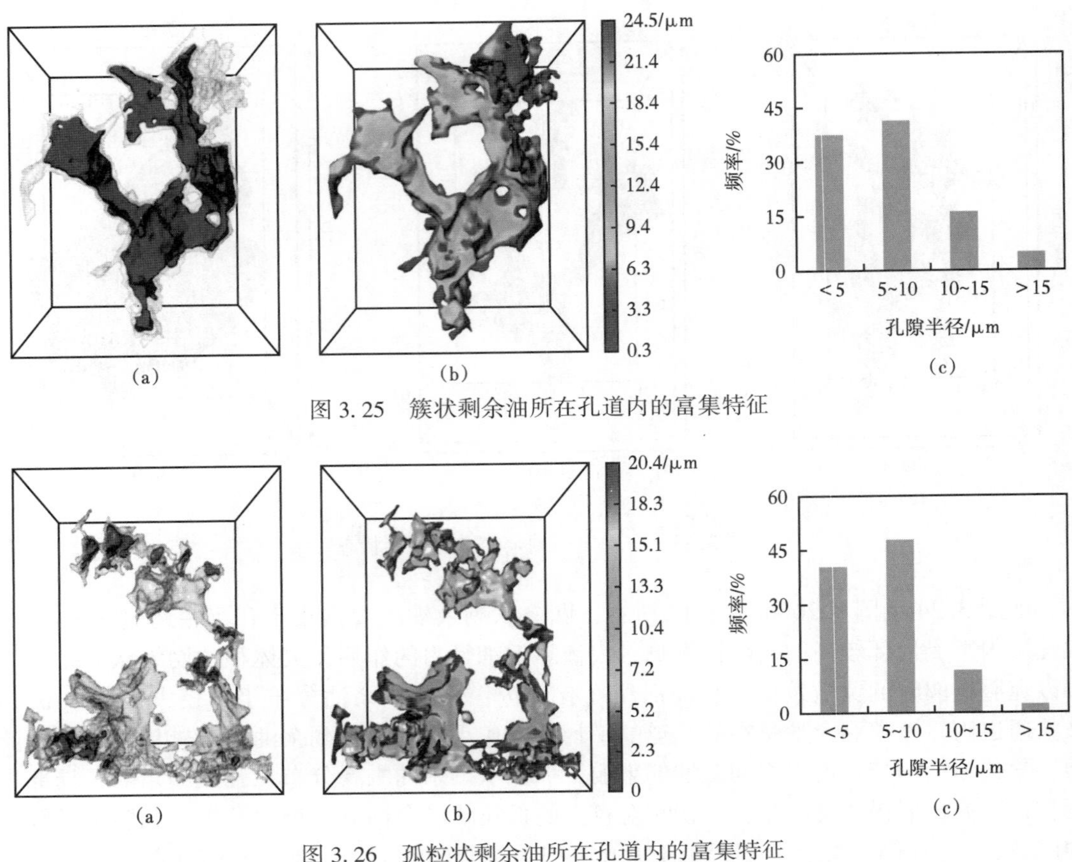

图 3.25　簇状剩余油所在孔道内的富集特征

图 3.26　孤粒状剩余油所在孔道内的富集特征

表 3.12　不同类型剩余油所在的孔道结果特征

剩余油富集的孔隙结构	孔道半径范围/μm	峰值孔道半径/μm	剩余油富集孔道尺寸/μm	大孔道比例（>10μm）/%	平均孔喉比
网络状	0~31.1	5~10	>7.8	29.5	3.7
簇状	0~24.5	510	>9.4	21.2	1.5
孤粒状	0~20.4	5~10	>7.2	13.1	2.5

为剖析自发渗吸后，剩余油在大孔隙富集的原因，选取了自发渗吸后的典型切片二维岩心切片，结合油水分布特征(图 3.27)，进行了进一步探讨。

小孔隙吸水、大孔隙排油的逆向渗吸作用是特低渗透岩石渗吸排油的重要机理。然而，由于孔隙网络内孔隙结构的非均质性，当润湿相(盐水)从细小的孔道吸入逐渐运移至较宽的孔道时，毛细管力会急剧下降，油水界面很难直接穿过大的孔道，导致了大孔隙内原油排驱不完全。同理，当大孔道内原油向小孔道的原油排驱运移时，需要克服贾敏效应。由于孔隙非均质性引起的毛细管动力的不断变化，原本连续的油相被分割成多个油块，油水界面数量持续增加，在多重贾敏效应下，进一步增加了大孔隙内原油排驱的阻力，使得自发渗吸现象终止，造成了大孔隙内原油排驱不完全。

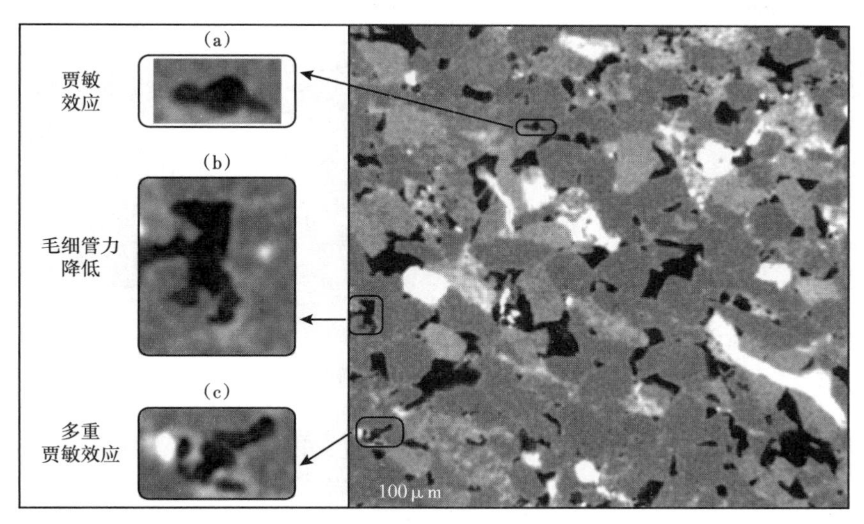

图 3.27 自发渗吸后典型切片油水二维切片分布特征

(4)孔隙网络剩余油微观赋存状态演化过程研究。

在自发渗吸剩余油微观赋存状态研究的基础上，为剖析自发渗吸过程中，不同类型的剩余油动用过程，以剩余油微观赋存状态分布为依据，通过三维重构技术，获取了不同渗吸时刻终止岩心(饱和油与自发渗吸结束时刻)孔隙网络内，三类剩余油分布的可视化分布图像信息，具体结果见图 3.28、图 3.30 和表 3.13。

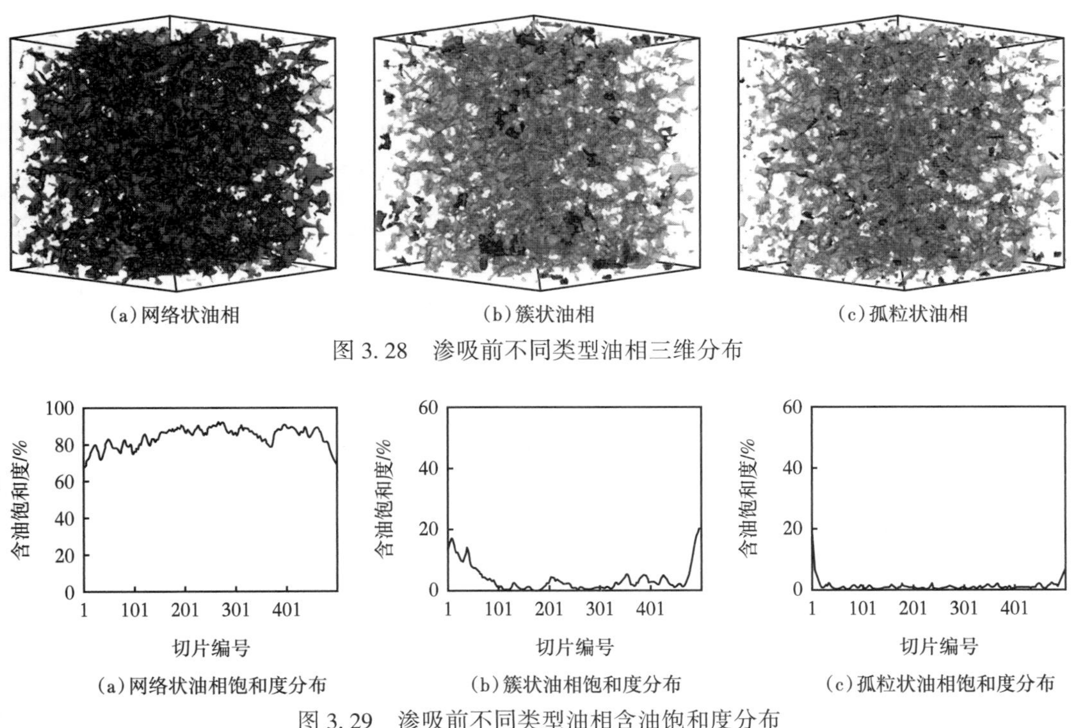

(a)网络状油相 (b)簇状油相 (c)孤粒状油相

图 3.28 渗吸前不同类型油相三维分布

(a)网络状油相饱和度分布 (b)簇状油相饱和度分布 (c)孤粒状油相饱和度分布

图 3.29 渗吸前不同类型油相含油饱和度分布

(a)网络状剩余油　(b)簇状剩余油　(c)孤粒状剩余油

图 3.30　自发渗吸后不同类型剩余油三维分布

为定量描述不同类型剩余油三维富集区域的位置，以单个岩心二维单切片(XY 平面)剩余油饱和度为依据(岩心孔隙模型共由 500 个二维岩心切片组成)，定量研究了不同渗吸时刻岩心孔隙内剩余油饱和度的分布情况，单个岩心切片内剩余油饱和度计算方法如式(3-15)所示，结果见图 3.29、图 3.31 和表 3.13。

$$S_{oi}=\frac{\phi_o}{\phi_p}\times 100\% \tag{3.15}$$

式中　S_{oi}——任意二维切片内含油饱和度,%；

ϕ_p——某张二维切片内面孔率,%；

ϕ_o——给定切片内油相所占的面孔率,%。

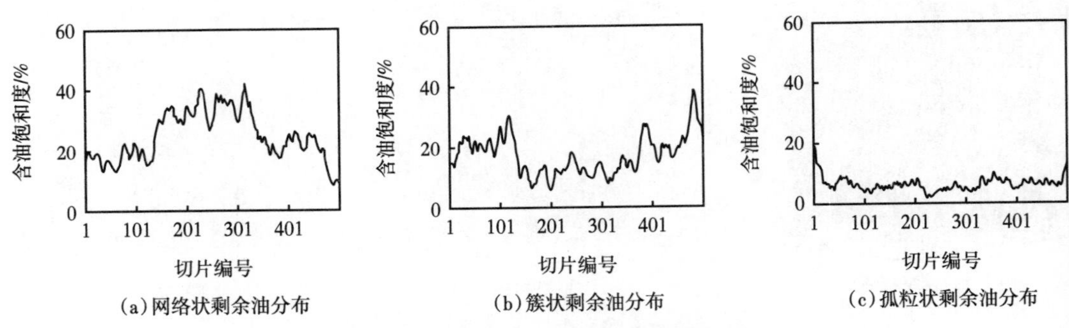

(a)网络状剩余油分布　(b)簇状剩余油分布　(c)孤粒状剩余油分布

图 3.31　自发渗吸后三类剩余油饱和度分布

表 3.13　不同渗吸阶段剩余油微观赋存状态变化

类别	网络状		簇状		孤粒状	
	个数	占剩余油体积百分比/%	个数	占剩余油体积百分比/%	个数	占剩余油体积百分比/%
饱和油阶段	9	94.23	58	4.13	891	1.64
自发渗吸后	32	54.31	271	35.28	5769	10.51

(1)自发渗吸前，原油主要呈网络状分布，虽然个数较少(9个)，但三维孔隙连片性程度很高，网络状油相含油饱和度高值区普遍分布于岩心的各个截面内[图3.28(a)和图3.30(a)]，各切片内平均含油饱和度为84.29%。受孔隙结构的影响，部分区孔隙区域内，油相呈簇状[图3.28(b)和图3.30(b)]与孤粒状[图3.28(c)和图3.30(c)]形式存在，虽然个数较多，但连片性很差，含油饱和度分别为3.98%与1.47%。

(2)在自发渗吸结束阶段，连片性网络状剩余油在润湿相的渗吸作用下被分割开来，转化为结构更相对简单的簇状与孤粒状剩余油；其中，网络状剩余油含油饱和度从84.29%下降至24.91%，受孔隙结构与排驱距离的影响。自发渗吸后，该类剩余油饱和度高值区主要富集于孔隙网络中部区域内(切片编号141~编号138)，而含油饱和度低值区(切片编号1~编号101与切片编号344~编号500)主要分布于靠近岩石表面的位置[图3.29(a)和图3.31(a)]；随着渗吸排驱作用的进行，网络状剩余油结构被破坏，其个数从渗吸前的9个上升至32个。与此同时，簇状剩余油饱和度从渗吸前的3.98%上升至17.38%，个数从58个上升迅速上升至271个。此时，簇状剩余油含油饱和度高值区主要分布于岩石(切片编号1~编号101与切片编号344~编号500)的中部区域内，而其含油饱和度低值区(切片编号141~编号138)分布区域，与网络状剩余油含油饱和度高值区分布正好相反[图3.29(b)和图3.31(b)]。该现象说明了靠近岩石壁面孔隙内的网络状剩余油虽然结构被破坏，转化为结构相对简单的簇状剩余油，但由于剩余油分散后，贾敏效应加剧，造成渗吸排油困难。孤粒状剩余油含油饱和度从1.47%上升至6.35%，个数从891块急速上升至5769块，由于该类剩余油主要赋存于孔隙的角隅、盲孔内，因此，各切片内没有明显的连续含油饱和度高值区分布[图3.29(c)和图3.31(c)]。值得注意的是，虽然网络状剩余油结构被破坏，剩余油饱和度下降明显，但该类剩余油仍然占总剩余油总体积量的54.31%，是自发渗吸后最主要的剩余油富集类型，连片性依然较好。

综上所述，可以得到以下结论：

(1)自发渗吸作用是致密砂岩油藏采油的重要机理，影响自发渗吸采出程度的因素主要有岩石润湿性、基质渗透率(孔隙结构)和岩心尺寸。岩石越亲水，渗透率越高、岩心尺寸越小，越有利于储层渗吸排油。

(2)以鄂尔多斯盆地东南部长8致密砂岩为例，研究区岩心样品[渗透率在(0.052~0.262)×$10^{-3}\mu m^2$之间)自发渗吸采出程度可以达到5.24%~18.23%。受孔壁固—液吸附层厚度的影响，亚微米级以上孔隙在渗吸驱油过程中起主导作用，纳米—亚微米级孔隙对渗吸采出程度贡献相对较弱。孔喉连通性对致密储层渗吸驱油效率起着至关重要的作用，不同渗透率样品亚微米—微米级孔隙尺寸分布的差异不大，但随着渗透率的增加，连通孔喉个数与连通面孔率均呈指数递增，渗吸排驱时油滴被卡断的概率大大减少，渗吸排驱采出程度显著提高。

(3)水驱速度相同时，受基质孔喉连通性的影响，裂缝性岩心模型动态渗吸采出程度与基质渗透率正相关。研究区长8岩心样品动态渗吸采出程度范围在4.4%~9.5%之间，水驱速度不同时，基质渗透率越高，裂缝系统内黏滞阻力越高，对应的最优水驱速度越高。对于长8裂缝性致密砂岩而言，应选择合理的水驱速度，裂缝系统内水驱速度过快时，将抑制裂缝两侧基质系统逆向渗吸作用的进行，从而大大降低动态渗吸采出程度，使得注入水无效，导致低效循环。

(4)自发渗吸后，岩石孔隙内原本连续性较好的油相在孔隙空间内被分散开来，大大增加了原油排驱时所需要克服的贾敏效应影响，致使渗吸驱油的作用停止。自发渗吸后，孔隙网络内剩余油微观赋存状态复杂，主要由“网络状”“簇状”与“孤粒状”等三种形态组成，其中个数较少，但连片性较好的网络状剩余油是自发渗吸后孔隙内最主要的剩余油赋存类型。受毛细管力驱动与孔喉比的影响，三类剩余油主要富集于大于峰值孔径的大孔隙。

4　渗吸排油效应在储能增渗体积压裂中的应用

鄂尔多斯盆地延长组长 6、长 7、长 8 致密油藏具有“四低一强”（低孔隙度、低渗透、低压、低含油饱和度、强非均质性）的典型特征，如何实现这类油藏的经济高效开发，是石油工业科研人员所面临的艰巨挑战。

基于致密储层自发渗吸排驱效应，从致密油开发全周期来看，由于鄂尔多斯盆地延长组致密砂岩油藏天然能量较低、自然衰竭开发产量递减迅速，一次采油阶段采收率低。从开发初期，在水平井体积压裂过程中，借助大排量压裂液泵入时压裂液与岩石充分接触的有利时机，开展储能增渗压裂，其主要的技术原理是降低压裂液对储层的伤害，提高破胶剂渗吸效果，增强基质内原油动用程度。

与常规油井压裂后立即返排工艺不同，水平井储能增渗压裂需要依靠压裂后压裂液破胶剂与岩石充分接触的时机，利用裂缝—基质内的流体渗吸置换作用，提高基质内原油动用程度，但压裂液焖井滞留期间，难以避免会对岩石孔隙产生伤害。因此如何降低储层内压裂液破胶剂对岩石的伤害，并提高其液相渗吸效率，是该实施技术的先决条件。基于前期致密砂岩渗吸排油规律研究，可将影响致密储层渗吸采出程度的因素划分为两类：一类是人力可改变的可控因素，主要为润湿性、界面张力和矿化度；另一类是人力难以改变的因素，主要为温度、压力、孔隙度、渗透率、黏度、岩矿成分及孔隙结构，称为不可控因素。因此，提高致密砂岩渗吸采出程度目前最为有效的方法为改变渗吸介质，在注入介质中加入表面活性剂类物质，利用其增加岩石亲水性并改变界面张力，提高储层渗吸采出程度。

本章首先以压裂液耐温耐剪切性、破胶液黏度及残渣含量为评价指标，在 11 种破胶剂和 9 种降解剂体系中优选出了高效的破胶剂和降解剂。设计了五因素四水平的正交实验将破胶剂和降解剂进行有机复配，分析了破胶降解剂主控因素的影响规律，确定了低伤害不返排瓜尔胶压裂液体系及其最佳使用条件。其次，通过分子量和残渣粒径测试分析，明确了该体系低伤害的作用机理。然后，通过表面活性剂优选，选择了适用的压裂液增渗添加剂，建立了低伤害高渗吸压裂液体系。最后基于建立的压裂液体系，在鄂尔多斯盆地东南部地区长 8 油藏，成功开展了不返排体积压裂先导试验。

4.1　致密油藏瓜尔胶滑溜水压裂液高效破胶剂及降解剂优选

研究表明，压裂液破胶液残渣是岩心伤害的主要因素，目前利用低浓度羟丙基瓜尔胶与适宜的交联比，是减少瓜尔胶体系压裂液储层伤害的主要办法。相比于常规油藏，致密油储层基质孔隙更为脆弱，常规的降低增稠剂用量，难以满足其在焖井期间的低伤害需要。

本部分基于现场常用的瓜尔胶体系，以压裂液耐温耐剪切性、破胶液黏度及残渣含量为评价指标，从常规的 11 种破胶剂和 9 种降解剂体系中筛选、优选出高效的破胶剂和降解剂，设计了五因素四水平的正交实验将破胶剂和降解剂进行有机复配，分析了破胶降解剂主控因素影响规律，确定了低伤害不返排瓜尔胶压裂液体系及其最佳使用条件。

4.1.1 致密油藏瓜尔胶压裂液高效破胶剂体系优选

(1)实验仪器与药剂。

主要实验仪器：流变仪、精密电子天平、循环恒温水浴、定时电动搅拌器、台式离心机、乌氏黏度计、电热恒温鼓风干燥箱等。

压裂液配方见表 4.1，交联比为 100:10，pH 值为 7.5，破胶剂按实验所需加入，破胶剂体系见表 4.1。

表 4.1 压裂液配方

添加剂	药剂	质量分数/%
稠化剂	羟丙基瓜尔胶 G-3	0.30
交联剂	有机硼 J-3	3.50
黏土稳定剂	氯化钾	1.00
pH 调节剂	无水碳酸钠	—
杀菌剂	YCS-1	0.10

表 4.2 破胶剂体系

代号	破胶剂
P1	过硫酸铵(APS)
P2	HRS
P3	次氯酸钠
P4	过硫酸铵+亚硫酸钠
P5	过硫酸铵+硫酸亚铁
P6	芬顿试剂
P7	硫酸亚铁+抗坏血酸
P8	过硫酸铵+辅剂 FJH-1+亚硫酸钠
P9	过硫酸钠+辅剂 FJH-1+过硫酸钠
P10	过硫酸铵+芬顿试剂
P11	过硫酸铵+亚硫酸钠+芬顿试剂

(2)实验方法。

分别测试添加各类破胶剂时压裂液的耐温耐剪切性、破胶液黏度以及残渣含量，在黏度满足压裂要求的前提下，主要以破胶剂作用下破胶液的黏度为评价指标，参考破胶液残渣含量，从而优选出高效破胶剂。

(3)实验结果与讨论。

①不同类型破胶剂对压裂液耐温耐剪切曲线的作用结果。

按照上述实验步骤测得的 11 种破胶剂作用下压裂液的耐温耐剪切曲线如图 4.1 所示。

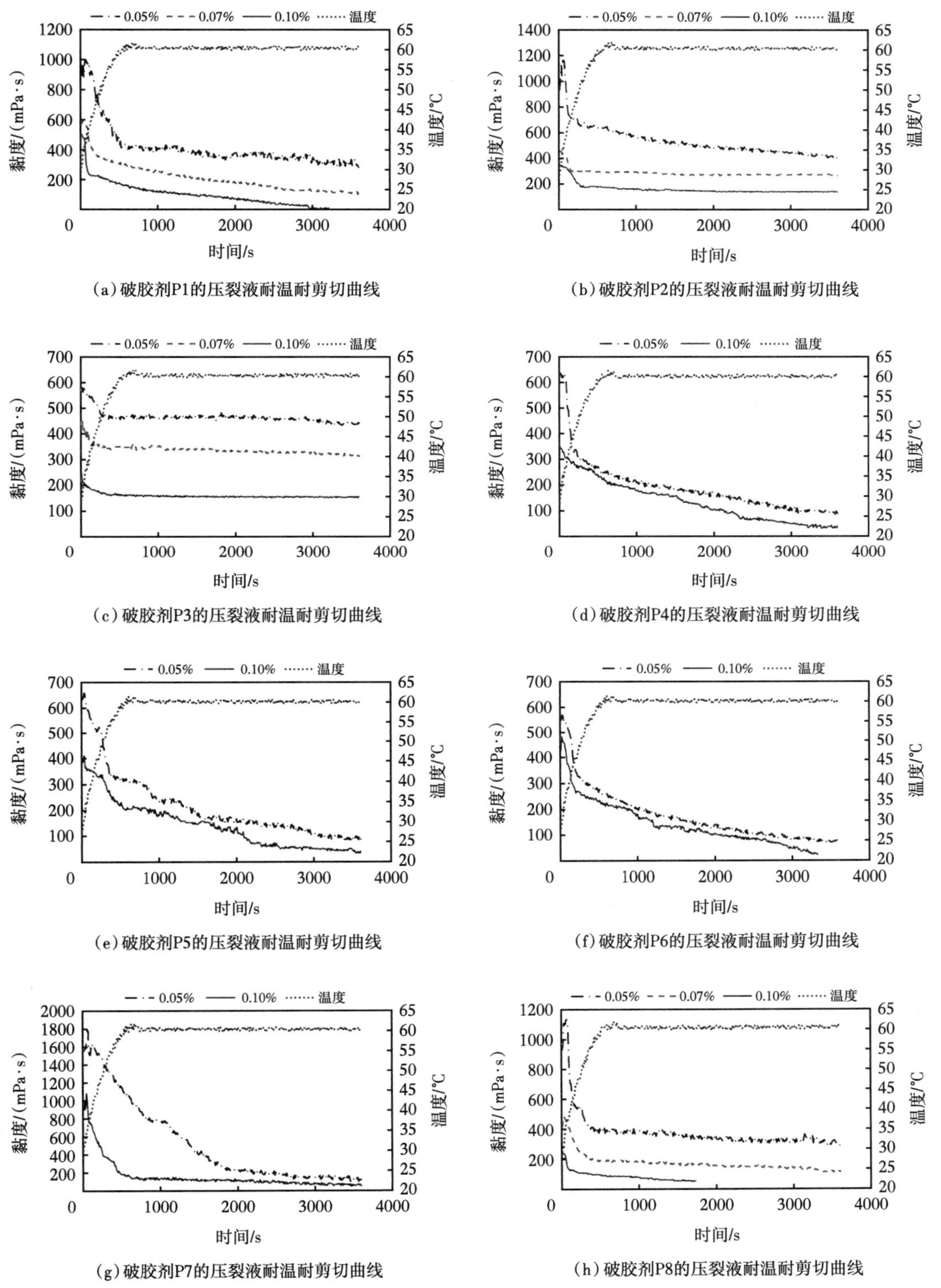

(a)破胶剂P1的压裂液耐温耐剪切曲线

(b)破胶剂P2的压裂液耐温耐剪切曲线

(c)破胶剂P3的压裂液耐温耐剪切曲线

(d)破胶剂P4的压裂液耐温耐剪切曲线

(e)破胶剂P5的压裂液耐温耐剪切曲线

(f)破胶剂P6的压裂液耐温耐剪切曲线

(g)破胶剂P7的压裂液耐温耐剪切曲线

(h)破胶剂P8的压裂液耐温耐剪切曲线

图 4.1　不同类型不同浓度破胶剂加入后压裂液耐温耐剪切曲线

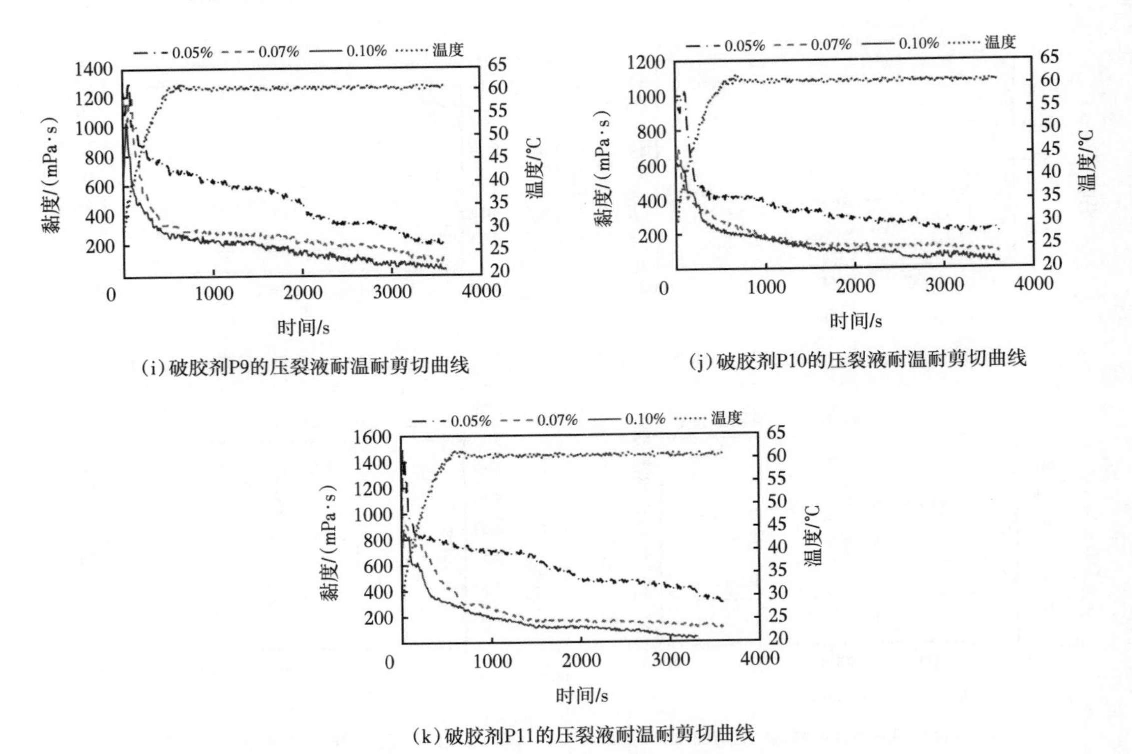

(i)破胶剂P9的压裂液耐温耐剪切曲线

(j)破胶剂P10的压裂液耐温耐剪切曲线

(k)破胶剂P11的压裂液耐温耐剪切曲线

图 4.1　不同类型不同浓度破胶剂加入后压裂液耐温耐剪切曲线（续图）

压裂液黏度过高会产生较大流动阻力，不但大大增加设备负荷，而且不利于裂缝的延伸；压裂液黏度过小则携砂性能下降，施工过程中易过早脱砂，使裂缝有效导流能力显著降低。普遍认为压裂液黏度在 100mPa · s 时能够使流动阻力和携砂能力达到较好的平衡。以压裂液在 60℃下连续剪切 1h 后黏度在 100mPa · s 左右为标准，由以上不同破胶剂在不同使用浓度时的压裂液耐温耐剪切性曲线可知：破胶剂 P1 合适使用浓度为 0.07%，破胶剂 P2 合适使用浓度为 0.10%，破胶剂 P3 合适使用浓度为 0.10%，破胶剂 P4 合适使用浓度为 0.05%，破胶剂 P5 合适使用浓度为 0.05%，破胶剂 P6 合适使用浓度为 0.05%，破胶剂 P7 合适使用浓度为 0.05%，破胶剂 P8 合适使用浓度为 0.07%，破胶剂 P9 合适使用浓度为 0.07%，破胶剂 P10 合适使用浓度为 0.07%，破胶剂 P11 合适使用浓度为 0.07%。

②不同类型破胶剂黏度、残渣含量测定：测得了 11 种破胶剂在其适用条件下的破胶液黏度及残渣含量，结果如表 4.3、表 4.4 和图 4.2 所示。

表 4.3　破胶剂黏度、残渣含量表

参数		P1	P2	P3	P4	P5	P6	P7	P8	P9	P10	P11
破胶剂黏度/mPa · s	0.1%	2.25	2.57	3.32	1.91	2.12	4.62	7.17	1.43	2.23	2.03	2.65
	0.07%	2.40	2.68	3.47	—	—	—	—	1.49	2.30	2.14	3.13
	0.05%	2.66	2.97	4.26	2.04	2.61	4.86	8.25	1.53	2.68	2.22	3.83

续表

参数		P1	P2	P3	P4	P5	P6	P7	P8	P9	P10	P11
残渣含量/mg/L	0.1%	404	397	496	346	378	452	486	322	384	360	406
	0.07%	467	439	576	—	—	—	—	325	493	373	592
	0.05%	587	567	630	508	575	662	699	428	578	528	658

表 4.4 各破胶剂合适使用浓度时的破胶液黏度、残渣含量表

破胶剂	0.07% P1	0.10% P2	0.10% P3	0.05% P4	0.05% P5	0.05% P6	0.05% P7	0.07% P8	0.07% P9	0.07% P10	0.07% P11
破胶液黏度/(mPa·s)	2.40	2.57	3.32	2.04	2.61	4.86	8.25	1.49	2.3	2.14	3.13
残渣含量/(mg/L)	467	397	496	508	575	662	699	325	493	373	592

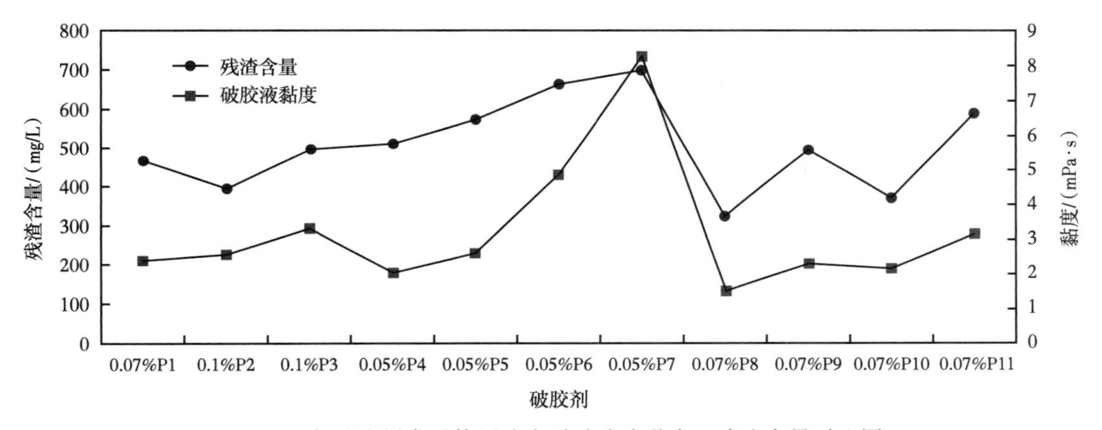

图 4.2 各破胶剂合适使用浓度时破胶液黏度、残渣含量对比图

P7 破胶时，破胶液黏度和残渣含量最高，破胶效果最差，P7 破胶体系的破胶原理是抗坏血酸与亚铁离子混合配位成稳定的亚铁溶液，在水溶性高分子溶液中能够使分子氧活化成自由基，从而对高分子降解，进行破胶。可能由于在溶液中反应速度很快，后期没有足够的有效成分使压裂液彻底破胶。另外，溶液反应过后呈现黄棕色，可能由于 Fe^{2+} 的存在，反应后变成 Fe^{3+}，在碱性环境下，有少量的 $Fe(OH)_3$ 胶体生成，增加了残渣含量。

P6 属于普通氧化还原破胶体系，但是由于 H_2O_2 本身不稳定，没有足够的有效成分起到破胶的作用，所以破胶液黏度和残渣含量也较高，破胶效果较差。另外，溶液反应过后呈现黄棕色，同样可能有少量的 $Fe(OH)_3$ 胶体生成，增加了残渣含量。

P2 和 P3 都是利用化学强氧化性进行破胶的，因其强氧化性，所以破胶液残渣含量相对较小；因其随机作用在瓜尔胶分子链上，破胶很不均匀，反应后某些产物可能仍有很大的分子量，所以破胶液黏度相对较大。P2 破胶效果略好于 P3，可能是因为 P2 是在地下产生破胶有效成分，损失较少，有效成分比 P3 略多。

P4 和 P5 是常规的氧化还原破胶体系，通过分子之间的诱导和协同效应，两者降低破胶液黏度的效果相对较好。但是可能破胶过程中，瓜尔胶分子中半乳糖含量降低，导致反应产物的溶解性降低，所以破胶液残渣含量相对较高。也可以看出，过硫酸铵(APS)与亚硫酸钠复配的效果要好过硫酸铵(APS)与硫酸亚铁复配。

P9所用的过硫化物为过硫酸钠，破胶辅剂FJH-1是一种帮助改善过硫化物性能的一种物质，虽然P9中加入了一些破胶辅剂FJH-1，起到了一定的辅助破胶的作用，但是可以看出其破胶效果不如过硫酸铵。

P11破胶体系中，由于复合药剂种类过多，导致主要成分过硫酸铵含量较少，因此其破胶液黏度和残渣含量相对较高，破胶效果相对较差。

P10是一种双氧化还原体系，可以发挥双氧化体系和氧化还原体系的诱导和协同效应，因此，破胶效果较好。但是可能同样由于有少量的$Fe(OH)_3$胶体生成，增加了破胶液的残渣含量。

P8破胶体系作用时，由于主要成分含量适当，发挥氧化还原体系的诱导和协同效应，又有破胶辅剂FJH-1的辅助作用，没有引入不必要的残渣，因此最终破胶液黏度最小，为1.49mPa·s，其破胶液残渣含量为325mg/L，处于相对较低水平，破胶效果相对较好。虽然氧化还原体系一定程度上加快了反应速度，但是在合适的使用浓度下，压裂液黏度仍然可以满足压裂要求。

最终优选出的破胶剂为P8破胶剂体系，其合理使用浓度为0.07%。

4.1.2 致密油藏瓜尔胶压裂液残渣降解剂体系优选

(1)实验材料：本部分优选了9种残渣降解剂，见表4.5。

表4.5 残渣降解剂体系优选

序号	编号	降解剂	规格
1	M1	BAT-1	工业品
2	M2	BAT-2	工业品
3	M3	BAT-3	工业品
4	M4	JCS-1	工业品
5	M5	JCS-2	工业品
6	M6	纤维素酶	工业品
7	M7	甘露聚糖酶	工业品
8	M8	α半乳糖苷酶	工业品
9	M9	葡糖淀粉酶	工业品

(2)实验方法：分别测试降解剂表4.5所示药品时压裂液的耐温耐剪切性、破胶液黏度以及残渣含量，在黏度满足压裂要求的前提下，以降解剂作用下破胶液的残渣含量为评价指标，结合破胶液黏度，优选高效降解剂。

(3)实验结果与讨论。

① 不同类型破胶剂加入后压裂液耐温耐剪切曲线测定。

首先，为研究降解剂加入后对压裂液液耐温耐剪切的影响，测定了9种降解剂作用下压裂液的耐温耐剪切曲线，如图4.3所示。

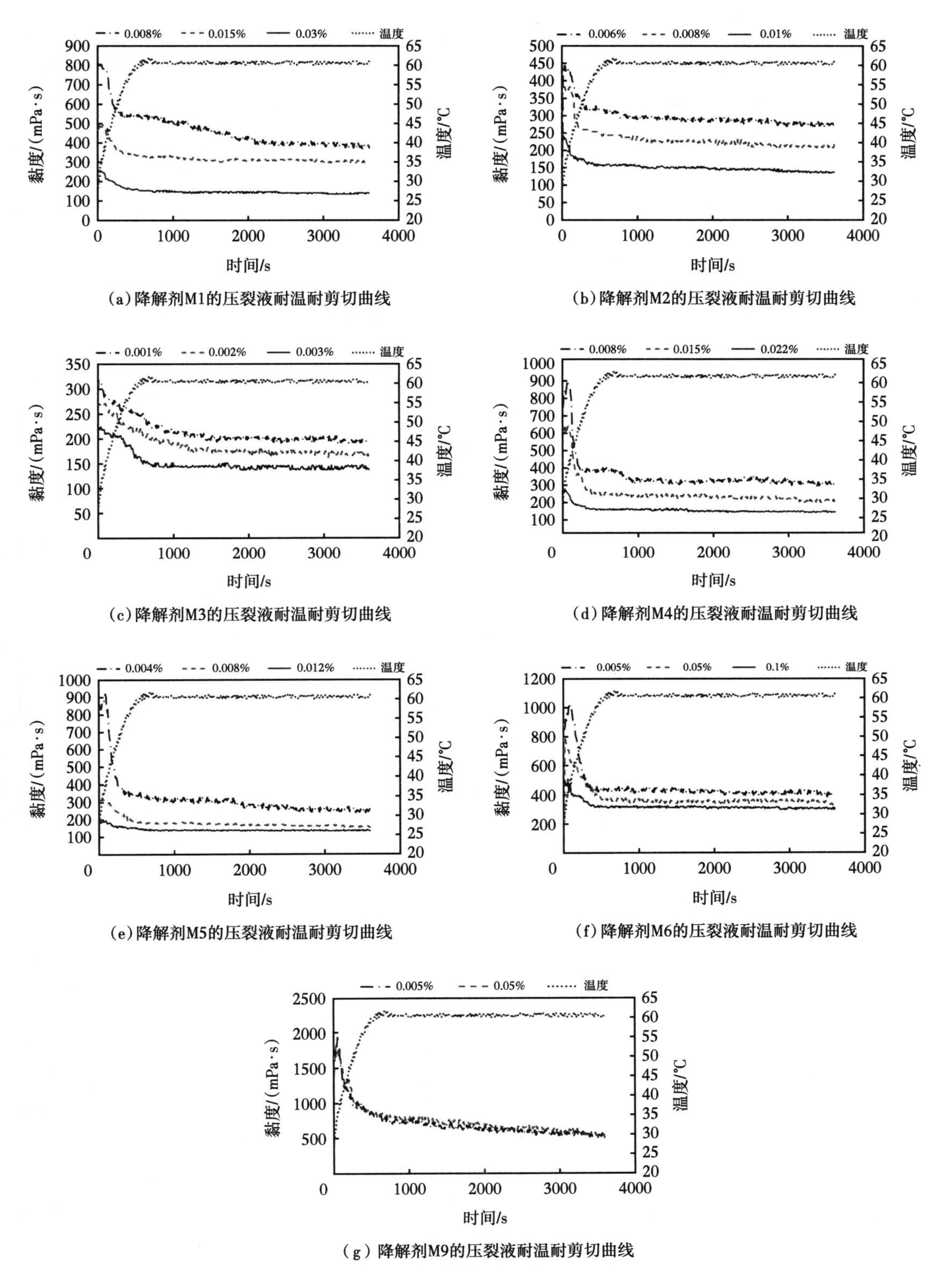

(a)降解剂M1的压裂液耐温耐剪切曲线

(b)降解剂M2的压裂液耐温耐剪切曲线

(c)降解剂M3的压裂液耐温耐剪切曲线

(d)降解剂M4的压裂液耐温耐剪切曲线

(e)降解剂M5的压裂液耐温耐剪切曲线

(f)降解剂M6的压裂液耐温耐剪切曲线

(g)降解剂M9的压裂液耐温耐剪切曲线

图 4.3 不同类型降解剂瓜尔胶滑溜水压裂液耐温耐剪切测试结果

以压裂液在60℃下连续剪切1h后黏度在100mPa·s为标准，由不同降解剂在不同使用浓度下压裂液耐温耐剪切性曲线可知，M1合适使用浓度为0.03%，M2合适使用浓度为0.01%，M3合适使用浓度为0.003%，M4合适使用浓度为0.022%，M5合适使用浓度为0.012%。M6和M7的用量为0.1%时，压裂液在60℃下连续剪切1h后黏度在300mPa·s和200mPa·s左右，破胶效果仍然不明显。M8和M9的用量为0.05%时，压裂液在60℃下连续剪切1h后黏度在600mPa·s左右，基本没有破胶作用，说明了残渣降解剂具有较好的适用性。

② 破胶液黏度、残渣含量。

按照上述实验步骤测得的9种降解剂作用下破胶液黏度、残渣含量见表4.6。

表4.6　破胶液黏度、残渣含量表

参数	M1	M2	M3	M4	M5	M6	M7	M8	M9
浓度/%	0.015	0.006	0.001	0.008	0.004	0.005	0.005	0.005	0.005
	0.03	0.008	0.002	0.015	0.008	0.05	0.05	0.05	0.05
	—	0.01	0.003	0.012	0.012	0.1	0.1	—	—
破胶液黏度/mPa·s	5.62	5.24	5.80	4.9	5.27	6.83	6.90	9.52	9.89
	4.57	4.68	4.93	4.43	4.45	5.22	5.16	9.49	9.92
	—	4.09	4.19	4.11	4.26	4.76	4.68	—	—
残渣含量/mg/L	516	322	405	344	418	634	646	887	876
	388	277	350	312	371	558	530	902	880
	—	252	295	281	343	450	443	—	—

当压裂液破胶剂为降解剂M6，且使用浓度为0.1%时，破胶液黏度为4.76 mPa·s，略小于行业标准要求5mPa·s，残渣含量相对较高，为450mg/L，作用效果相对M8和M9较好。因为M6为纤维复合酶，其中有可剪断主链的酶存在。

当压裂液破胶剂为降解剂M7，且使用浓度为0.1%时，破胶液黏度为4.68mPa·s，略小于行业标准要求5mPa·s，残渣含量相对较高，为443mg/L，作用效果比M6略好。可能因为M7为特异性酶，可以有针对性地剪断主链上的β-1，4糖苷键，降低分子量，起到较好的破胶效果；由于该酶破胶剂组分比较单一，破胶效果仍然差于商业产品复合酶M1-M5。

当压裂液破胶剂为降解剂M8，且使用浓度为0.05%时，破胶液黏度为9.49mPa·s，高于行业标准要求5mPa·s，残渣含量较高，为902mg/L，基本没有产生作用效果。虽然M8为瓜尔胶特异性酶，但是由于其只能剪断支链，所以基本没有破胶效果，反而会影响瓜尔胶的溶解性。

当压裂液破胶剂为降解剂M9且使用浓度为0.05%时，破胶液黏度为9.92mPa·s，高于行业标准要求5mPa·s，残渣含量较高，为880mg/L，基本没有产生作用效果。因为M9为常规生物酶，不能针对性地降解瓜尔胶特定分子链。

降解剂M8、M9基本没有破胶效果，降解剂M6、M7虽然有一定的破胶作用，但是破胶效果仍不理想。对比商业复合酶M1-M5在各自合适使用浓度时破胶液的黏度、残渣含量，见表4.7和图4.4。

表4.7 降解剂M1-M5合适使用浓度时破胶液黏度、残渣含量表

降解剂	0.03%M1	0.01%M2	0.003%M3	0.022%M4	0.012%M5
破胶液黏度/(mPa·s)	4.57	4.09	4.19	4.11	4.26
残渣含量/(mg/L)	388	252	295	281	343

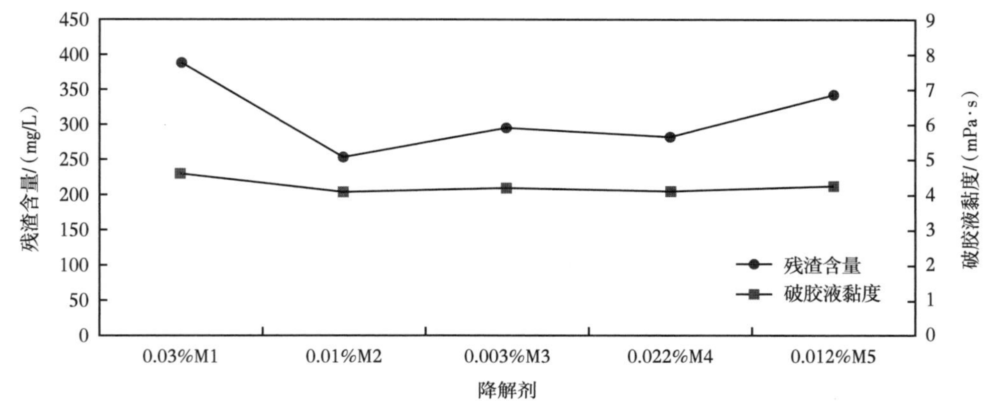

图4.4 降解剂M1-M5合适使用浓度时破胶液黏度、残渣含量对比图

从表4.7和图4.4可知：降解剂M1-M5作用时，其破胶液黏度差别不大。降解剂为M2时，破胶液残渣含量最小，为252mg/L，此外，其破胶液黏度为4.09mPa·s，处于相对较低水平，故优选出的高效降解剂为M2，即BAT-2生物酶，其合理使用浓度为0.01%。

综合化学破胶剂和生物酶降解剂的实验结果可以看出，破胶剂总体上降低破胶液黏度作用效果较好，而降低破胶液残渣含量的程度有限；生物酶降解剂降低残渣含量的作用效果较好，而降低破胶液黏度的程度有限。所以考虑将两者复配使用，以期达到既降低破胶液黏度，又降低破胶液残渣含量的目的。

综上所述，可以得到以下结论：

(1)通过测试11种破胶剂不同使用浓度时压裂液的耐温耐剪切性、破胶液黏度以及残渣含量，在黏度满足压裂要求的前提下，主要以破胶液的黏度为评价指标，参考破胶液残渣含量，从而优选出高效破胶剂为P8，交联比100:10时，其合适使用浓度为0.07%。

(2)通过测试9种降解剂不同使用浓度时压裂液的耐温耐剪切性、破胶液黏度以及残渣含量，在黏度满足压裂要求的前提下，主要以破胶液的残渣含量为评价指标，参考破胶液黏度，从而优选出高效降解剂为M2，交联比100:10时，其合适使用浓度为0.01%。

4.2 致密油藏瓜尔胶滑溜水压裂液破胶降解因素及影响规律研究

本节基于前文优选出的破胶剂P8与降解剂M2复配进行正交实验，测试压裂液的耐温耐剪切性，测定破胶液黏度和残渣含量，分析温度、矿化度、pH值、破胶剂和降解剂使用浓度等影响因素对压裂液破胶作用效果的影响规律，优化出低伤害不返排瓜尔胶压裂液体系及其最佳使用条件。

4.2.1 实验仪器与药剂

实验仪器有流变仪、精密电子天平、循环恒温水浴、定时电动搅拌器、台式离心机、乌氏黏度计、电热恒温鼓风干燥箱等。

所用到的药剂有羟丙基瓜尔胶 G-3、有机硼 J-3、无水碳酸钠、过硫酸铵、氯化钾、杀菌剂 YCS-1、无水亚硫酸钠、辅剂 FJH-1；BAT-2；此外还有氯化钠，见表 4.8。

4.2.2 实验方法

正交实验温度水平为 20℃、40℃、60℃ 和 80℃，矿化度水平为 20000mg/L、30000mg/L、40000mg/L 和 50000mg/L，pH 值水平为 7.5、9.0、11.0 和 13.0，破胶剂使用浓度水平为 0.02%、0.04%、0.06%、0.08%，降解剂使用浓度水平为 0.003%、0.005%、0.007%、0.009%。选择五因素四水平正交表 L16(4^5)进行实验，具体实验安排见表 4.8。

表 4.8　五因素四水平正交实验安排表

实验	温度/℃	矿化度/(mg/L)	pH 值	破胶剂/%	降解剂/%
实验 1	20	20000	7.5	0.02	0.3×10^{-2}
实验 2	20	30000	9	0.04	0.5×10^{-2}
实验 3	20	40000	11	0.06	0.7×10^{-2}
实验 4	20	50000	13	0.08	0.9×10^{-2}
实验 5	40	20000	9	0.06	0.9×10^{-2}
实验 6	40	30000	7.5	0.08	0.7×10^{-2}
实验 7	40	40000	13	0.02	0.5×10^{-2}
实验 8	40	50000	11	0.04	0.3×10^{-2}
实验 9	60	20000	11	0.08	0.5×10^{-2}
实验 10	60	30000	13	0.06	0.3×10^{-2}
实验 11	60	40000	7.5	0.04	0.9×10^{-2}
实验 12	60	50000	9	0.02	0.7×10^{-2}
实验 13	80	20000	13	0.04	0.7×10^{-2}
实验 14	80	30000	11	0.02	0.9×10^{-2}
实验 15	80	40000	9	0.08	0.3×10^{-2}
实验 16	80	50000	7.5	0.06	0.5×10^{-2}

4.2.3 实验结果与讨论

(1) 不同类型降解剂加入后压裂液耐温耐剪切性测定。

按照实验步骤，测得的 16 组正交实验压裂液的耐温耐剪切曲线如图 4.5 所示。

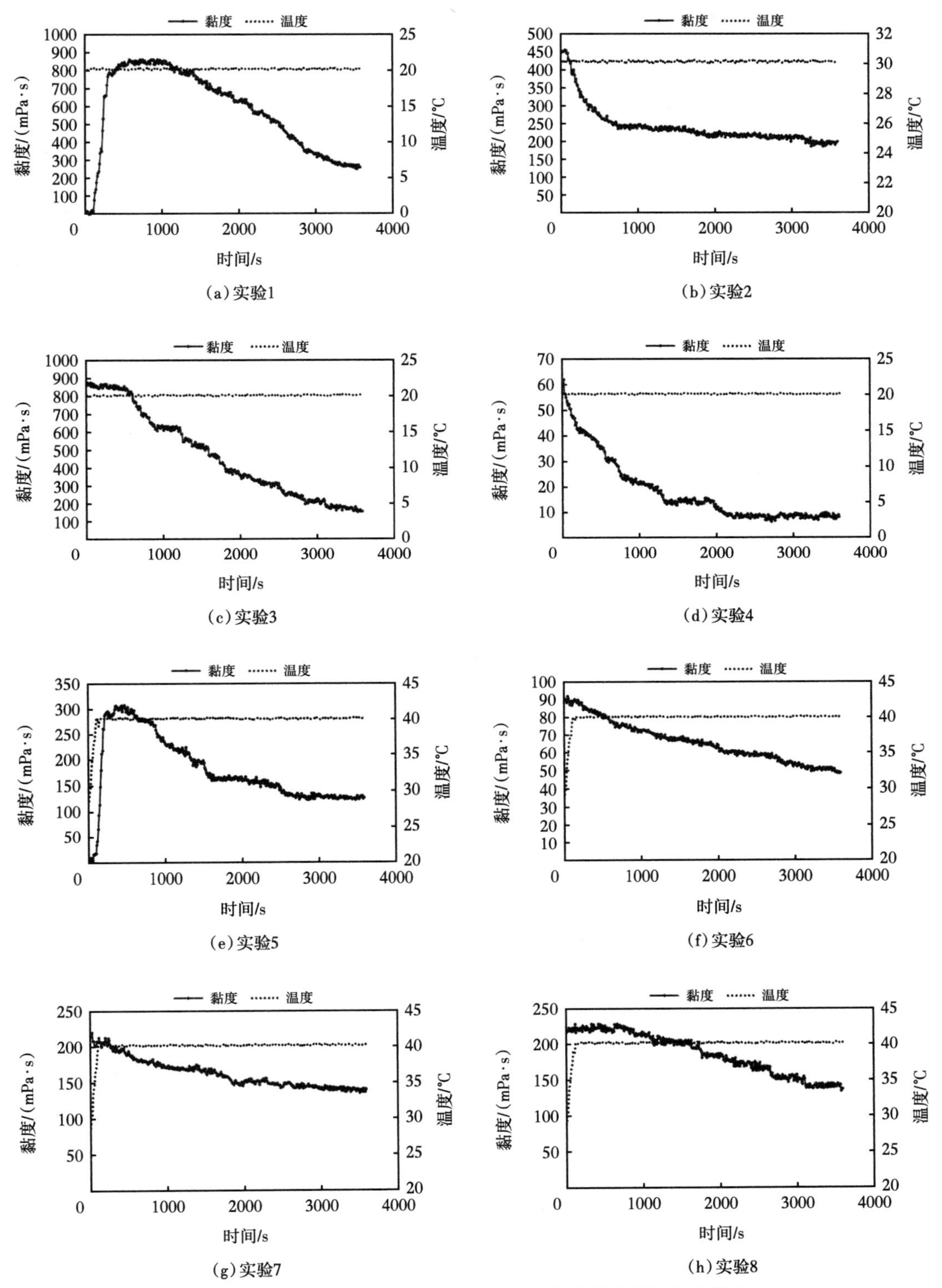

图 4.5 不同类型降解剂时压裂液压裂液耐温耐剪切曲线测定

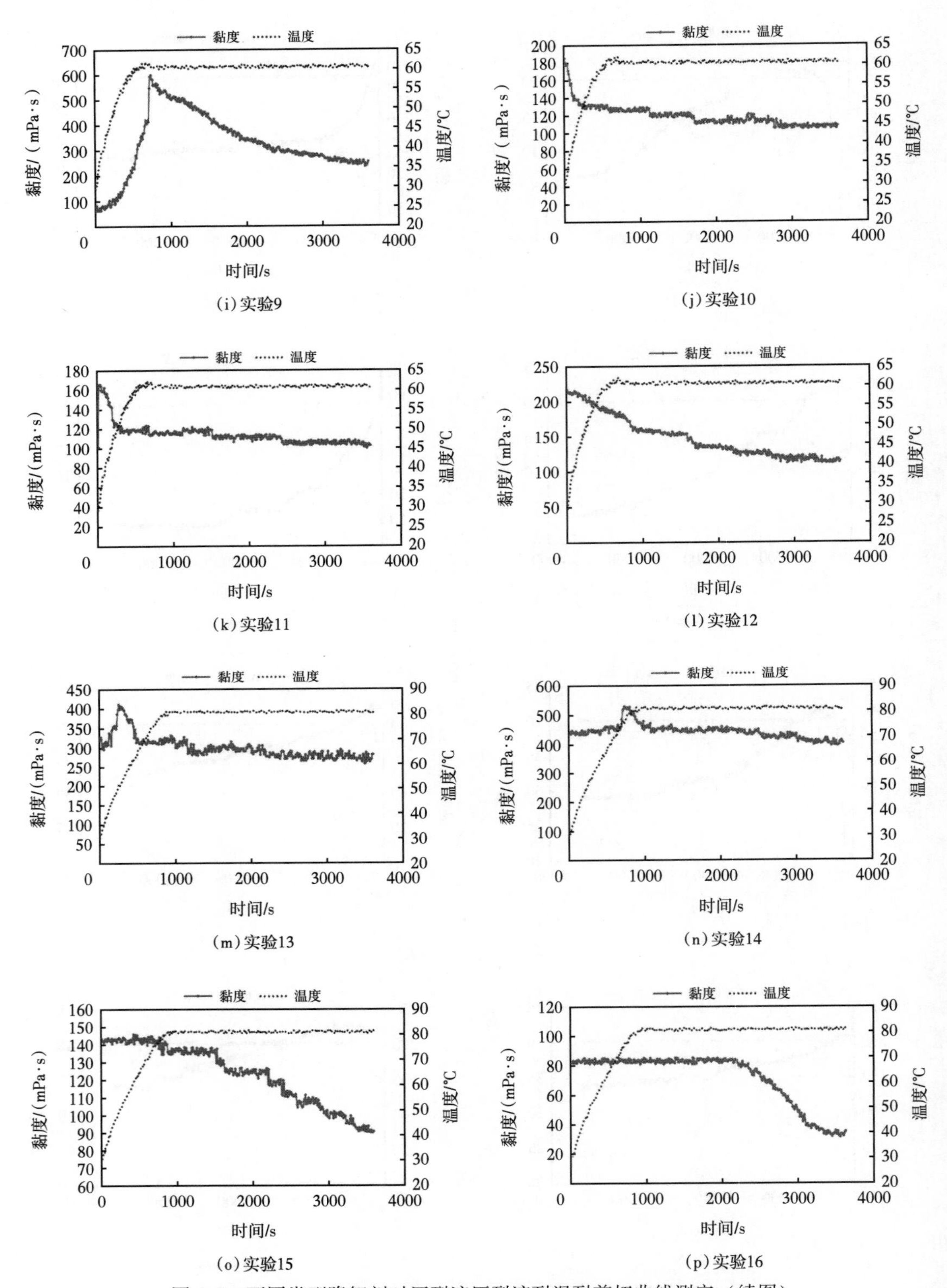

图 4.5　不同类型降解剂时压裂液压裂液耐温耐剪切曲线测定（续图）

依据正交实验16组实验结果，对实验中各压裂液的耐温耐剪切性进行排序，当压裂液在设定条件下剪切1h时黏度与100 mPa·s越接近，则排序越靠后，排列序号即为相应的分值，排序结果见表4.9。

表4.9 正交实验压裂液耐温耐剪切性排序表

实验编号	1	2	3	4	5	6	7	8	9	10	11	12	13	14	15	16
排序	6	10	9	2	13	4	11	12	8	15	14	16	7	1	5	3

（2）不同类型降解剂加入后破胶液黏度及残渣含量测定。

按实验方法测得的破胶液黏度、残渣含量见表4.10：分别将16组实验的破胶液黏度和残渣含量按由大到小的顺序排序，排列序号即为相应的分值，即破胶液黏度越大，排列越靠前，所获分值越小；残渣含量越高，排列越靠前，所获分值越小。16组实验的破胶液黏度和残渣含量排序得分结果见表4.11。

表4.10 正交实验破胶液黏度、残渣含量表

实验编号	实验1	实验2	实验3	实验4	实验5	实验6	实验7	实验8
破胶液黏度/(mPa·s)	2.21	1.88	3.94	2.87	1.50	1.40	3.92	6.39
残渣含量/(mg/L)	476	631	233	228	202	218	411	405
实验编号	实验9	实验10	实验11	实验12	实验13	实验14	实验15	实验16
破胶液黏度/(mPa·s)	4.59	3.25	2.58	2.05	4.09	8.13	1.57	2.01
残渣含量/(mg/L)	244	401	223	282	251	474	373	240

表4.11 正交实验的破胶液黏度、残渣含量排序得分结果表

实验编号	1	2	3	4	5	6	7	8	9	10	11	12	13	14	15	16
破胶液黏度排序	10	13	5	8	15	16	6	2	3	7	9	11	4	1	14	12
残渣含量排序	2	1	12	13	16	15	4	5	10	6	14	8	9	3	7	11

（3）正交实验结果分析。

为得到各正交实验的最终分值，压裂液耐温耐剪切性、破胶液黏度以及残渣含量的权重分别取为0.5、0.2和0.3，对正交实验1-16组的分值进行加权平均，最终得分结果见表4.12，对正交实验综合得分进行计算分析得到均值和极差，见表4.13。

表4.12 正交实验综合得分表

编号	1	2	3	4	5	6	7	8	9	10	11	12	13	14	15	16
分值	5.6	7.9	9.1	6.5	14.3	9.7	7.9	7.9	7.6	10.7	13.0	12.6	7.0	1.6	7.4	7.2

从表4.12、表4.13和图4.6可以看出，在加入优选的破胶剂与压裂液后，对于新型的压裂液体系性能而言，最优温度为60℃；最优矿化度为40000mg/L；最优pH值为9.0；胶降解剂最优使用浓度组合为破胶剂浓度为0.06%、降解剂浓度为0.007%。由极差结果可知，各主控因素对破胶降解剂作用效果的影响程度大小为：温度>pH值>破胶剂浓度>降解剂浓度>矿化度。

表 4.13　正交实验分析结果表

参数	温度/℃	矿化度/(mg/L)	pH 值	破胶剂使用浓度/%	降解剂使用浓度/%
均值 1	7.275	8.625	8.875	6.925	7.900
均值 2	9.950	7.475	10.550	8.950	7.650
均值 3	10.975	9.350	6.550	10.325	9.600
均值 4	5.800	8.550	8.025	7.800	8.850
极差	5.175	1.875	4.000	3.400	1.950

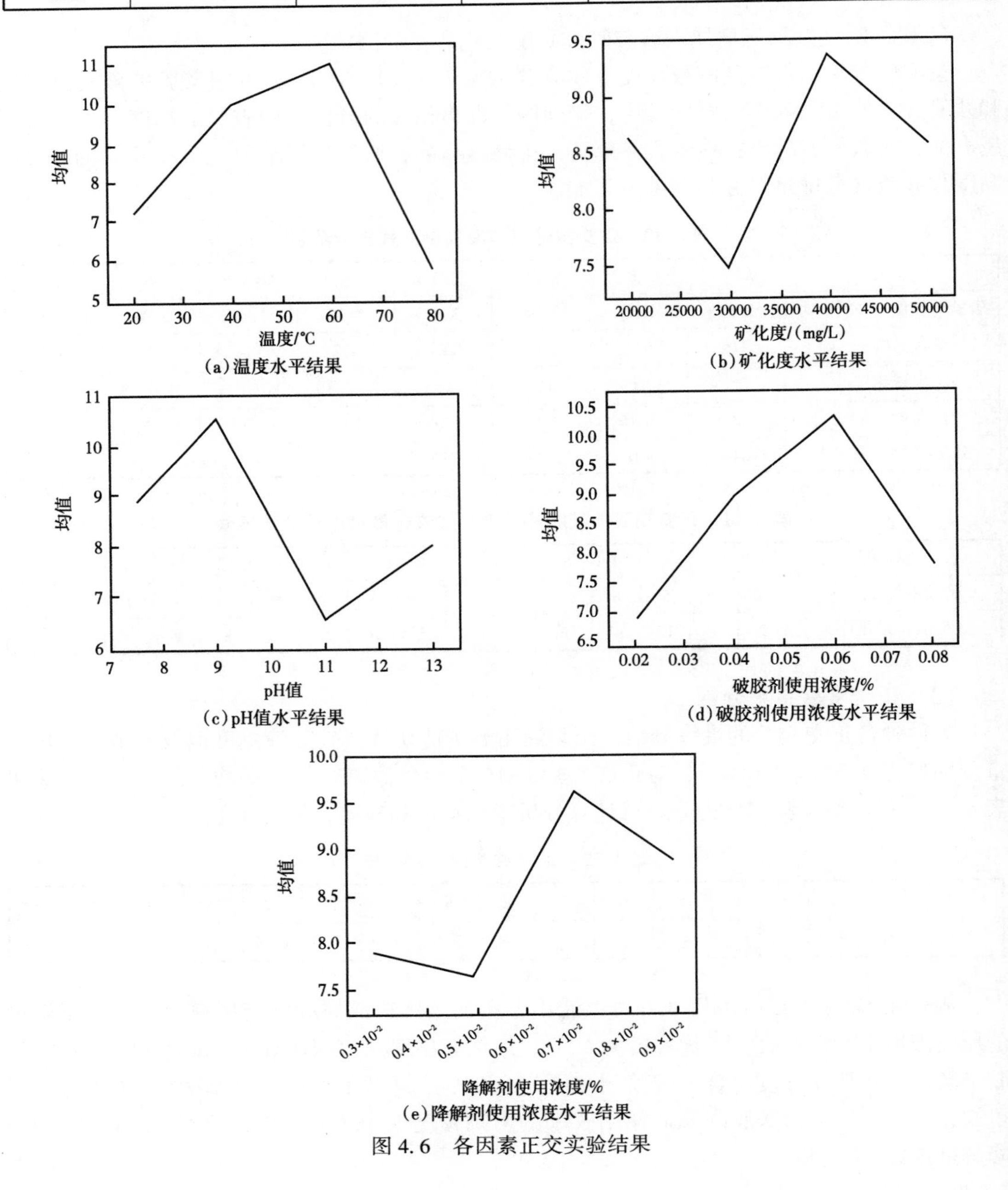

图 4.6　各因素正交实验结果

4.3 致密砂岩低伤害低残渣瓜尔胶滑溜水压裂液体系性能评价

基于前期正交实验结果，建立的破胶液体系的压裂液体系配方见表 4.14，交联比为 100∶10，pH 值为 9.0，矿化度为 40000mg/L。

表 4.14 瓜尔胶压裂液配方

添加剂	药剂	质量分数/%
稠化剂	羟丙基瓜尔胶 G-3	0.30
交联剂	有机硼 J-3	3.50
杀菌剂	YCS-1	0.10
破胶剂	P8	0.06
降解剂	BAT-2	0.007
黏土稳定剂	氯化钾	1.00
pH 调节剂	无水碳酸钠	—
矿化度调节剂	氯化钠	—

4.3.1 实验仪器与药剂

主要仪器：流变仪、精密电子天平、循环恒温水浴、定时电动搅拌器、台式离心机、乌氏黏度计和电热恒温鼓风干燥箱等。

药剂种类：羟丙基瓜尔胶 G-3、有机硼 J-3、无水碳酸钠、过硫酸铵、氯化钾和杀菌剂 YCS-1、无水亚硫酸钠、辅剂 FJH-1、BAT-2 和氯化钠。

4.3.2 实验方法

压裂液交联时间、耐温耐剪切性、破胶性能、破胶液残渣含量、压裂液静动态滤失性能、压裂液滤液对岩心伤害情况、压裂液动态滤失对岩心伤害情况、破胶液滤液对岩心伤害情况、破胶液动态滤失对岩心伤害情况等实验步骤详情见 SY/T 5107—2016《水基压裂液性能评价方法》，静态携砂性能测定方法如下：

(1)取 100mL 准备好的基液倒入烧杯中，用搅拌器进行搅拌，设置搅拌器的搅拌速度为 100r/min；

(2)取 40mL 20~40 目石英砂缓慢倒入正在搅拌的基液中，调整搅拌器转速使石英砂均匀分散，并保证没有气泡产生；

(3)加入备好的交联液，继续搅拌直到液面微微凸起，停止搅拌，混砂液制备完成；

(4)将混砂液转移到 100mL 的量筒中，并放置在 60℃的恒温水浴中，记录石英砂端面的沉降长度随时间的变化。

4.3.3 实验结果与讨论

(1)交联时间评价。

经测定，压裂液交联时间为 31s，符合石油行业标准 SY/T 6376—2008《压裂液通用技术条件》规定：温度在 60℃ ≤t<120℃范围内，要求交联时间为 30~120s。

(2)静态携砂性能评价。

经测定，搅拌好的混砂液图片与端面沉降长度随时间变化曲线如图 4.7 所示。

(a)搅拌好的混砂液

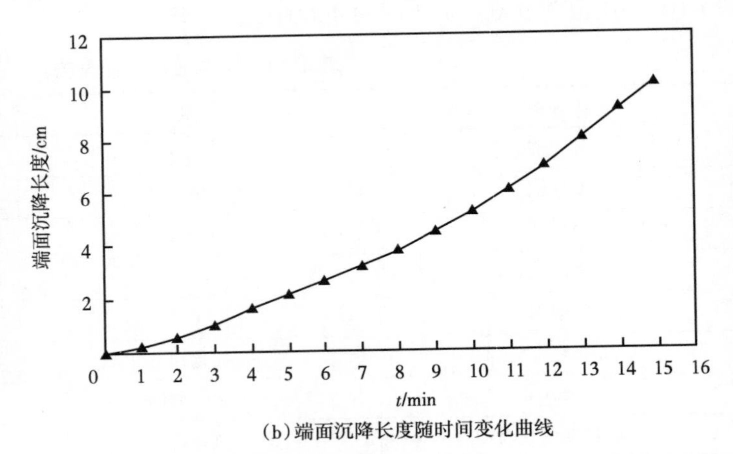

(b)端面沉降长度随时间变化曲线

图 4.7 压裂液静态携砂评价结果

实验表明：新型压裂液的端面沉降速度平均为 0.0113cm/s，由于压裂液支撑剂的沉降速率在 0.008~0.08cm/s 之间时即满足要求，可知该压裂液携砂性能满足要求。

(3)耐温耐剪切性评价。

测试的该压裂液的耐温耐剪切性曲线如图 4.8 所示。

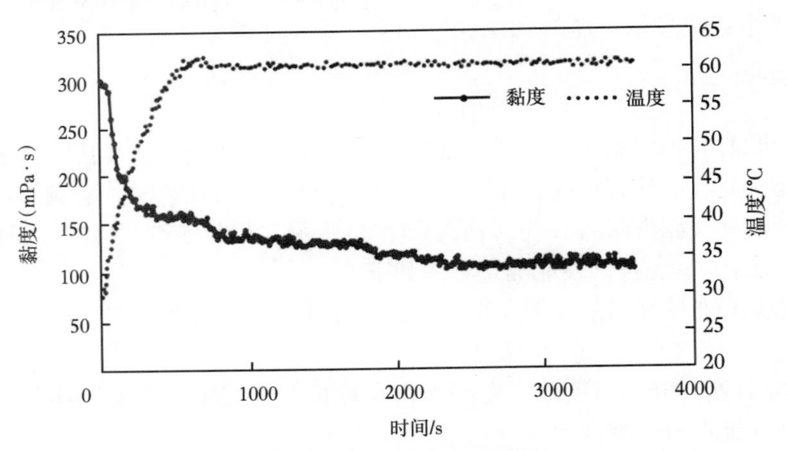

图 4.8 优选的压裂液的耐温耐剪切曲线

由图 4.8 可以看出，该压裂液初始黏度为 300mPa · s 左右，在剪切速率为 $170s^{-1}$ 下剪切 60min 后，黏度为 100mPa · s 左右，满足压裂施工的要求。

(4)静态滤失性能评价。

按实验方法对该压裂液静态滤失性进行测定，将累计滤失量与时间的平方根作图(图 4.9)：

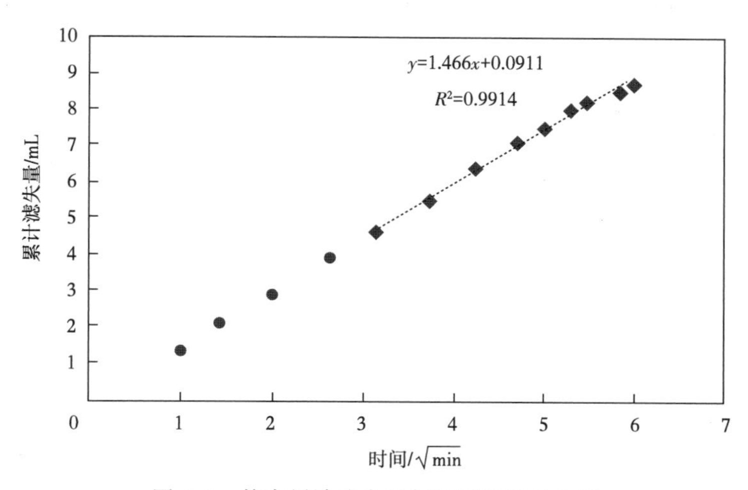

图 4.9 静态累计滤失量与时间的关系曲线

从图 4.9 中可以看出，若用全部数据拟合，该直线与纵坐标的截距为负值，所以用 9min 后的测试数据拟合并计算得到压裂液静态滤失各参数见表 4.15：

表 4.15 压裂液静态滤失性能参数表

滤失系数/($m/\sqrt{min}$)	滤失速度/(m/min)	初滤失量/(m^3/m^2)
2.31×10^{-4}	4.37×10^{-5}	2.88×10^{-3}

从表 4.15 中可以看出滤失系数满足行业标准不大于 $1.0\times1.0^{-3}m/\sqrt{min}$ 的要求；滤失速度满足行业标准不大于 $1.5\times10^{-4}m/min$ 的要求；初滤失量满足行业标准不大于$5.0\times10^{-2}m^3/m^2$ 的要求。

（5）动态滤失性能评价。

按实验方法对岩心 18-2 进行压裂液动态滤失性测定，将累计滤失量与时间的平方根作图（图 4.10）：

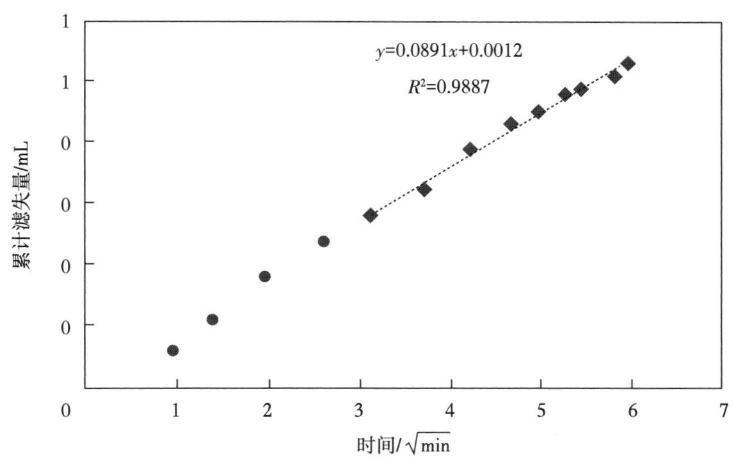

图 4.10 动态累计滤失量与时间的关系曲线

从图 4.10 中可以看出，若用全部数据拟合，该直线与纵坐标的截距为负值，所以用 9min 后的测试数据拟合并计算得到压裂液静态滤失各参数如见表 4.16：

表 4.16 压裂液动态滤失性能参数表

滤失系数/($m/\sqrt{min}$)	滤失速度/(m/min)	初滤失量/(m^3/m^2)
9.07×10^{-5}	1.71×10^{-5}	2.40×10^{-4}

从表 4.16 中可以看出滤失系数远小于行业标准不大于 $9.0\times10^{-3}m/\sqrt{min}$ 的要求；滤失速度远小于行业标准不大于 1.5×10^{-3} m/min 的要求；初滤失量远小于行业标准不大于 $5.0\times10^{-2}m^3/m^2$ 的要求。

(6) 破胶性能评价。

该压裂液破胶时间、破胶液黏度、残渣含量、破胶液界面张力测定结果见表 4.17：

表 4.17 压裂液破胶性能对比

压裂液	破胶时间/min	破胶液黏度/mPa·s	残渣含量/mg/L	界面张力/mN/m
现用配方	90	2.53	485	19.76
改进配方	120	1.93	212	18.50

从表 4.17 中可以看出，破胶液黏度为 1.93mPa·s，满足石油行业标准 SY/T 6376—2008《压裂液通用条件》不大于 5.0mPa·s 的要求，比现用配方的略低，破胶较彻底；残渣含量为 212mg/L，与现用配方相比，降低约 56%，有效减少对地层的伤害；因为此配方没加入助排剂，测得其与煤油的界面张力为 18.50mN/m。该压裂液破胶液的黏度、残渣含量均处在较低水平。

(7) 压裂液滤液对岩心伤害评价。

选取了两块致密砂岩岩心按照实验方法进行压裂液滤液对岩心基质渗透率伤害率的评价，测试计算结果见表 4.18。

表 4.18 压裂液滤液对岩心伤害测定结果

岩心编号	直径/cm	长度/cm	气测渗透率/$10^{-3}\mu m^2$	孔隙度 ϕ/%	液测渗透率/$10^{-3}\mu m^2$		渗透率伤害率/%
					伤害前 K_1	伤害后 K_2	
23-5	2.517	8.022	0.018	6.39	0.00201	0.00168	16.42
19-7	2.523	5.510	0.087	8.13	0.01045	0.00881	15.69

从测试结果可以看出，压裂液滤液对岩心基质渗透率伤害率平均为 16.06%，与现用配方的伤害率相差无几，主要是因为两者的滤液成分几乎相同。

(8)压裂液动态滤失对岩心伤害评价。

选取了两块岩心按照实验方法进行压裂液动态滤失对岩心基质渗透率伤害率评价，测试计算结果见表 4.19。

表 4.19 压裂液动态滤失对岩心伤害测定结果

岩心编号	直径/cm	长度/cm	气测渗透率/$10^{-3}\mu m^2$	孔隙度 ϕ/%	液测渗透率/$10^{-3}\mu m^2$		渗透率伤害率/%
					伤害前 K_1	伤害后 K_2	
25-10	2.521	5.999	0.022	6.29	0.00274	0.00197	28.10
18-2	2.495	6.590	0.091	8.50	0.01048	0.00757	27.77

从测试结果可以看出，压裂液动态滤失对岩心基质渗透率伤害率平均为27.93%，略低于现用配方。

(9)破胶液滤液对岩心伤害评价。

选取了两块岩心按照实验方法进行破胶液滤液对岩心基质渗透率伤害率的评价，测试计算结果见表4.20。从测试结果可以看出，破胶液滤液对岩心基质渗透率伤害率平均为14.88%，略低于现用配方的值，主要是因为过滤掉残胶和残渣后，两者的破胶液滤液成分几乎相同，优选的压裂液的破胶液黏度稍低。

表 4.20 破胶液滤液对岩心伤害测定结果

岩心编号	直径/cm	长度/cm	气测渗透率/$10^{-3}\mu m^2$	孔隙度 ϕ/%	液测渗透率/$10^{-3}\mu m^2$		渗透率伤害率/%
					伤害前 K_1	伤害后 K_2	
3-7	2.547	6.665	0.024	6.26	0.00273	0.00232	15.02
1-4	2.516	6.046	0.093	7.97	0.01099	0.00937	14.74

(10)破胶液动态滤失对岩心伤害评价：选取了两块岩心按照实验方法进行破胶液动态滤失对岩心基质渗透率伤害率评价，测试结果见表4.21。

表 4.21 破胶液动态滤失对岩心伤害测定结果

岩心编号	直径/cm	长度/cm	气测渗透率/$10^{-3}\mu m^2$	孔隙度 ϕ/%	液测渗透率/$10^{-3}\mu m^2$		渗透率伤害率/%
					伤害前 K_1	伤害后 K_2	
7-10	2.554	7.316	0.023	6.90	0.00275	0.00222	19.27
5-10	2.545	7.156	0.098	8.77	0.01123	0.00911	18.88

从测试结果可以看出，破胶液动态滤失对岩心基质渗透率伤害率平均为19.08%，与现用配方相比，降低约23.8%，说明破胶液黏度的降低和残渣含量的减少，起到了降低伤害的作用。

(1)将破胶剂P8与降解剂M2有机复配进行L16(4^5)正交实验，对比压裂液的耐温耐剪切性、破胶液黏度以及残渣含量，得到各主控因素对破胶降解剂作用效果的影响程度大小排序为：温度>pH值>破胶剂浓度>降解剂浓度>矿化度，低伤害不返排瓜尔胶压裂液体系最佳适用温度为60℃，矿化度为40000mg/L，pH值为9.0，交联比为100:10时，破胶剂和降解剂最优使用浓度分别为0.06%、0.007%。

(2)依据正交实验结果，对低伤害不返排瓜尔胶压裂液体系进行性能评价，其交联时间为31s，端面沉降速度平均为0.0113cm/s，静动态滤失系数分别为2.31×10^{-4} m/$\sqrt{\min}$、

9.07×10^{-5} m/$\sqrt{\text{min}}$，均满足行业标准要求；破胶时间为120min；因其中没有加入破乳助排剂，破胶液与煤油的界面张力为18.50mN/m；改进压裂液的破胶液黏度为1.93mPa·s，与现用配方的破胶液黏度相比降低约23.7%，残渣含量为212mg/L，与现用配方的残渣含量相比降低约56%，改进体系的压裂液滤液、压裂液动态滤失以及其破胶液滤液对岩心基质渗透率伤害率分别为16.06%、27.93%、14.88%，均略低于现用配方的伤害，破胶液动态滤失对岩心基质渗透率伤害率为19.08%，与现用配方的伤害率相比，降低约23.8%，为压裂液焖井工艺的实施提供了技术支撑。

4.4 高效破胶降解剂体系作用机理研究

破胶剂P8与生物酶降解剂M2可有效降低瓜尔胶滑溜水压裂液破胶液黏度和残渣含量，从而进一步降低压裂液对岩心的伤害，改善了压裂液性能。本节通过分析分子量和残渣粒径，拟对破胶降解剂体系作用机理进行研究。

4.4.1 实验仪器与药剂

主要实验仪器：流变仪、精密电子天平、循环恒温水浴、定时电动搅拌器、台式离心机、乌氏黏度计、电热恒温鼓风干燥箱、激光粒度分析仪(Bettersize2000)等、凝胶渗透色谱仪(1515/515)。

实验药品：有羟丙基瓜尔胶G-3、有机硼J-3、无水碳酸钠、过硫酸铵、氯化钾、杀菌剂YCS-1、无水亚硫酸钠、辅剂FJH-1、BAT-2和氯化钠等。

4.4.2 实验内容

配方1为基液，配方2为不加破胶剂的压裂液，配方3压裂液的破胶剂为过硫酸铵，配方4压裂液的破胶剂为破胶剂作用效果评价实验中优选出的P8，配方5压裂液的破胶剂为降解剂作用效果评价实验中优选出的M2，配方6压裂液的破胶剂为正交实验中优选出的破胶剂体系。通过对比配方2-6的破胶液的黏度和残渣含量，对比配方1溶液和2-6的破胶液的分子量、残渣粒径，分析破胶、降解剂作用机理。

压裂液破胶温度为60℃。配方中所用到的稠化剂为羟丙基瓜尔胶G-3、交联剂为有机硼J-3、pH调节剂为碳酸钠、黏土稳定剂为氯化钾、杀菌剂为YCS-1、矿化度调节剂为氯化钠。

配方1：基液：0.30%稠化剂+pH调节剂(pH=7.5)+1.00%黏土稳定剂+0.10%杀菌剂。

配方2：基液：0.30%稠化剂+pH调节剂(pH=7.5)+1.00%黏土稳定剂+0.10%杀菌剂；交联液：3.50%交联剂；交联比：100:10。

配方3：基液：0.30%稠化剂+pH调节剂(pH=7.5)+1.00%黏土稳定剂+0.10%杀菌剂；交联液：3.50%交联剂+0.07%过硫酸铵；交联比：100:10。

配方4：基液：0.30%稠化剂+pH调节剂(pH=7.5)+1.00%黏土稳定剂+0.10%杀菌剂；交联液：3.50%交联剂+0.07%P8；交联比：100:10。

配方5：基液：0.30%稠化剂+pH调节剂(pH=7.5)+1.00%黏土稳定剂+0.10%杀菌剂；

交联液：3. 50%交联剂+0. 01%m^2；交联比：100:10。

配方6：基液：0. 30%稠化剂+pH调节剂(pH=9. 0)+1. 00%黏土稳定剂+0. 10%杀菌剂+矿化度调节剂(40000mg/L)；交联液：3. 50%交联剂+0. 06%P8+0. 07%m^2；交联比：100:10。

4. 4. 3 实验原理与步骤

凝胶渗透色谱仪测试基本原理：凝胶渗透色谱(GPC)法是一种液相色谱法，是利用聚合物溶液通过填充有微孔凝胶的柱子把聚合物按照流体力学体积的不同进行分离的方法。GPC色谱柱装填的是多孔性凝胶(如最常用的高度交联聚苯乙烯凝胶)或多孔微球(如多孔硅胶和多孔玻璃球)，它们的孔径大小有一定的分布，并与待分离的聚合物分子尺寸可相比拟。GPC仪工作流程图如图4. 11所示。

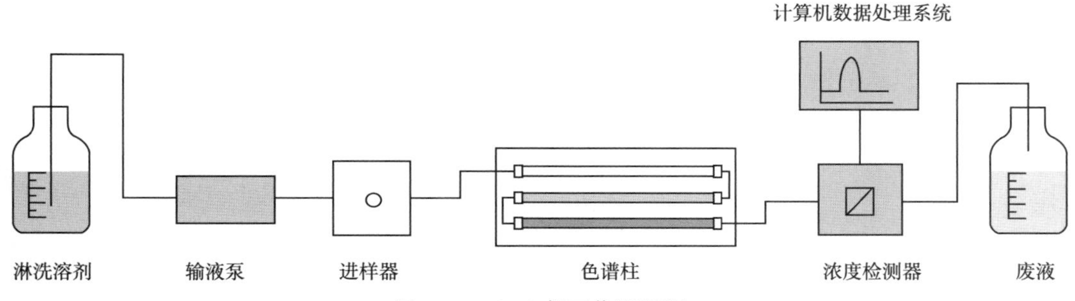

图4. 11 GPC仪工作流程图

当被分析的样品通过输液泵随着流动相以恒定的流量进入色谱柱后，体积比凝胶孔穴尺寸大的高分子不能渗透到凝胶孔穴中而受到排斥，只能从凝胶粒间流过，最先流出色谱柱，即其淋出体积(或时间)最小；中等体积的高分子可以渗透到凝胶的一些大孔中而不能进入小孔，比体积大的高分子流出色谱柱的时间稍后、淋出体积稍大；体积比凝胶孔穴尺寸小得多的高分子能全部渗透到凝胶孔穴中，最后流出色谱柱、淋出体积最大。因此，聚合物的淋出体积与高分子的体积即分子量的大小有关，分子量越大，淋出体积越小。分离后的高分子按分子量从大到小被连续的淋洗出色谱柱并进入浓度检测器。

浓度检测器不断检测淋洗液中高分子级分的浓度。常用的浓度检测器为示差折光仪，其浓度响应是淋洗液的折光指数与纯溶剂(淋洗溶剂)的折光指数之差，由于在稀溶液范围内，与溶液浓度成正比，所以直接反映了淋洗液的浓度即各级分的含量。

在实验时，同时检测色谱柱淋洗液的体积和浓度，即可得到高聚物的重量对淋洗体积的分布曲线。如果把淋洗体积 V_e 转换成分子量 M 就成了分子量分布曲线。为了将 V_e 转换成 M，要借助GPC校正曲线。实验证明在多孔填料的渗透极限范围内 V_e 和 M 有如下关系：

$$\ln M = A - BV_e \tag{4.1}$$

其中，A、B 为与聚合物、溶剂、温度、填料及仪器有关的常数。

用一组已知分子量的单分散性标准试样，在与未知试样相同的测试条件下得到一系列GPC谱图，然后用 $\ln M$ 对 V_e 作图，可得GPC校正曲线。

有了校正曲线，即可根据 V_e 读得相应的分子量。一种聚合物的 GPC 校正曲线不能用于另一种聚合物，因而用 GPC 测定某种聚合物的分子量时，需先用该种聚合物的标样测定校正曲线。但是除了聚苯乙烯、聚甲基丙烯酸甲酯等少数聚合物的标样以外，大多数的聚合物的标样不易获得，多数时候只能借用聚苯乙烯的校正曲线，因此测得的分子量 M 值有误差，只具有相对意义。

用 GPC 方法不但可以得到分子量分布，还可以根据 GPC 谱图求算平均分子量和多分散系数，特别是当今的 GPC 仪都配有数据处理系统，可与 GPC 谱图同时给出各种平均分子量和多分散系数，无须人工处理。

(1)分子量测试实验步骤。

①流动相过滤、真空脱气后，加入流动相瓶中；

②将待测样品过滤后置于样品瓶中；

③打开计算机，依次打开泵、示差折光检测器、柱温箱；

④启动泵，从抽液阀排管路气泡，向右打开参比阀，设定流速排赶泵内气泡，大约 3min 后停止，将参比阀向左关闭；

⑤启动示差折光检测器，在检测器面板上设定好温度，平衡系统，直到 LCD 显示稳定；

⑥开始测试，输入样品组名称，然后下一步，将进样器把手扳到“LOAD”位，用进样注射器吸取样品，注意排除气泡，并匀速注入进样器，电脑上出现提示“等待进样”，这时将进样器把手扳到“INJECT”位，进样完成，在电脑数据系统的窗口上观察 GPC 曲线，测试结束导出数据；

⑦实验结束，清洗进样器，关闭检测器，关闭柱温箱，关泵等。

激光粒度分析仪测量基本原理：激光粒度仪是根据颗粒能使激光产生散射这一物理现象测试粒度分布的。由于激光具有很好的单色性和极强的方向性，所以一束平行的激光在没有阻碍的无限空间中将会照射到无限远的地方，并且在传播过程中很少有发散的现象。当光束遇到颗粒阻挡时，一部分光将发生散射现象。散射光的传播方向将与主光的传播方向形成一个夹角 θ。散射理论和结果证明，散射角 θ 的大小与颗粒的大小有关，颗粒越大，产生的散射光的 θ 角就越小；颗粒越小，产生的散射光的 θ 角就越大。

激光粒度仪经典的光路由发射部分、接收和测量窗口等三部分组成。发射部分由光源和光束处理器件组成，主要是为仪器提供单色的平行光作为照明光。接收器是仪器光学结构的关键。测量窗口主要是让被测样品在完全分散的悬浮状态下通过测量区，以便仪器获得样品的粒度信息。

接收器由傅里叶选镜和光电探测器阵列组成。所谓傅里叶选镜就是针对物方在无限远，像方在后焦面的情况消除像差的选镜。激光粒度仪的光学结构是一个光学傅里叶变换系统，即系统的观察面为系统的后焦面。由于焦平面上的光强分布等于物体(不论其放置在透镜前的什么位置)的光振幅分布函数的数学傅里叶变换的模的平方，即物体光振幅分布的频谱。激光粒度仪将探测器放在透镜的后焦面上，因此相同传播方向的平行光将聚焦在探测器的同一点上。据测器由多个中心在光轴上的同心圆环组成，每一环是一个独立的探测单元。这样的探测器又称为环形光电探测器阵列，简称光电探测器阵列。

激光器发出的激光束经聚焦、低通滤波和准直后，变成直径为 8~25 mm 的平行光，平行光束照到测量窗口内的颗粒后发生散射。散射光经过傅里叶透镜后，同样散射角的光被聚焦到探测器的同一半径上。一个探测单元输出的光电信号就代表一个角度范围（大小由探测器的内、外半径之差及透镜的焦距决定）内的散射光能量，各单元输出的信号就组成了散射光能的分布。尽管散射光的强度分布总是中心大、边缘小，但是由于探测单元的面积总是里面小、外面大，所以测得的光能分布的峰值一般是在中心和边缘之间的某个单元上。当颗粒直径变小时，散射光的分布范围变大，光能分布的峰值也随之外移。所以不同大小的颗粒对应于不同的光能分布，反之由测得的光能分布就可推算样品的粒度分布。

（2）残渣粒径测试实验步骤。

①将配方 1 溶液和其余各配方的破胶液准备好待用；

②将激光粒度分析仪开机预热 15~20min；

③运行颗粒粒径测量分析系统；

④在测试界面输入要测试的样品编号；

⑤点击进液，循环泵打开，分散介质自动进入样品池，进液完成自动停止；

⑥点击测试，超声和搅拌打开，将适量样品缓缓倒入样品池中，使样品分散均匀，测试结束，测试界面显示结果，保存并导出测试结果；

⑦打开排水阀，被测液排放干净后关闭排水阀，进液进行清洗，进行下一个实验，直至实验结束关闭机器。

4.4.4 实验结果与讨论

（1）破胶液黏度、残渣含量对比。

基于实验设计内容，分别测定了配方 2 至配方 6 不同压裂液的破胶液黏度与残渣含量，具体结果如表 4.22 和图 4.12、图 4.13 所示：

表 4.22 不同配方的破胶液黏度、残渣含量对比表

配方编号	2	3	4	5	6
破胶液黏度/(mPa·s)	9.94	2.40	1.49	4.09	1.93
残渣含量/(mg/L)	872	467	325	252	212

有机硼为交联剂的压裂液的配方 2 具有自主破胶的能力，但是其破胶液的黏度和残渣含量都远高于其余配方；氧化破胶剂与生物酶相比，氧化破胶剂降低破胶液黏度的能力更强，生物酶降解剂降低破胶液残渣含量的能力更强；配方 6 中氧化破胶剂 P8 和降解剂 M2 复配使用，其破胶液残渣含量比其余配方均低，表现出很好地降低破胶液残渣含量的效果，破胶液黏度比配方 4 稍高，但此黏度已足够满足现场要求。

（2）不同配方分子量测试结果。

基于实验设计内容，分别测定了配方不同压裂液的破胶液内的平均分子量情况，结果如图 4.14 所示。

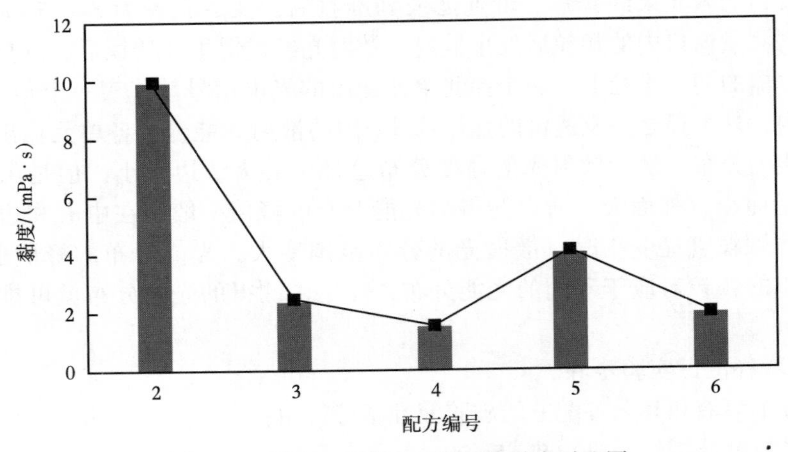

图 4.12　配方 2 至配方 6 破胶液黏度对比图

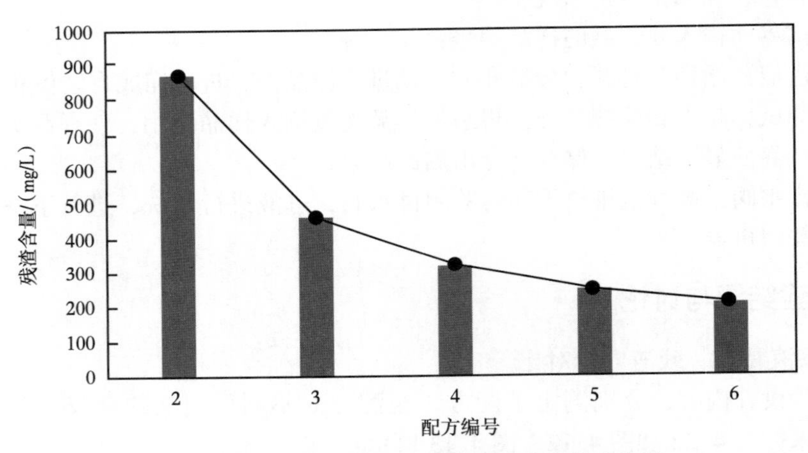

图 4.13　配方 2 至配方 6 破胶液残渣含量对比图

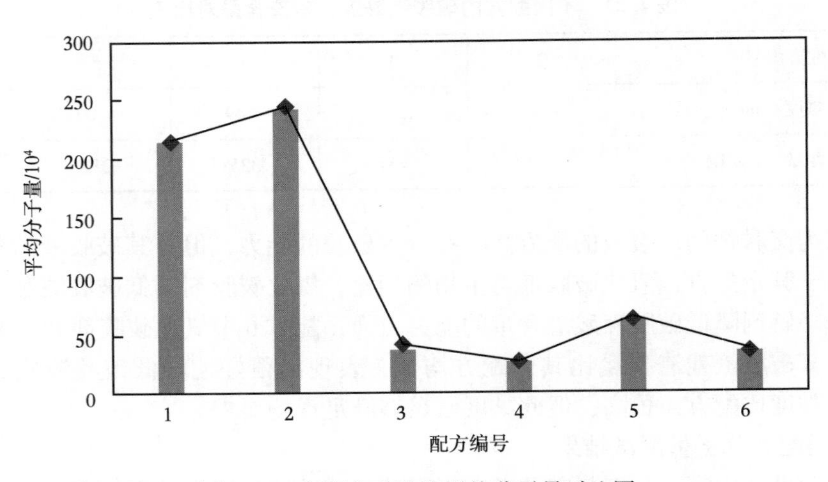

图 4.14　各配方破胶液平均分子量对比图

从图4.14可以看出，配方2中没有加入破胶剂，其破胶液中瓜尔胶平均分子量是最大的；配方5中加入的是生物酶M2，其破胶液中瓜尔胶平均分子量比配方2的小；配方3和4中加入的是氧化破胶剂，其破胶液中瓜尔胶平均分子量均比配方5的小，且以P8为破胶剂的配方4破胶液中瓜尔胶平均分子量小于以过硫酸铵为破胶剂的配方3的，配方4破胶液中瓜尔胶平均分子量最小，为26.5×10^4；配方6中将氧化破胶剂P8和生物酶M2复配使用，其破胶液中瓜尔胶平均分子量介于配方3的和配方4的中间，为35.1×10^4。这一结论与破胶液黏度的结论一致，说明了破胶液黏度大小与其中的瓜尔胶平均分子量大小有一定的正相关性。

(3)残渣粒径测试结果。

基于实验设计内容，分别测定了配方不同压裂液的破胶液内的残渣粒径中值情况，结果如图4.15所示。

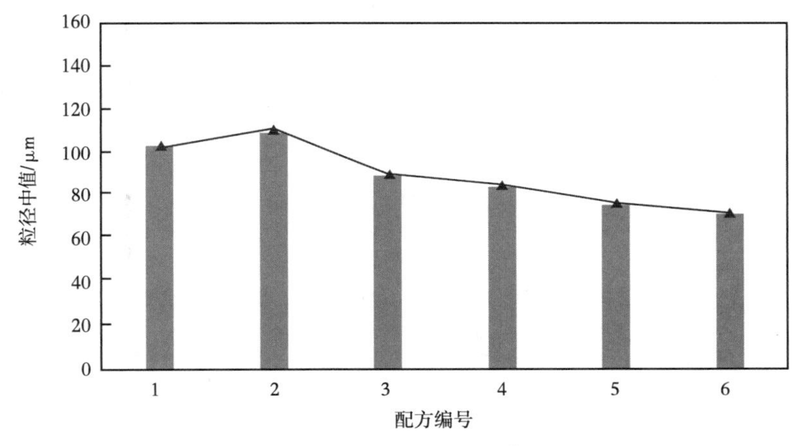

图4.15 各配方残渣粒径中值对比图

从图4.15可以看出，配方2中没有加入破胶剂，其残渣粒径中值是最大的；配方3和4中加入的是氧化破胶剂，其残渣粒径中值均比配方2的小，且以P8为破胶剂的配方4的残渣粒径中值略小于以过硫酸铵为破胶剂的配方3的；配方5中加入的是生物酶M2，其残渣粒径中值比加入氧化破胶剂的残渣粒径中值小；配方6中将氧化破胶剂P8和生物酶M2复配使用，其残渣粒径中值最小，为71.48μm，且HL区块长6致密储层孔隙中值半径平均为0.19μm，最大为0.26μm，残渣粒径中值远远大于孔隙直径，残渣颗粒进入基质的概率较小。这一结论与破胶液残渣含量的结论一致，说明了破胶液残渣含量多少与其中的粒径大小具有正相关性。

通过测定不加破胶剂、破胶剂为过硫酸铵、破胶剂为P8、降解剂为M2、破胶剂为P8和M2复配的压裂液破胶液的分子量和残渣粒径，结合破胶液黏度和残渣含量，分析得到：破胶液黏度大小与其中的瓜尔胶平均分子量大小有一定的正相关性；破胶液残渣含量多少与其中的粒径大小有一定的正相关性；氧化破胶剂与生物酶相比，氧化破胶剂降低破胶液黏度的能力更强，生物酶降解剂降低破胶液残渣含量的能力更强。

4.5 常规瓜尔胶压裂液与低伤害瓜尔胶压裂液渗吸性能研究

基于前期建立的低伤害、低残渣压裂液体系，本节进一步研究对比了其与常规瓜尔胶体系压裂液的渗吸排油性能。在实际生产中，压裂液破胶液体系渗吸的环境是高压环境，而目前的渗吸研究多针对的是常压条件下的自发渗吸，与破胶液的实际渗吸环境有较大差距。因此本实验同时重点开展了不同围压条件下常规瓜尔胶压裂液与低伤害低残渣瓜尔胶压裂液的破胶液渗吸性能评价实验。

4.5.1 实验材料及实验设备

实验材料：鄂尔多斯盆地 HL 区块天然岩心、煤油、脱水原油、蒸馏水、配制好的常规压裂液和低伤害压裂液破胶液滤液、苯、乙醇和 KCl 等。

实验用模拟油、水以 1:4 的配制比例将原油与煤油进行混合得到实验用模拟油（20℃室温时的黏度和密度分别为 6.98mPa · s 和 0.8118g/cm³），按地层水成分配制实验用模拟地层水（20℃室温时的密度和矿化度分别为 1.012g/cm³ 和 40000mg/L）。

实验设备：岩心钻取机、洗油仪、孔隙度测试仪、渗透率测试仪、真空饱和装置、岩心驱替装置、带压渗吸设备、橡胶管和岩心切割器等。

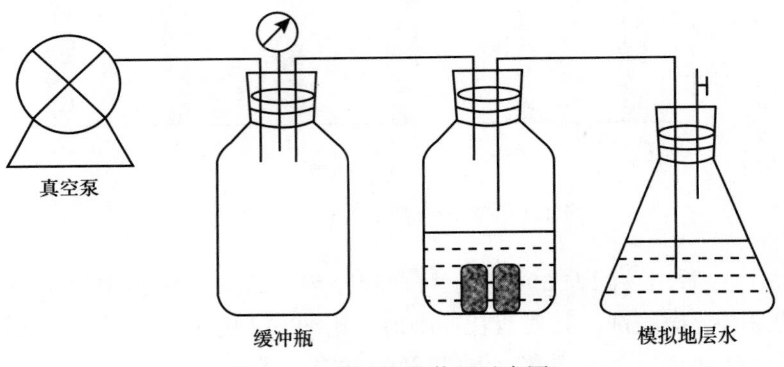

图 4.16 真空饱和装置示意图

4.5.2 实验方法及实验步骤

实验方法：根据渗吸前后岩心的质量变化与油水两相的密度差计算渗吸采油量从而计算采收率。而体积法计算渗吸采收率是通过直观观察到的渗吸采油量与饱和油量的比值，但是高压渗吸在高压密闭环境下，无法直观观察到渗吸采油量，因此本实验采用质量法计算渗吸采出程度。

实验步骤：

(1)岩心处理：从鄂尔多斯盆地 HL 致密油区块现场岩心块上用钻取机钻取实验备用岩心，切割打磨成直径为 2.5cm 左右、长度为 6cm 左右的圆柱状标准实验岩心，以 3:1 比例将苯与乙醇混合清洗岩心不低于 72h，观察岩心室液柱没有杂质为止，烘干备用，如图 4.17 至图 4.19 所示。

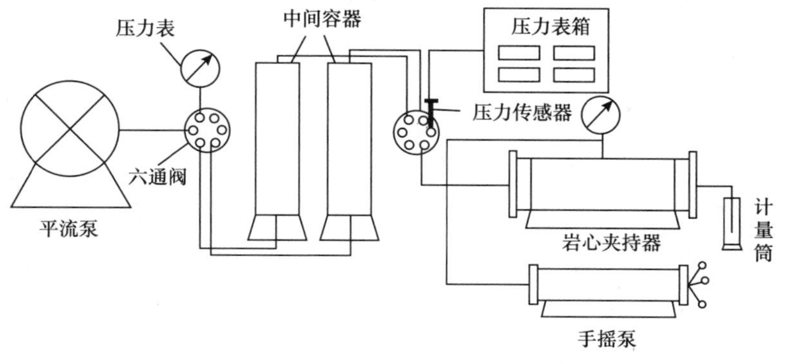

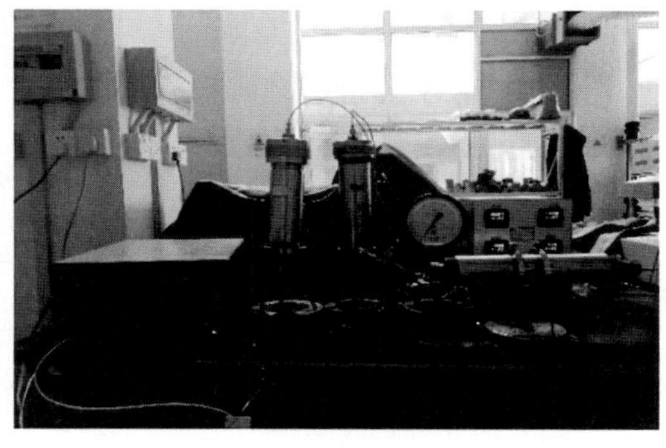

图 4.17　实验室岩心驱替装置

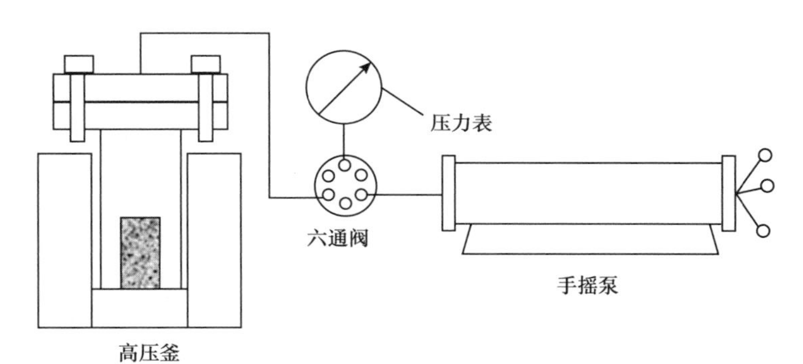

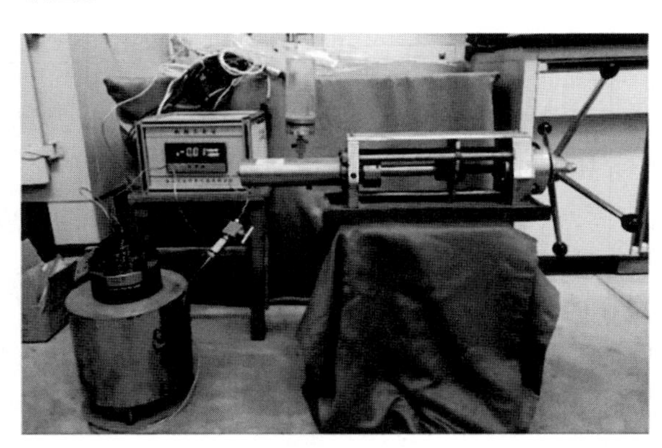

图 4.18　实验室带压渗吸实验设备

图 4.19　岩心处理流程

(2)孔隙度、渗透率测定：依据标准 SY/T 5336—2006《岩心分析方法》对烘干后的岩心测定孔隙度和渗透率，挑选出实验用岩心，相关参数见表 4.23。

表 4.23　实验用岩心参数

岩心编号	直径/cm	长度/cm	孔隙度/%	渗透率/10^{-3} μm^2	束缚水饱和度/%
2-1	2.502	6.025	9.07	0.081	40.34
2-2	2.508	6.022	8.86	0.085	42.02
2-3	2.516	6.058	8.02	0.088	41.25
2-4	2.521	5.996	7.98	0.082	39.90
2-5	2.489	6.002	7.28	0.092	41.85
2-6	2.508	6.046	8.73	0.089	42.73
2-7	2.496	6.005	9.12	0.092	38.86
2-8	2.510	6.052	8.54	0.091	41.56
2-9	2.503	6.018	8.26	0.080	39.64
2-10	2.495	6.021	7.62	0.086	42.21

(3)模拟地层饱和油、造束缚水：将筛选出的实验用岩心放入真空饱和装置，打开真空泵使装置内压力为-0.1 MPa，持续 24 h，关闭真空泵饱和地层水，然后用岩心驱替装置进行油驱水饱和油、造束缚水，注入模拟油 5PV，待出口端出油量稳定后停泵，测量排出水体积 ΔV，进行 10h 老化处理。

(4)渗吸实验：将饱和油老化处理完的岩心取出，用棉纱去除岩心壁面上的浮油，称其质量记为 m_0，快速置于高压渗吸装置，将对应的破胶液滤液倒入高压釜至装置口，用凡士林密封高压釜装置口，防止进入空气，连接好管线，将岩心用手摇泵分别加压到对应的围压。

(5)实验结束：待一定的时间间隔，将高压渗吸装置泄压，取出岩心，用棉纱去除岩心表面的残余液体，迅速称量其渗吸后岩心的质量 m_i。

(6)记录结果：重复步骤(4)和步骤(5)，直至时间足够长，且岩心质量长时间几乎不发生变化，则实验结束，存在围压时的渗吸采出程度计算式为：

$$\eta=\frac{m_i-m_0}{(\rho_f-\rho_o)\ \Delta V}\times100\% \tag{4.2}$$

式中 ρ_f——实验用破胶液滤液密度，g/cm³；

ρ_o——实验用模拟油密度，g/cm³。

4.5.3 实验结果及分析

利用选取的实验岩心，分别开展不同围压下常规瓜尔胶压裂液与低伤害无返排瓜尔胶压裂液的平行对比实验，实验结果见表4.24，不同围压下的最终渗吸采收率及渗吸曲线如图4.20至图4.22所示。

表4.24 瓜尔胶压裂液破胶液渗吸性能评价结果

岩心编号	渗吸介质	围压/MPa	饱和油体积/mL	采出程度/%
2-1	常规破胶液	0.101	0.98	14.32
2-2	常规破胶液	2	0.90	16.06
2-3	常规破胶液	5	1.06	18.35
2-4	常规破胶液	8	0.99	19.94
2-5	常规破胶液	10	0.88	20.68
2-6	低伤害破胶液	0.101	0.94	6.84
2-7	低伤害破胶液	2	1.10	7.97
2-8	低伤害破胶液	5	0.96	10.25
2-9	低伤害破胶液	8	0.80	12.63
2-10	低伤害破胶液	10	0.96	13.94

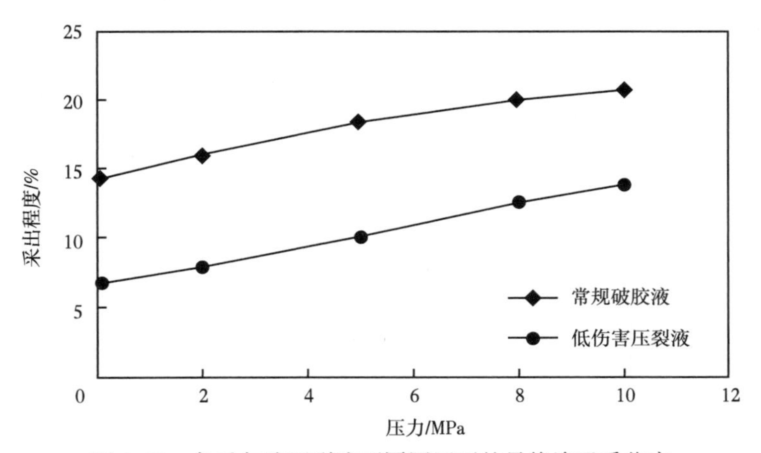

图4.20 各瓜尔胶压裂液不同围压下的最终渗吸采收率

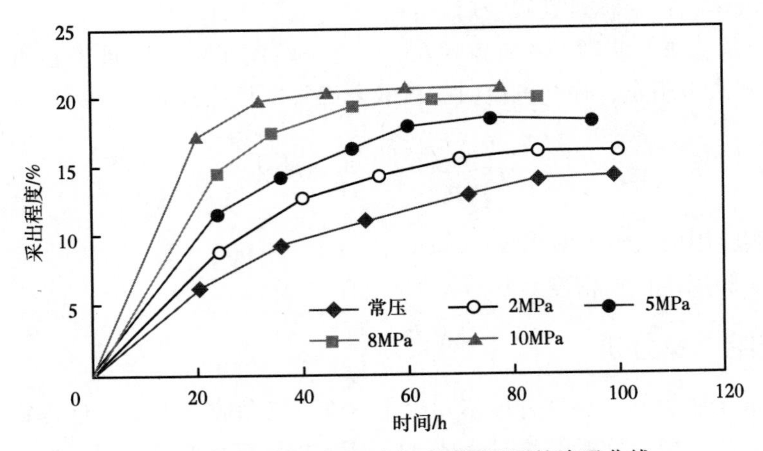

图 4.21　常规瓜尔胶压裂液不同围压下的渗吸曲线

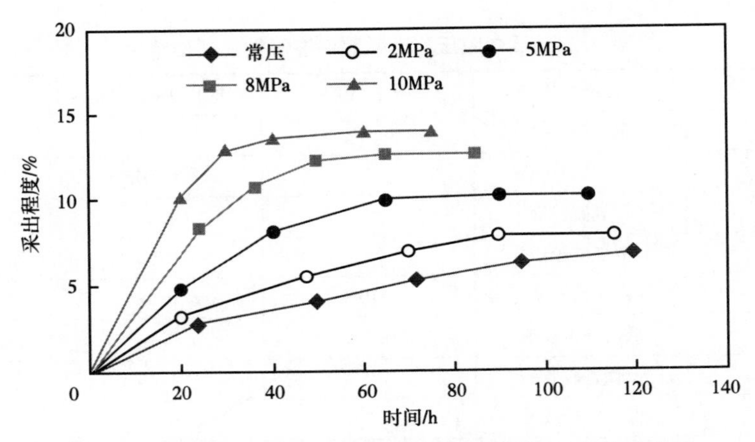

图 4.22　低伤害无返排瓜尔胶压裂液不同围压下的渗吸曲线

由表 4.24 和图 4.20 至图 4.22 可知：(1) 常规压裂液和低伤害压裂液在不同围压下的采出速率有明显的不同，在 0.101～10MPa 的压力范围内，随围压的升高，渗吸采出程度和渗吸速度均明显提高，破胶液渗吸采收率趋于平衡的时间逐渐缩短。(2) 两种瓜尔胶压裂液均有一定的渗吸能力，能够通过渗吸作用采油，但是低伤害瓜尔胶压裂液的渗吸采收率相较于常规瓜尔胶压裂液渗吸采收率处于劣势。(3) 由于致密砂岩自发渗吸作用是油水两相界面及油水与岩石孔道壁面相互作用的结果，而表面活性剂促进岩石润湿反转、降低油水界面张力等主要特性会显著影响破胶液的渗吸效率。常规瓜尔胶压裂液含有一定质量分数的助排剂，主要成分为表面活性剂，降低了破胶液与原油间的界面张力，改善岩石壁面润湿性，减小了原油运移排出的阻力，而低伤害瓜尔胶压裂液由于不需要返排，没有加入助排剂，界面张力显著大于常规压裂液，影响了渗吸性能，因此需要对低伤害无返排瓜尔胶压裂液优选渗吸促进剂。

综上所述，可得出以下结论：

(1) 常规瓜尔胶压裂液和低伤害无返排瓜尔胶压裂液的破胶液均有一定的渗吸能力，

但是低伤害无返排瓜尔胶压裂液的渗吸采收率相较于常规压裂液渗吸采收率处于劣势，主要是由于低伤害无返排压裂液没有加入助排剂，界面张力显著大于常规压裂液，影响了其渗吸性能。

(2)不同围压下压裂液的渗吸采油能力存在显著差异。在 0.101 ~ 10MPa 的压力范围内，随着围压的升高，渗吸采出程度明显提高，渗吸速度也有明显增加，破胶液渗吸采收率趋于平衡的时间逐渐缩短。

4.6　瓜尔胶压裂液渗吸促进剂优选及带压渗吸规律研究

常规瓜尔胶压裂液因加入了助排剂(表面活性剂)改善了破胶液性质，渗吸效果好于低伤害压裂液的破胶液。由于低伤害压裂液不需要进行返排，为提高其焖井滞留期间的渗吸效果，需优选出合适的表面活性剂作为渗吸促进剂以提高渗吸效率。由于阳离子型表面活性剂价格较高、现场应用成本高，所以部分筛选的对象主要针对阴离子型和非离子型表面活性剂。

4.6.1　实验材料及实验设备

实验材料：复合阴离子型磺酸盐类表面活性剂(FSLF-04)、石油磺酸钠、十二烷基苯磺酸钠(SDBS)、十二烷基硫酸钠(SDS)、聚氧乙烯失水山梨醇单油酸酯(Tween 80)、聚氧乙烯失水山梨醇三油酸酯(Tween 85)、辛烷基苯酚聚氧乙烯醚(OP-10)、月桂醇聚氧乙烯醚(AEO-9)和低伤害压裂液破胶液滤液。

实验用油：以 1:4 的配制比例将原油与煤油进行混合得到实验用模拟油(20℃室温时的黏度和密度分别为 6.98mPa · s 和 0.8118g/cm^3)。

实验用水：按地层水成分配制实验用模拟地层水(20℃室温时的密度和矿化度分别为 1.012g/cm^3 和 40000mg/L)。

实验岩心：鄂尔多斯盆地 HL 区块天然岩心。

实验设备：SL200KB 光学法接触角仪(美国科诺工业有限公司)、恒温箱、方形透明测试皿、岩心切割装置、砂纸和注射器等，主要仪器及实验岩心如图 4.23 所示。

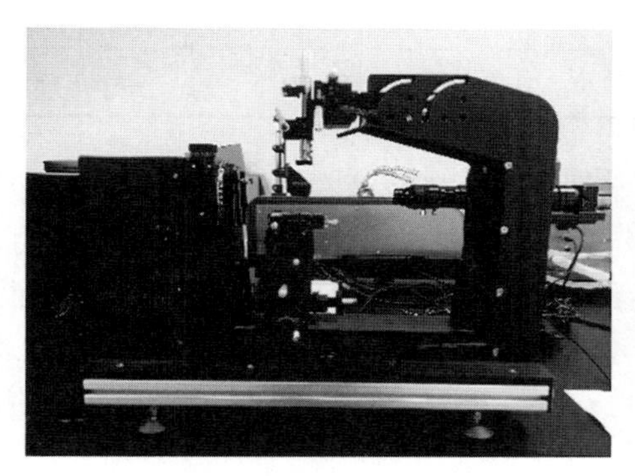

(a)SL200KB光学法接触角测试仪

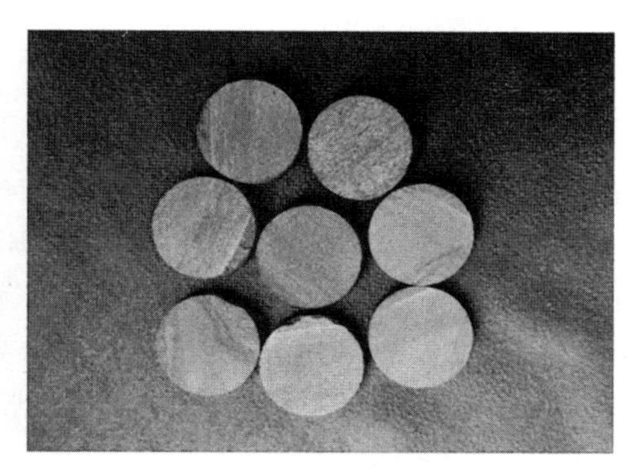

(b)岩心薄片

图 4.23　接触角测试仪及处理后的岩心

4.6.2 实验步骤

(1)岩心处理：将洗净的天然岩心切成0.5cm左右的岩心薄片，用砂纸打磨成两面平整，放入80℃烘箱烘干，处理时间24h；

(2)溶液配制：分别配制上述质量分数为0.2的表面活性剂—破胶液体系，为了便于观察，向配制的溶液中加入微量甲基橙将溶液染色，并进行编号；

(3)接触角测试：将处理后的岩心薄片放入盛有煤油的方形测试皿中，放置于样品台上，调整测试仪使岩石壁面处于摄像画面适当位置，注射器装入破胶液，测试破胶液在岩心上的三相接触角，同理测量不同表面活性剂—破胶液体系在岩心上的三相接触角；

(4)记录结果：测试接触角时，分别滴定岩心的不同位置，求取平均值并记录数据。

4.6.3 实验结果及分析

(1)不同类型表面活性剂对润湿角的影响。

通过接触角实验，分别得到了破胶液以及不同表面活性剂—破胶液体系的接触角，以此评价其改善岩石润湿性能力，具体实验结果见表4.25和图4.24、图4.25。

表4.25 不同渗吸介质接触角测试结果

序号	渗吸介质类型	表面活性剂类型	质量分数/%	接触角/(°)	变化量/(°)
1	破胶液	—	—	95.78	—
2	破胶液+FSLF-04	阴离子型	0.2	50.35	45.43
3	破胶液+石油磺酸钠	阴离子型	0.2	61.25	34.53
4	破胶液+SDBS	阴离子型	0.2	56.52	39.26
5	破胶液+SDS	阴离子型	0.2	49.34	46.44
6	破胶液+Tween 80	非离子型	0.2	74.61	21.17
7	破胶液+Tween 85	非离子型	0.2	70.25	25.53
8	破胶液+OP-10	非离子型	0.2	63.26	32.52
9	破胶液+AEO-9	非离子型	0.2	59.30	36.48

通过三相接触角实验发现，岩石壁面的亲水性较弱，破胶液在岩石壁面的三相接触角较大，而当破胶液中加入表面活性剂后，渗吸介质在岩石壁面的三相接触角均有明显降低，岩石壁面的润湿性发生显著变化，亲水性加强。由图4.25可知，阴离子型表面活性剂—破胶液体系的接触角平均变化量要显著高于非离子型表面活性剂—破胶液体系，润湿反转能力也更好。在选取的8种表面活性剂中，SDS、FSLF-04、SDBS及AEO-9的润湿角改变量最大，促进岩心润湿反转能力较强。

(2)不同类型表面活性剂界面张力测定。

本部分测试了破胶液及8种表面活性剂添加在破胶液体系中的油水界面张力值。具体

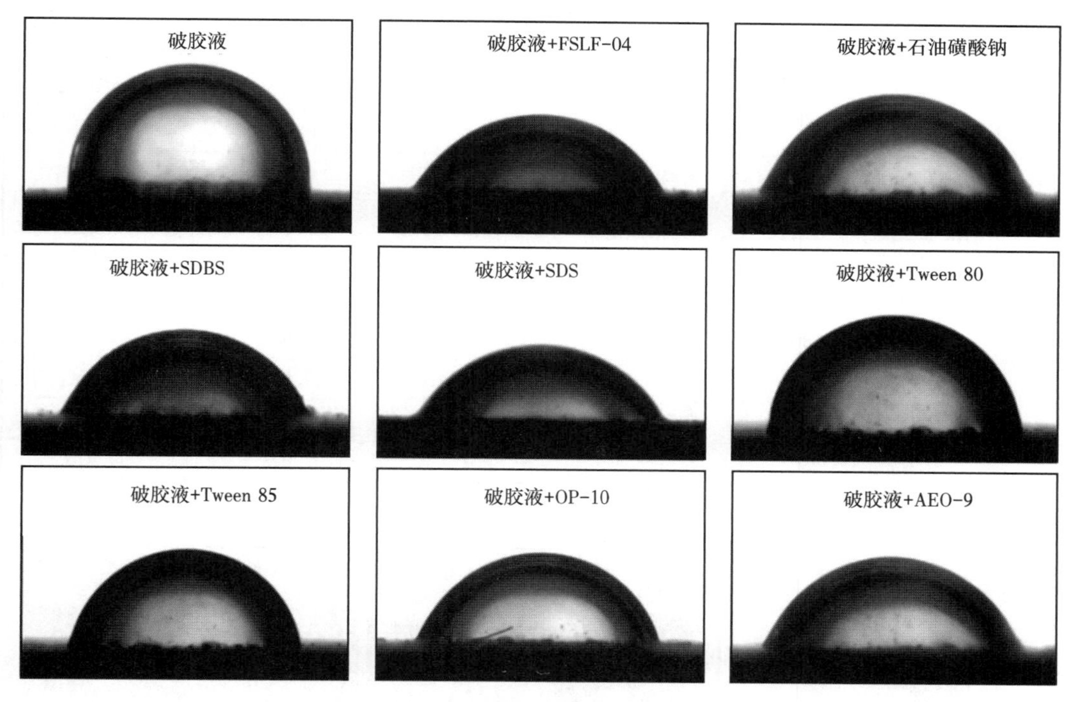

图 4.24　接触角测试结果图

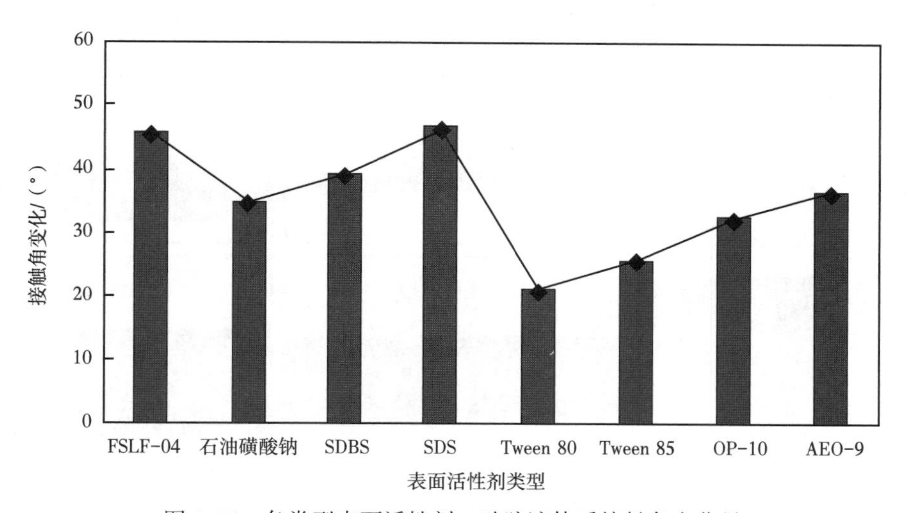

图 4.25　各类型表面活性剂—破胶液体系接触角变化量

实验结果见表 4.26 和图 4.26、图 4.27。

由测试结果可知：破胶液与模拟油间的界面张力较大，约为 18.499mN/m，4 种阴离子型表面活性剂的界面张力变化的平均值为 17.125mN/m，普遍较强，而非离子型表面活性剂在降低界面张力能力上差异较大，Tween 80、Tween 85 在降低界面张力较差，OP-10 和 AEO-9 降低油水界面张力的能力较强。

表 4.26　不同渗吸介质界面张力测试结果

序号	渗吸介质类型	表面活性剂	质量分数/%	界面张力/mN/m	界面张力变化/mN/m
1	破胶液			18.499	
2	破胶液+FSLF-04	阴离子型	0.2	0.832	17.667
3	破胶液+石油磺酸钠	阴离子型	0.2	1.611	16.888
4	破胶液+SDBS	阴离子型	0.2	1.833	16.666
5	破胶液+SDS	阴离子型	0.2	1.222	17.277
6	破胶液+Tween 80	非离子型	0.2	5.603	12.896
7	破胶液+Tween 85	非离子型	0.2	7.533	10.966
8	破胶液+OP-10	非离子型	0.2	0.302	18.197
9	破胶液+AEO-9	非离子型	0.2	1.023	17.476

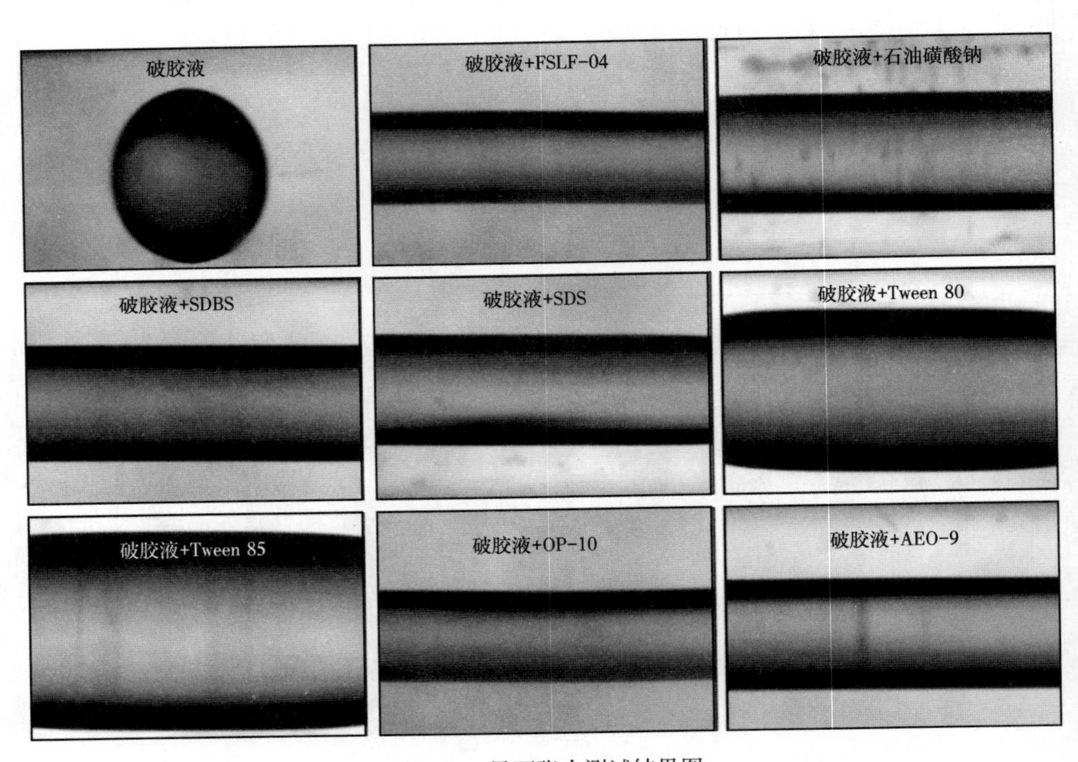

图 4.26　界面张力测试结果图

(3)不同类型表面活性剂—破胶液常压自发渗吸效果评价。

首先利用常压渗吸物理模拟对比实验评价分析了不同类型表面活性剂—破胶液体系的渗吸采油效果，结合接触角测定实验及界面张力测定实验结果分析表面活性剂促进渗吸的作用规律，确定出比较合适的表面活性剂类型，然后进行浓度优选实验，结果表 4.27、表 4.28和图 4.28 所示。

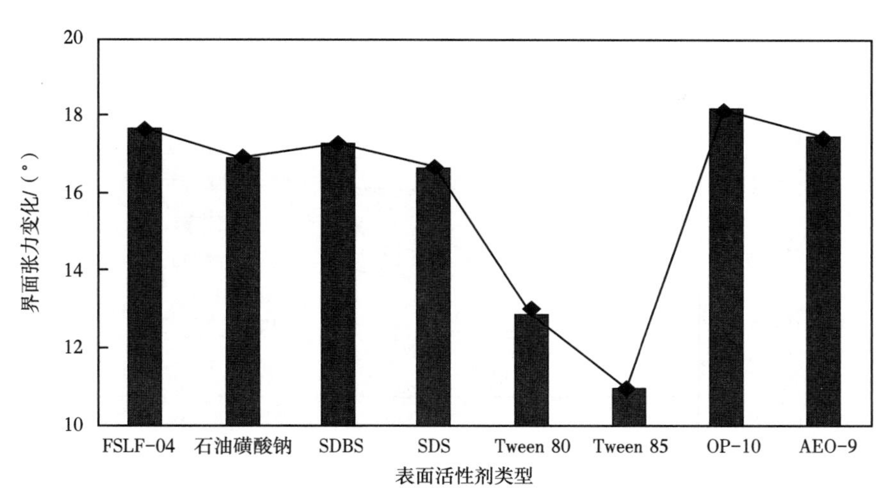

图 4.27 各类型表面活性剂—破胶液体系界面张力变化量

表 4.27 实验岩心参数表

岩心编号	渗吸介质类型	长度/cm	直径/cm	孔隙度/%	渗透率/10^{-3} μm^2
3-1	破胶液	6.082	2.514	7.48	0.086
3-2	破胶液+FSLF-04	6.126	2.502	7.96	0.082
3-3	破胶液+石油磺酸钠	6.015	2.535	8.32	0.082
3-4	破胶液+SDBS	5.928	2.500	8.96	0.095
3-5	破胶液+SDS	6.235	2.518	8.40	0.091
3-6	破胶液+Tween 80	6.088	2.532	8.06	0.089
3-7	破胶液+Tween 85	5.842	2.526	7.24	0.080
3-8	破胶液+OP-10	5.886	2.520	8.94	0.094
3-9	破胶液+AEO-9	6.156	2.508	9.08	0.090

表 4.28 各表面活性剂—破胶液体系常压渗吸测试结果

岩心编号	渗吸介质类型	表面活性剂类型	质量分数/%	饱和油体积/mL	渗吸出油体积/mL	采出程度/%
3-1	破胶液			2.819	0.153	5.44
3-2	破胶液+FSLF-04	阴离子型	0.2	2.623	0.441	16.80
3-3	破胶液+石油磺酸钠	阴离子型	0.2	2.635	0.329	12.50
3-4	破胶液+SDBS	阴离子型	0.2	2.617	0.304	11.62
3-5	破胶液+SDS	阴离子型	0.2	2.298	0.344	14.98
3-6	破胶液+Tween 80	非离子型	0.2	2.554	0.243	9.53
3-7	破胶液+Tween 85	非离子型	0.2	2.684	0.263	9.81
3-8	破胶液+OP-10	非离子型	0.2	2.185	0.318	14.54
3-9	破胶液+AEO-9	非离子型	0.2	2.463	0.419	17.02

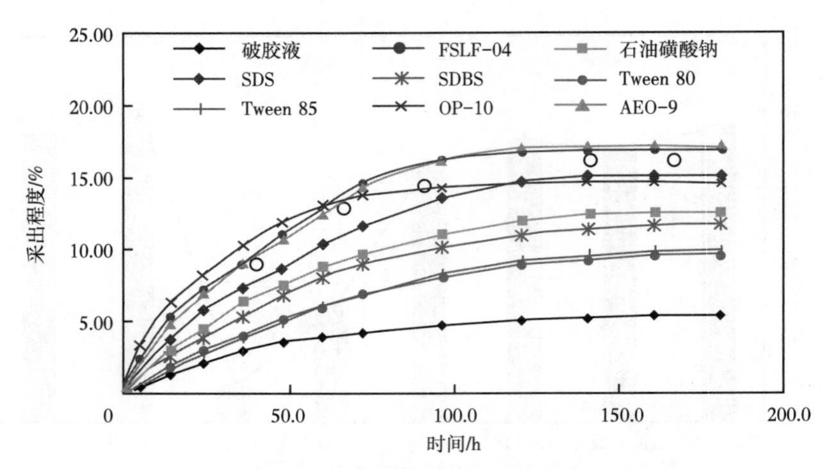

图 4.28　各表面活性剂—破胶液体系的渗吸曲线

通过渗吸效果评价实验可知：表面活性剂可以有效提高渗吸采出程度，类型不同渗吸采收率增加的程度也有所不同。由图 4.28 可知，界面张力较大、润湿反转能力较差的石油磺酸钠、SDBS、Tween 85 及 Tween 80 促进渗吸采收率的程度较低，而界面张力较低、润湿反转能力较强的 FSLF-04、AEO-9、SDS 及 OP-10 促进渗吸采收率的程度较高，并且渗吸速度也明显较快。当界面张力过低(如 OP-10)时，虽然渗吸采出速度快，但是最终采收率并不高，这主要是因为极低的界面张力在促进原油流动和采出的同时也减小了作为渗吸动力的毛细管力，使得最终的采出程度并不高。综合接触角实验、界面张力实验及渗吸效果评价实验结果，选取 FSLF-04、AEO-9 及 SDS 进一步进行表面活性剂浓度的优选实验。

(4)增渗剂浓度优化。

通过接触角测定、界面张力测定实验及不同表面活性剂—破胶液体系的常压自发渗吸效果评价实验的结果，利用高压渗吸实验装置，以岩石样品渗吸采出程度为评价指标，依次对选取的 FSLF-04、AEO-9 及 SDS 三种表面活性剂进行浓度优选。实验岩心参数见表 4.29，实验结果如图 4.29 所示。

表 4.29　实验岩心参数表

岩心编号	渗吸介质类型	长度/cm	直径/cm	孔隙度/%	渗透率/10^{-3} μm^2
3-10	破胶液+FSLF-04	6.256	2.512	8.56	0.089
3-11	破胶液+FSLF-04	6.218	2.520	8.98	0.088
3-12	破胶液+FSLF-04	6.025	2.508	9.56	0.086
3-13	破胶液+AEO-9	6.144	2.522	8.25	0.088
3-14	破胶液+AEO-9	6.068	2.502	8.08	0.085
3-15	破胶液+AEO-9	6.198	2.505	9.24	0.094
3-16	破胶液+SDS	6.258	2.518	9.06	0.089
3-17	破胶液+SDS	6.432	2.520	9.86	0.098
3-18	破胶液+SDS	6.058	2.518	9.77	0.094

表 4.30 各浓度表面活性剂—破胶液体系带压渗吸测试结果

岩心编号	渗吸介质类型	表面活性剂类型	质量分数/%	界面张力/mN/m	接触角/(°)	采出程度/%
3-10	破胶液+FSLF-04	阴离子型	0.1%	1.186	55.68	20.86
3-11	破胶液+FSLF-04	阴离子型	0.3%	0.705	48.80	28.73
3-12	破胶液+FSLF-04	阴离子型	0.5%	0.486	46.75	21.32
3-13	破胶液+AEO-9	非离子型	0.1%	1.256	63.70	20.10
3-14	破胶液+AEO-9	非离子型	0.3%	0.895	59.18	27.51
3-15	破胶液+AEO-9	非离子型	0.5%	0.532	58.05	21.35
3-16	破胶液+SDS	阴离子型	0.1%	1.632	53.32	18.05
3-17	破胶液+SDS	阴离子型	0.3%	0.945	48.75	25.36
3-18	破胶液+SDS	阴离子型	0.5%	0.580	46.60	22.23

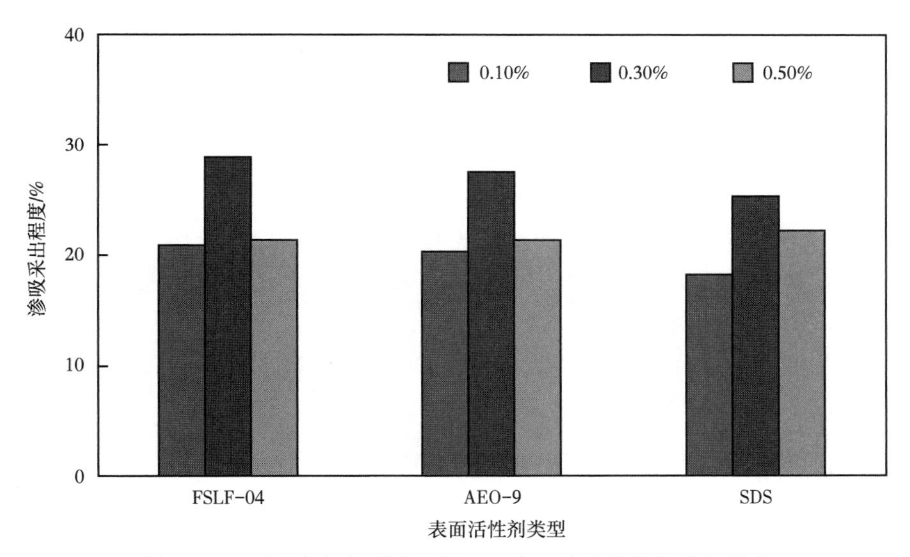

图 4.29 不同浓度表面活性剂—破胶液体系的渗吸采出程度

通过对比不同浓度的表面活性剂—破胶液体系渗吸效果，结合其界面张力和润湿反转性能进行对比分析，得到以下结论：

①质量分数为 0.3 的 FSLF-04—破胶液体系的渗吸采出程度最高，为 28.73%，相比于常规瓜尔胶压裂液 20.63%的渗吸采出程度得到大大改善，能够作为渗吸促进剂；

②由不同表面活性剂—破胶液体系界面张力与渗吸采出程度的关系曲线（图 4.30）不难发现：减小破胶液与原油的界面张力可以有效地使油滴及时地从岩石壁面上剥落，并且有利于原油在多孔介质中流动，降低原油流动阻力，增加渗吸采出程度；但是当质量分数过高时，由于界面张力过小导致渗吸出油的动力不足，同时乳化现象严重，加剧了贾敏效应，增大了多孔介质中油滴运移排出的阻力，使得最终渗吸采出程度不高。

通过对不同类型表面活性剂的接触角测试、界面张力测试及常压自发渗吸实验优选出了三种较好的表面活性剂，最终通过各浓度表面活性剂带压渗吸实验优选出质量分数为

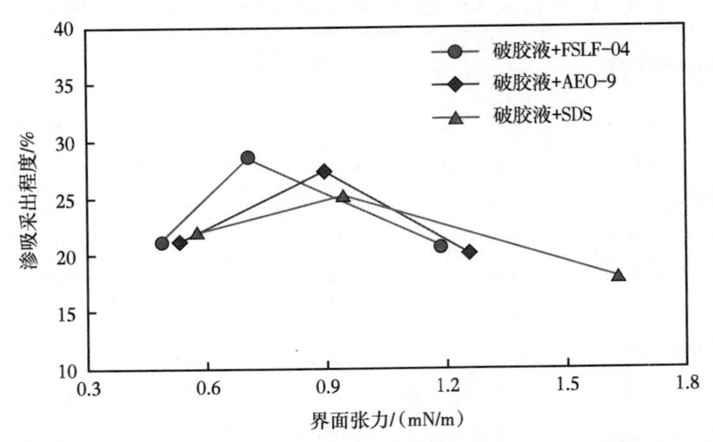

图 4.30　各表面活性剂—破胶液体系界面张力与渗吸采出程度关系曲线

0.3 的 FSLF-04 作为低伤害无返排瓜尔胶压裂液的渗吸促进剂，相较于 10MPa 围压下常规瓜尔胶压裂液，自发渗吸采出程度提高了 8.10%，明显改善了其渗吸效率。

4.7　瓜尔胶压裂增渗剂高压渗吸增效机理

通过 4.6 节中表面活性剂辅助渗吸实验发现表面活性剂对瓜尔胶压裂液的渗吸采出程度具有明显的促进作用，本部分基于核磁共振技术原理，利用天然致密砂岩样品，研究了不同压力条件下，增渗剂对多孔介质内原油动用的微观特征，从表面活性剂改变岩石润湿性、降低油水界面张力、降低黏附功以及消除末端效应方面的作用等方面分析了瓜尔胶压裂增渗剂高压渗吸增效机理。

4.7.1　表面活性剂—破胶液渗吸微观渗吸特征

本节利用核磁共振分析技术，分别测试了常压和 10MPa 情况下，加入表面活性剂的低伤害瓜尔胶压裂液与不加表面活性剂的压裂液渗吸前后岩心孔隙内原油动用的微观分布特征差异。

核磁共振技术可以分析渗吸前后岩心中的油水分布。核磁共振技术的测量原理是通过外加磁场与所测量样品内原子内电子之间产生的共振现象来检测样品所包含的物质。在核磁共振监测中，T_2 弛豫时间图谱可反映出不同岩石孔喉尺寸内流体分布的情况。在实验条件的均匀磁场下，弛豫时间 T_2 可用式(4.3)表示：

$$\frac{1}{T_2}=\rho\frac{S}{V} \tag{4.3}$$

式中　ρ——为岩心表面弛豫强度常数，μm/ms；

S——岩心孔隙表面积，μm^2；

V——岩心孔隙体积，μm^3。

由式(4.3)可以看出，T_2 弛豫时间与多孔介质孔隙半径具有显著的正相关关系，二者之间存在一定的关系能够相互转化，见式(4.4)。

$$R=cT_2^n \tag{4.4}$$

式中 c——核磁转换系数；

n——核磁转换系数，cm^{-1}。

4.7.2 实验步骤

(1)岩心准备、压汞测试：钻取正反气测渗透率约为 $0.10\times10^{-3}\ \mu m^2$ 的同一口目标井相同深度的两块天然岩心，将每块岩心截断砂纸打磨，控制每段长度约为 2.5cm，分别编号 5-1、5-4 至 5-6，将岩心 5-1 和 5-4 进行压汞测试，其余 4 块岩心用于核磁测试；

(2)计算 c、n 值：将岩心 5-2、5-3、5-5 和 5-6 放入真空饱和装置，饱和模拟地层水，并在地层水溶液中老化 10h，开启岩心核磁分析仪进行预热，设置等待时间为 2.5s，回波间隔为 0.501ms，回波个数为2500，预热 30min 后，测试得到饱和岩心的 T_2 核磁弛豫时间分布，与压汞实验的测定曲线进行拟合计算得到 c、n 值；

(3)饱和模拟油，造束缚水：将饱和地层水后的岩心 5-2、5-3、5-5 和 5-6 饱和模拟油、造束缚水，用屏蔽氢离子的模拟实验油(氟氯平衡液)进行油驱水的驱替实验，驱替量 5PV，待出口端出油量稳定后，停止实验，将处理好的岩心放入氟氯平衡液中老化 10h，置于核磁共振仪中测定束缚水的核磁 T_2 图谱；

(4)渗吸实验：将岩心 5-2 和 5-5 放入低伤害压裂液破胶液中，将岩心 5-3 和 5-6 放入加入质量分数为 0.3 的 FSLF-04 低伤害压裂液破胶液中，不给岩心 5-2 和 5-3 加围压，将岩心 5-5 和 5-6 的围压加至 10MPa 进行渗吸实验，待足够长时间(10d)，从装置中取出岩心，用棉纱擦拭其表面浮油，置于核磁共振仪中测试渗吸后的核磁 T_2 弛豫时间图谱；

(5)记录结果：计算数据，分析结果。

4.7.3 实验结果与讨论

(1)平行岩心样品 c、n 值计算：将岩心 5-2 和 5-3 饱和地层水的核磁 T_2 弛豫时间曲线与岩心 5-1 高压压汞曲线绘制于同一对数坐标内，同理，将岩心 5-5 和 5-6 饱和地层水的核磁 T_2 弛豫时间曲线与岩心 5-4 高压压汞曲线也绘制与同一对数坐标内，对相近数值段的 T_2 弛豫时间与孔隙半径值进行拟合，根据拟合结果计算得到 c、n 值，拟合过程如图 4.31 所示，核磁转化系数的拟合结果见表 4.31。

表 4.31 岩心样品核磁转化系数

岩心编号	渗透率/$10^{-3}\ \mu m^2$	孔隙度/%	c	n	R^2
5-2	0.102	8.12	0.1840	0.7654	0.9920
5-3	0.102	8.12	0.1812	0.7712	0.9965
5-5	0.106	7.95	0.1782	0.8632	0.9918
5-6	0.106	7.95	0.1797	0.8488	0.9882

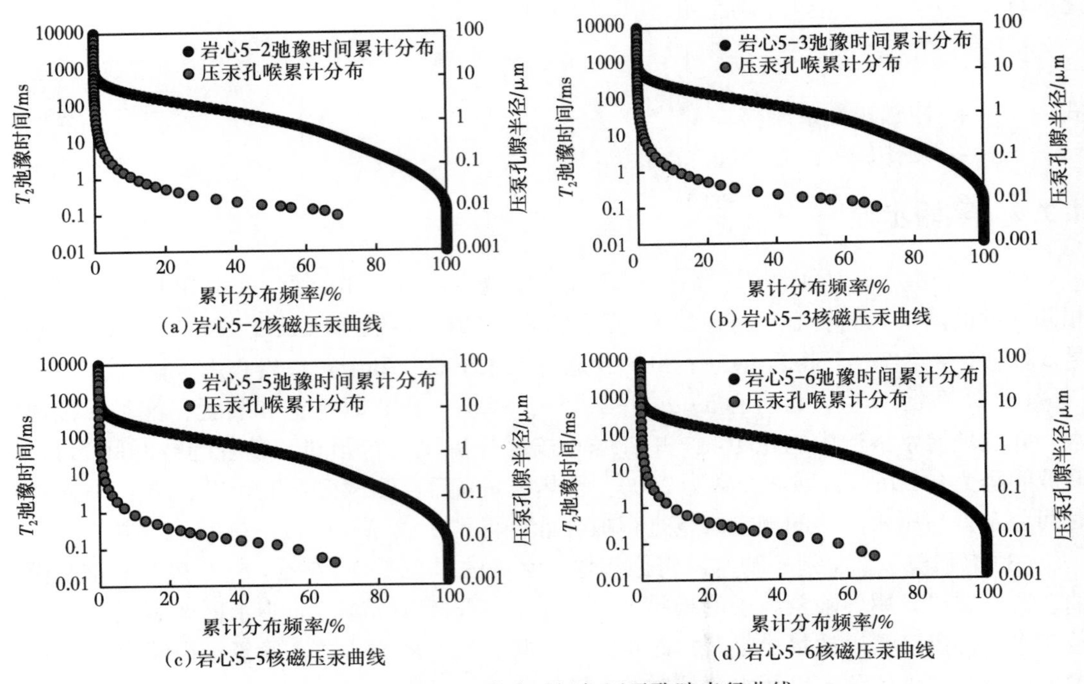

(a) 岩心5-2核磁压汞曲线
(b) 岩心5-3核磁压汞曲线
(c) 岩心5-5核磁压汞曲线
(d) 岩心5-6核磁压汞曲线

图 4.31　核磁 T_2 弛豫时间与压汞孔隙半径曲线

由上述转化过程可以看出，岩心 5-2 和 5-3、岩心 5-5 和 5-6 的核磁转化系数较为接近，可以为平行对比实验提供较好的符合要求的实验样品。

(2) 表面活性剂辅助压裂液渗吸微观动用特征。

根据 c、n 值，将 T_2 弛豫时间与孔隙尺寸进行相互转换，可以得到不同渗吸介质渗吸前后不同尺寸孔隙中可动油的分布频率，由于岩心 5-2 和 5-3、岩心 5-5 和 5-6 的核磁转化系数十分接近，为了利于观察，将其作于一张图中，具体结果见图 4.32、图 4.33 和表 4.32、表 4.33。

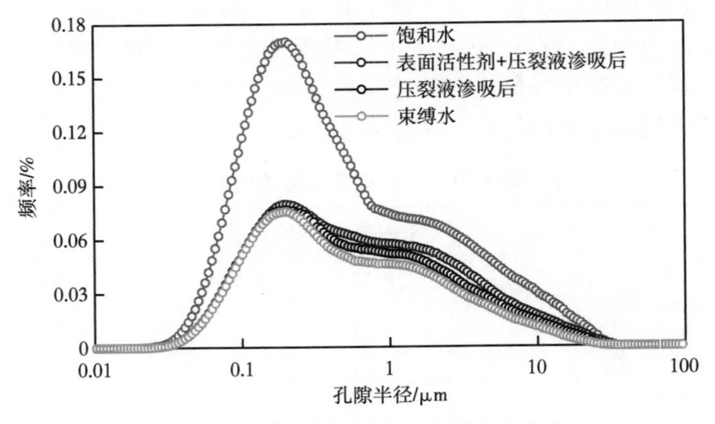

图 4.32　常压下渗吸前后的可动油分布

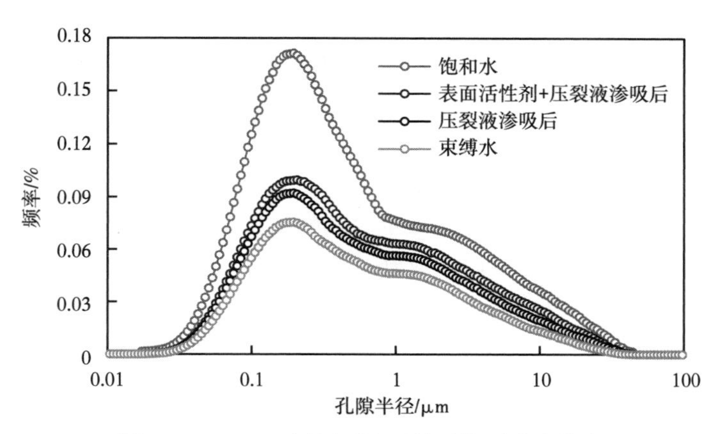

图 4.33　10MPa 围压下渗吸前后的可动油分布

表 4.32　不同围压下不同孔径的渗吸采出程度统计表

压力/MPa	孔隙类型	孔隙半径范围/μm	尺寸级别	采出程度/%	
				单独破胶液	表面活性剂+破胶液
常压	Ⅰ类	≤ 0.1	纳米级	0	0
	Ⅱ类	0.1~1	亚微米级	3.87	10.09
	Ⅲ类	1~10	微米级	9.63	20.61
	Ⅳ类	≥ 10	微米级	10.21	16.16
	小计			9.21	17.60
10	Ⅰ类	≤ 0.1	纳米级	5.01	8.06
	Ⅱ类	0.1~1	亚微米级	9.66	19.51
	Ⅲ类	1~10	微米级	17.58	32.10
	Ⅳ类	≥ 10	微米级	16.40	23.72
	小计			14.29	26.48

表 4.33　岩心样品半径分布与可动流体下限

岩心编号	围压/MPa	渗吸介质	半径分布/μm	可动流体下限/μm
5-2	0.101	破胶液滤液	0.041~48.04	0.196
5-3	0.101	破胶液滤液+表面活性剂	0.043~48.27	0.135
5-5	10	破胶液滤液	0.036~47.94	0.042
5-6	10	破胶液滤液+表面活性剂	0.035~48.65	0.038

分析实验结果可知：

(1)常压渗吸时，以破胶液滤液为渗吸介质的可动流体下限为 0.196μm，而加入表面活性剂后的可动流体下限为 0.135μm；10MPa 围压下，用破胶液滤液渗吸的可动流体下限为 0.042μm，加入表面活性剂后的可动流体下限为 0.038μm。由此可见，表面活性剂可以降低可动流体下限，更好地波及更多的流体，但是降低的程度有限。

(2)常压下破胶液滤液的渗吸采出程度为9.21%，加入表面活性剂的破胶液滤液的渗吸采出程度为17.60%；10 MPa围压下，破胶液滤液的渗吸采出程度为14.29%，加入表面活性剂后的采出程度提高为26.48%。由此可见，加入表面活性剂可以有效提高压裂液的渗吸采出程度。同时，在常压和带压情况下，通过加入表面活性剂，各类型孔隙的采出程度均明显增加，而且第Ⅱ类和第Ⅲ类孔喉的渗吸采出程度增加程度最大，即表面活性剂辅助渗吸的主要作用范围为亚微米级和微米级孔喉，造成这种结果的主要原因是：第Ⅱ类和第Ⅲ类孔喉中可动油量较大且连通性较好，利于表面活性剂的辅助作用，由于顺向渗吸原理，第Ⅳ类孔喉的渗吸采出程度增加程度较小。

4.7.4 小结

综上所述，高压情况下表面活性剂辅助渗吸效果最好，采收率增加程度较常压下更大。主要原因：(1)相对于常压渗吸，加载围压能有效增加渗吸可动流体的范围，从而进一步提高表面活性剂在孔隙内的有效运移范围；(2)表面活性剂能够增加岩石壁面的水湿性、降低油水界面张力和原油渗流排出的阻力，促进了原油的流动，使得表面活性剂辅助带压渗吸采油的效果最好。

4.8 表面活性剂渗吸增效机理

致密砂岩自发渗吸是油水两相界面及油水与岩石孔道壁面相互作用的结果，表面活性剂的润湿反转与降低界面张力等性质对自发渗吸过程具有显著的影响。本节主要介绍了表面活性剂辅助瓜尔胶压裂液渗吸的主要作用机理。

4.8.1 表面活性剂改善润湿性的机理

毛细管力是致密砂岩多孔介质渗吸采油的基本动力，只有当岩心润湿性为水湿时，才能有效利用毛细管力进行自发渗吸，提高采收率，因此，改善岩石润湿性是促进渗吸采出程度的关键因素。由于表面活性剂分子是两亲结构，可以有效地吸附于岩石表面，改善岩石的润湿性，提高渗吸效率。如图4.34所示，表面活性剂改善岩石润湿性的机理主要有两种：(1)离子对形成机理；(2)吸附机理。

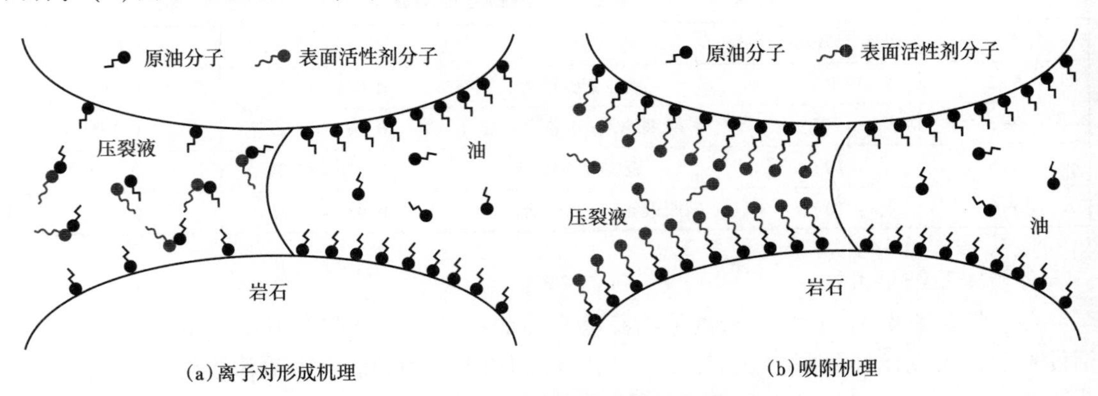

图4.34 表面活性剂润湿反转机理

如图 4.35(a)为离子对形成机理示意图，离子型表面活性剂分子带有极性的头基与原油中的某些极性分子带相反电荷，由于极性相反的部分之间的静电力，表面活性剂分子的头基会与壁面油分子相结合，从而将其解吸附，进而使岩石的润湿性由油湿或弱水湿转化成水湿或强水湿。图 4.35(b)为吸附机理示意图，非离子型表面活性剂缺乏静电力的作用，表面活性剂的疏水链会和油分子的烃链结合，从而在岩石表面覆盖了表面活性剂单分子层，因此岩石表面即为表面活性剂的亲水基，增加了岩石的亲水性。由于静电力比范德华力吸附能力强，而且只有表面活性剂浓度大于临界值，才能在岩石表面形成有效的分子层，所以离子对形成机理改善润湿性的效果比吸附机理要好。

基于上述表面活性剂润湿反转机理不难发现，低浓度时阴离子型表面活性剂改善岩石润湿性的能力要好于非离子型表面活性剂。由于砂岩表面带负电荷，导致原油中沥青质等碱性带正电的成分由于静电力的作用吸附于岩石表面，使得岩石表面表现为油湿或者弱水湿。阴离子表面活性剂的加入使得阴离子表面活性剂分子带负电荷部分与原油分子中带正电荷的部分结合形成离子对，从而将原油分子从岩石表面解吸附，形成胶束，改善岩石表面的润湿性；非离子型表面活性剂则在范德华力的作用下，其疏水链与原油分子中的烃链结合，在岩石表面形成分子层。综上所述，阴离子型表面活性剂的润湿反转效果要强于非离子型表面活性剂。

岩石润湿性的改善能有效地增大渗吸采出程度。表面活性剂改善岩石润湿性辅助瓜尔胶压裂液渗吸的主要机理主要有：(1)润湿性改变了原油在岩石表面的吸附状态；(2)润湿性改变了毛细管力的方向。由于表面活性剂的加入，岩石的润湿性由油湿转化为水湿时，岩石壁面上油滴附着状态的转变如图 4.35 所示。

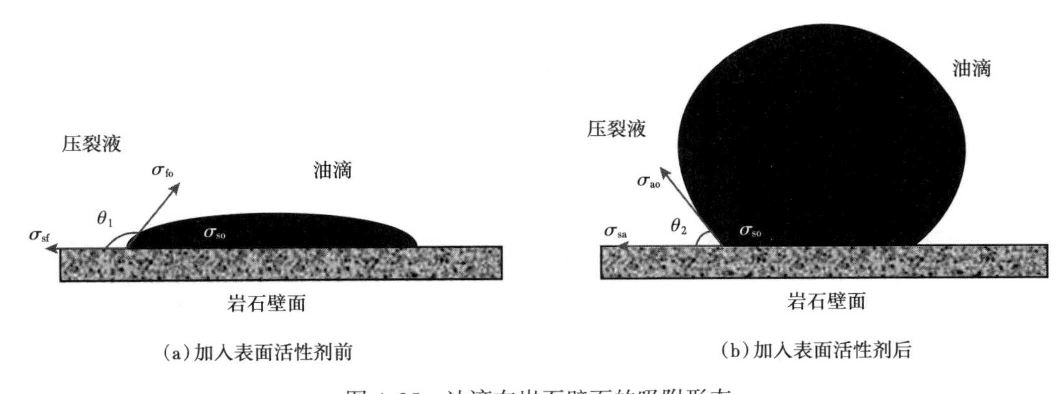

(a)加入表面活性剂前　　(b)加入表面活性剂后

图 4.35　油滴在岩石壁面的吸附形态

加入表面活性剂前，油滴附着在岩石壁面达到平衡状态时，三相接触点受力情况可由 Young 方程求得：

$$\sigma_{sf}=\sigma_{fo}\cos(\pi-\theta_1)+\sigma_{so} \tag{4.5}$$

式中　σ_{sf}——岩石壁面与压裂液间的界面张力，mN/m；

σ_{so}——岩石壁面与原油间的界面张力，mN/m；

σ_{fo}——压裂液与原油间的界面张力，mN/m；

θ_1——压裂液与岩石壁面的接触角，(°)。

向压裂液中加入表面活性剂后，破胶液与原油间的界面张力 σ_{fo} 被表面活性剂—破胶液体系与原油间的界面张力 σ_{ao} 所替代，岩石壁面与破胶液间的界面张力 σ_{sf} 则被岩石壁面与表面活性剂—破胶液体系间的界面张力 σ_{sa} 所替代，二者的变化使得三相接触点的受力失去平衡，见式(4.6)。

$$\sigma_{sa} < \sigma_{ao}\cos(\pi - \theta_1) + \sigma_{so} \tag{4.6}$$

三相接触点的受力逐渐趋于平衡状态，接触角 θ_1 逐渐减小，油滴与壁面的接触面积逐渐缩小，直至受力再度平衡，此时的接触角为 θ_2，如图 4.36(b)所示。由于润湿性的改善，使油滴占据孔道，岩石壁面的亲水性使得毛细管力方向发生反转，从岩石壁面剥离油滴，增加了采收率。

如图 4.36 所示，当岩石表面附有油膜时，岩石壁面为油湿，油滴在孔隙喉道的黏滞阻力较大，且毛细管力方向指向水相，无法进行有效渗吸；加入表面活性剂后，岩石壁面由油湿变为水湿，使毛细管力方向发生了变化，指向油相，并且形成了边界水层，使油滴从岩石壁面剥离开，减少了原油的黏滞阻力，促进渗吸。

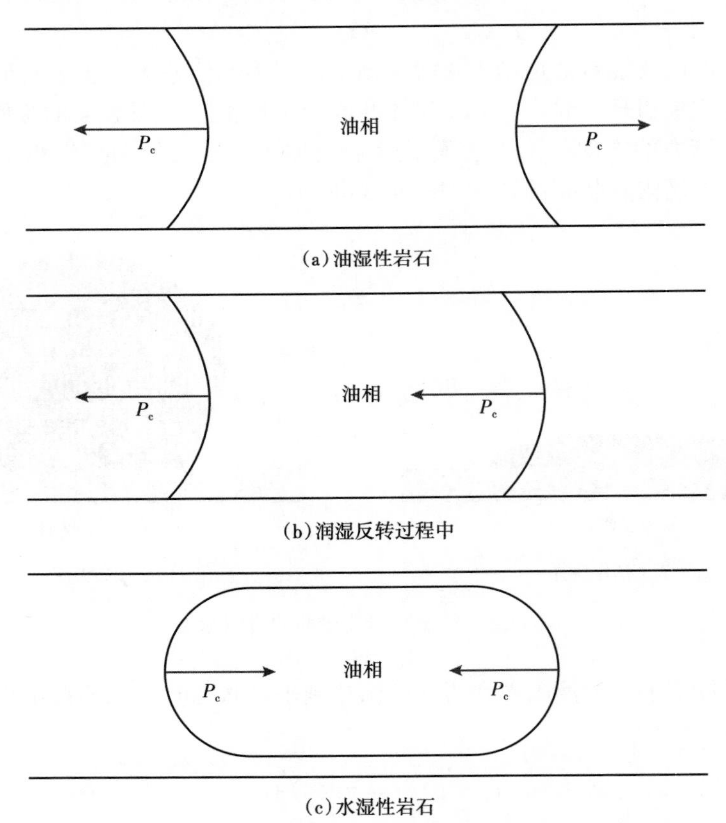

图 4.36　不同润湿性孔喉中的油滴形态及毛细管力分布

4.8.2 表面活性剂降低界面张力的机理

压裂液的破胶液与原油之间界面张力较大时，会成为油滴在孔隙喉道中移动及排出的阻力。当表面活性剂浓度较小时，可以有效降低破胶液与原油间的界面张力，减少原油渗流和排出阻力。在破胶液中加入表面活性剂进行渗吸时，由于表面活性剂分子是两亲分子，会大量聚集在油水两相界面上（图4.37），亲水基团与破胶液溶液相互吸引而溶于破胶液中，而疏水基团与油相相溶，从而使表面活性剂分子分布在两相界面上，降低界面张力，促进油相的渗流和排出，增大了渗吸采出程度。

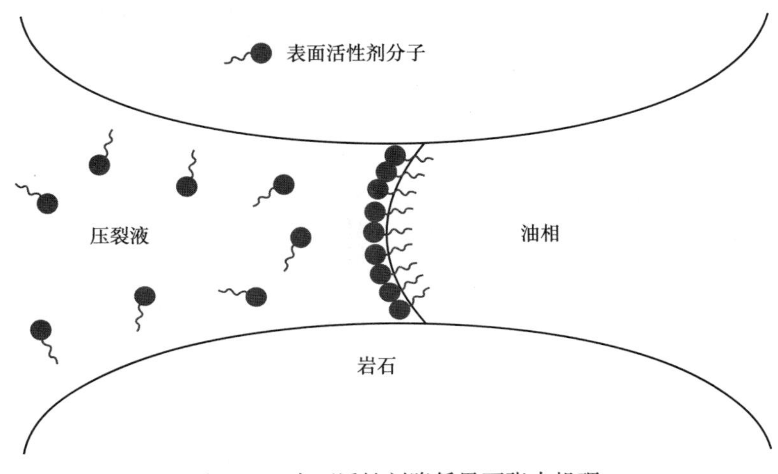

图4.37 表面活性剂降低界面张力机理

润湿相驱非润湿相时，在多孔介质的出口端毛细管力成为阻力阻碍油相的流动和排出，此时距离出口端一定距离的含水饱和度会急剧增大，这种现象即为毛细管末端效应，该效应会使渗吸出的原油无法及时脱离壁面，从而影响渗吸采出程度。毛细管末端效应产生的根本原因是存在界面张力，因此加入表面活性剂降低界面张力的另一个重要作用就是减弱或消除毛细管末端效应。

如图4.38所示，经过加长针管的滴定实验验证了表面活性剂对消除末端效应的作用，通过研究发现：当往破胶液中滴定模拟油时，油滴较大，不宜脱落；而向原油加入渗吸促进剂后，表面活性剂使得油滴在破胶液中以乳状液的形式存在，以分散态运移，降低了运移阻力，在表面活性剂—破胶液体系中滴定时，油滴很小，极容易从注射器顶端脱落。该现象也在常压渗吸实验中表明，表面活性剂—破胶液体系在进行自发渗吸时，岩石表面析出的油滴呈现小油滴形态，并且快速脱离壁面；而单纯破胶液在进行渗吸时，渗吸出的油滴呈现大油滴形态，并且长时间停留在岩壁上，没有脱落。

综上所述，表面活性剂的加入使得油水界面张力大大降低，形成油水乳状液，降低了油相运移的阻力，促进其在多孔介质中渗流，同时加入表面活性剂显著削弱了毛细管末端效应，使渗吸出的油滴能够及时地剥离岩石壁面。

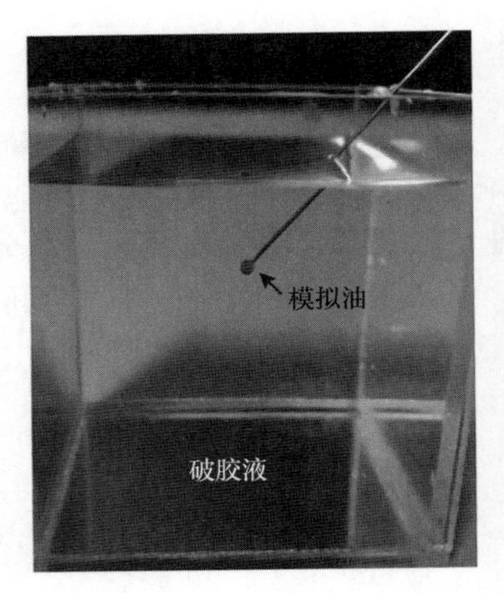

(a)破胶液

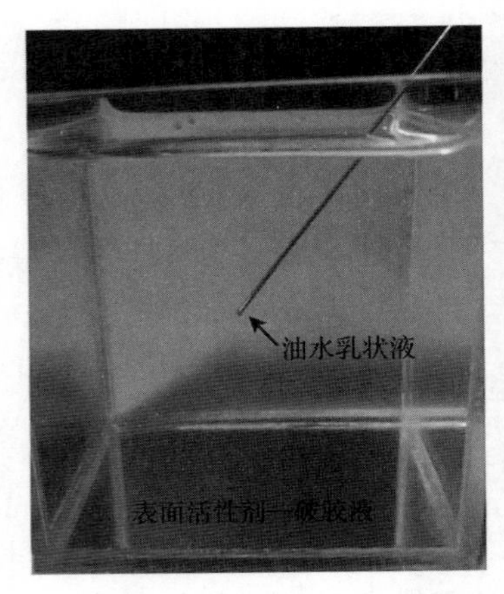

(b)表面活性剂—破胶液

图 4.38　表面活性剂对毛细管末端效应的影响

4.8.3　表面活性剂对黏附功的影响

不同凝聚相相接触时，相间分子有相互作用力，将两相分离就要做功，这种功就称为黏附功，油滴在岩石表面的黏附功表达式为：

$$W_a=\sigma_{sf}+\sigma_{fo}-\sigma_{so} \tag{4.7}$$

油滴在岩石壁面的铺展条件可用铺展系数 f 表示，即：

$$f=\sigma_{sf}-\sigma_{so}-\sigma_{fo}\cos(\pi-\theta) \tag{4.8}$$

当且仅当 $\sigma_{sf}-\sigma_{so}-\sigma_{fo}\cos(\pi-\theta)=0$ 时，油滴在岩石壁面的铺展才达到了平衡状态，铺展结束，此时油滴在岩石壁面的黏附功为：

$$W_a=\sigma_{fo}(1-\cos\theta) \tag{4.9}$$

由式(4.7)可知，油滴在壁面黏附功的主要影响因素为压裂液体系与油滴的界面张力σ_{fo}以及接触角θ，压裂液与油滴的界面张力和接触角越小，油滴在岩石壁面上的黏附功越小，使油滴脱离壁面所需要做的功越小，油滴能够更好地从壁面上剥离。压裂液由于加入表面活性剂而对黏附功的改变见表4.34。

表4.34 渗吸介质对黏附功的影响

序号	渗吸介质	浓度/%	界面张力/mN/m	润湿角/(°)	黏附功/mN/m
1	破胶液	0.2	18.499	95.78	20.362
2	破胶液+FSLF-04	0.2	0.832	50.35	0.301
3	破胶液+石油磺酸钠	0.2	1.611	61.25	0.836
4	破胶液+SDBS	0.2	1.833	56.52	0.822
5	破胶液+SDS	0.2	1.222	49.34	0.426
6	破胶液+Tween 80	0.2	5.603	74.61	4.116
7	破胶液+Tween 85	0.2	7.533	70.25	4.987
8	破胶液+OP-10	0.2	0.302	63.26	0.166
9	破胶液+AEO-9	0.2	1.023	59.30	0.501

由表4.34看出相比于破胶液，表面活性剂—破胶液体系中的油滴在岩石壁面的黏附功明显降低，因此使原油从岩石壁面脱离做的功也相应减少。FSLF-04、SDS、OP-10及AEO-9的黏附功最小，其渗吸采出程度也相应较好。

如图4.39所示，加入表面活性剂对于油滴形态的改变主要分为3个阶段：第一阶段表面活性剂分子吸附于固液界面及压裂液与原油的液液界面，显著降低了固—液以及液—液界面张力，岩石壁面的亲水性也由于表面活性剂的作用而增加，因此岩石壁面上的油滴由铺展状态慢慢分离，润湿角逐渐减小，接触面积也逐渐减小；第二阶段由于油滴形态在第一阶段的改变，表面活性剂分子沿着油固界面逐渐吸附，此阶段持续的时间较长，油滴

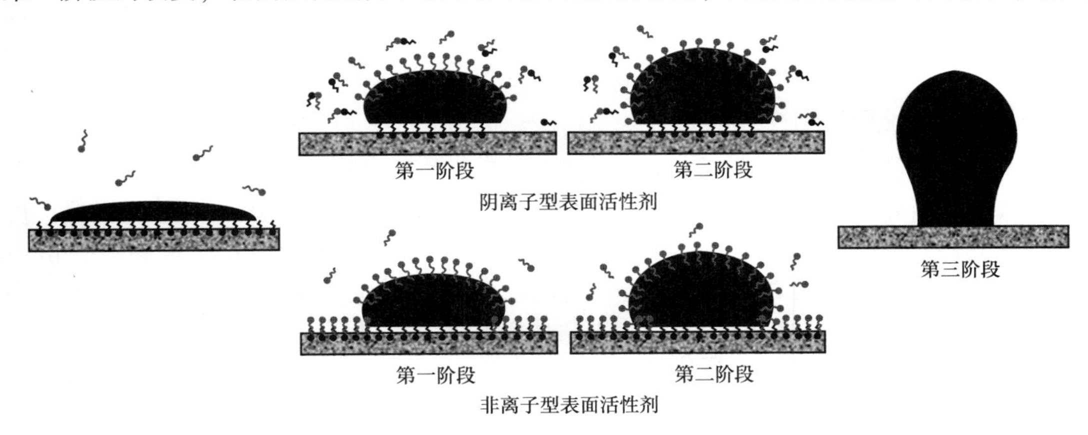

图4.39 表面活性剂影响油滴形态

形态的变化较慢；第三阶段由于油水密度差的存在及毛细管力方向的变化，油滴出现“缩颈”现象，油滴形态拉长直至从岩石表面剥离，这一阶段的主要作用力为浮力和毛细管力。

表面活性剂对油滴形态的3个阶段使油滴从岩石壁面剥离，与此同时，压裂液在岩石壁面上形成了一层水膜，大大降低了油滴在多孔介质中运移的黏滞阻力。在带压情况下，压缩的孔隙吼道及短时间内复杂较小的孔隙喉道两端的压差，提供了油滴运移的动力，同时由于表面活性剂降低了压裂液与原油间的界面张力，进一步增强了原油突破变形孔喉的能力。

综上所述，可以得到以下结论：

(1)基于核磁共振技术分析了表面活性剂辅助瓜尔胶压裂液渗吸的微观规律，加入表面活性剂后可以明显增加瓜尔胶压裂液的渗吸采出程度，表面活性剂辅助渗吸的主要作用范围为亚微米级与微米级孔喉。

(2)表面活性剂可以有效促进润湿反转，阴离子型表面活性剂的主要机理是离子对形成机理，非离子型表面活性剂则主要基于吸附机理，由于静电力强度大于范德华力，所以阴离子型表面活性剂润湿反转效果优于非离子型表面活性剂。表面活性剂改善岩石润湿性辅助瓜尔胶压裂液渗吸的主要机理主要有：① 润湿性改变了原油在岩石表面的吸附状态；② 润湿性改变了毛细管力的方向。

(3)表面活性剂可以有效地降低界面张力，减弱毛细管末端效应，使渗吸出的油滴能够及时地剥离岩石壁面，促进原油流动。

(4)表面活性剂通过减小界面张力和接触角，降低了原油剥离岩石壁面的黏附功，使油滴更易从岩石壁面剥离。

(5)表面活性剂的作用使得油滴从岩石壁面剥落，岩石壁面上形成了一层水膜，大大降低了油滴在多孔介质中运移的黏滞阻力。带压情况下，由于短时间内复杂的较小孔隙喉道两端存在压差，提供了油滴运移的动力，同时由于表面活性剂降低了压裂液与原油间的界面张力，进一步增强了原油变形突破孔喉的能力，提高了渗吸采出程度。

4.9 致密油储能增渗体积压裂先导试验—以XSW地区长8储层为例

4.9.1 长8产建区储层基本情况

基于建立的低伤害高效渗吸瓜尔胶压裂液体系，在鄂尔多斯盆地东南部XSW地区进行了2口水平井不返排体积压裂储能增渗先导实践。该区主力层位为延长组长8油藏，长8储层的孔隙度最大值为14.8%，最小值为2.5%，平均值为8.8%；渗透率最大值为$1.68\times10^{-3}\mu m^2$，最小值为$0.06\times10^{-3}\mu m^2$，平均值为$0.51\times10^{-3}\mu m^2$，生产层位长8地温梯度为3.23℃/100m，地层温度平均为55℃；地层压力系数仅为0.68，地层平均压力为8.04MPa。属于典型的常温—低压油藏。

4.9.2 实施流程

QP-25井压裂施工总历时13天，该井设计压裂11段，平均破裂压力为38 MPa、施工压力处于 16~48 MPa 之间；入地总液量为 13826.5m^3、平均砂比为 7.5%；QP-65 井压裂施工总历时 8 天，该井设计 7 段。压裂过程平均破裂压力为 40.7 MPa、施工压力处于 19~49 MPa 之间；入地总液量为 8282m^3、平均砂比为 7.5%。压裂完直接焖井渗吸，具体的压裂参数与压裂监测曲线见表 4.35 和表 4.36。

表 4.35 QP-25 井体积压裂基本数据统计表

段级	破裂压力/MPa	施工压力/MPa	停泵压力/MPa	入地总液量/m^3	平均砂比/%
1	36.7	28.2~47.4	10.7	1214.6	7.2
2	39.6	21.3~32.9	11.3	1344.9	7.6
3	48	22.8~43.6	11.4	1360.2	7.6
4	44.9	22.4~42.8	11.7	1188.3	7.7
5	27.5	22.9~41.7	13.6	1259.4	7.7
6	37.7	16.2~42.7	12.9	1202.2	7.3
7	35.2	23.7~33.4	11.9	1389	7.4
8	38.9	20.7~37.4	12	1153.9	7.2
9	23.9	23.5~38.8	10	1361.2	7.6
10	40.6	20.3~38.1	10.8	1257.7	7.7
11	36.8	23.3~41.1	12.9	1095.1	7.5

表 4.36 QP-26 井体积压裂基本数据统计表

段级	破裂压力/MPa	施工压力/MPa	停泵压力/MPa	入地总液量/m^3	平均砂比/%
1	45.6	19.0~44.9	9.6	1042.1	7.6
2	48.5	21.4~48.8	11.6	1037.6	7.2
3	38.7	31.4~46.0	18.8	1056.7	7.6
4	38.6	27.3~48.0	12.3	1131.4	7.2
5	38.4	23.3~48.4	17.7	737.7	1.4
6	41.3	19.8~41.9	10.6	1038.5	8
7	38.4	24.9~43.3	12.2	1043.7	7.6
8	33.8	21.8~47.7	11.5	1194.7	7.6

4.9.3 焖井压力跟踪

压裂完成停泵后裂缝系统压力高于基质系统，在井筒内为光套管的情况下，通过井口压力可得到裂缝系统的压力数据。焖井期间随着滞留储层的压裂液与基质系统的油水交换，裂缝系统内压力逐渐向地层散逸，通过井口压力表读数随时间的变化可得到近井裂缝系统压力降低情况，2 口水平井体积压裂后焖井压力变化统计见图 4.40 和表 4.37。

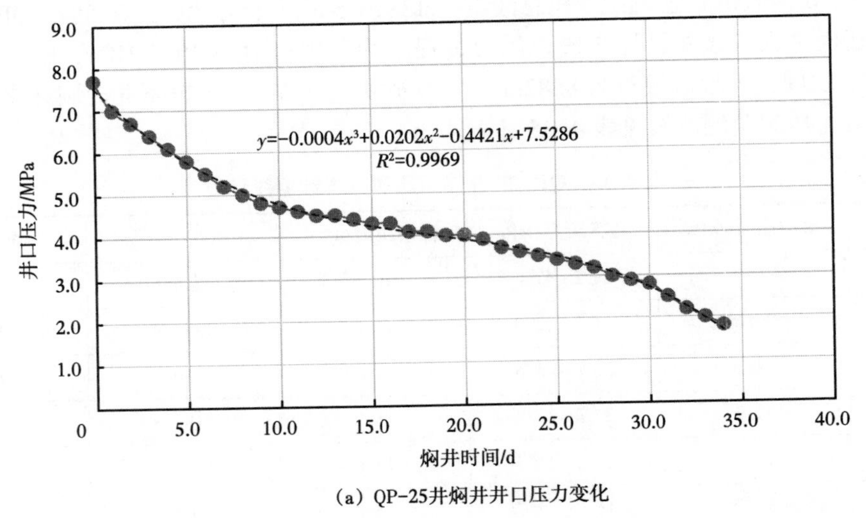

(a) QP-25井焖井井口压力变化

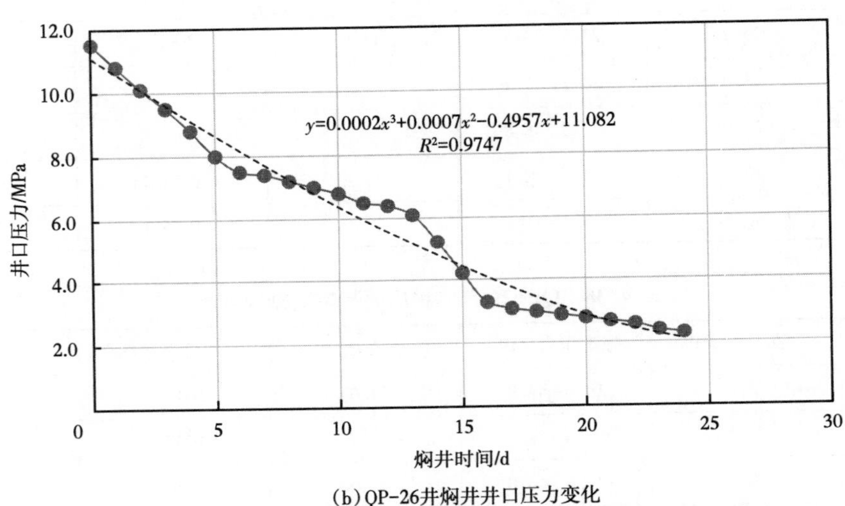

(b) QP-26井焖井井口压力变化

图 4.40 两口水平井焖井期间压力变化曲线

表 4.37 两口水平井焖井井口压力随时间变化关系

井号	焖井期间压力变化	求导
QP-25	$p=0.0043t^2-0.2565t+7.1093$	$p'_t=0.0086\times30-0.2565=0$
QP-26	$p=0.0002t^3+0.0007t^2-0.4957t+11.082$	$p'_t=0.0006\times29^2+0.0014\times29-0.4957=0$

试验区长 8 储层水平井压力散逸平衡时间与入地液量及改造段数关系不大，通过监测两口井裂缝系统压力散逸过程周期为 29 ~30 天左右，具有较好的一致性，结合压力平衡时间，两口水平井焖井时间定为 30 天。

4.9.4 试油效果评价

QP-25 井和 QP-26 井的不返排体积压裂技术矿场试验所用的压裂液体系为前期优化

低伤害高效渗吸滑溜水压裂液体系，优化的压裂参数为：裂缝间距为7~20m、布缝位置应尽量选择地质甜点位置、射孔密度42/n（段内簇数）、入地液量16~25m³/m以及支撑剂组合为70/140目、40/70目与20/40目三级组合，试油情况如下：

（1）QP-25井：累计放喷液量1262m³、累计产油量51t（第7天见油）；安装投产管柱完成后投产60天内，连喷带抽控压生产，产液5376m³、产油1517t，日产液90m³、日产油43t，其投产后生产情况如图4.41所示。

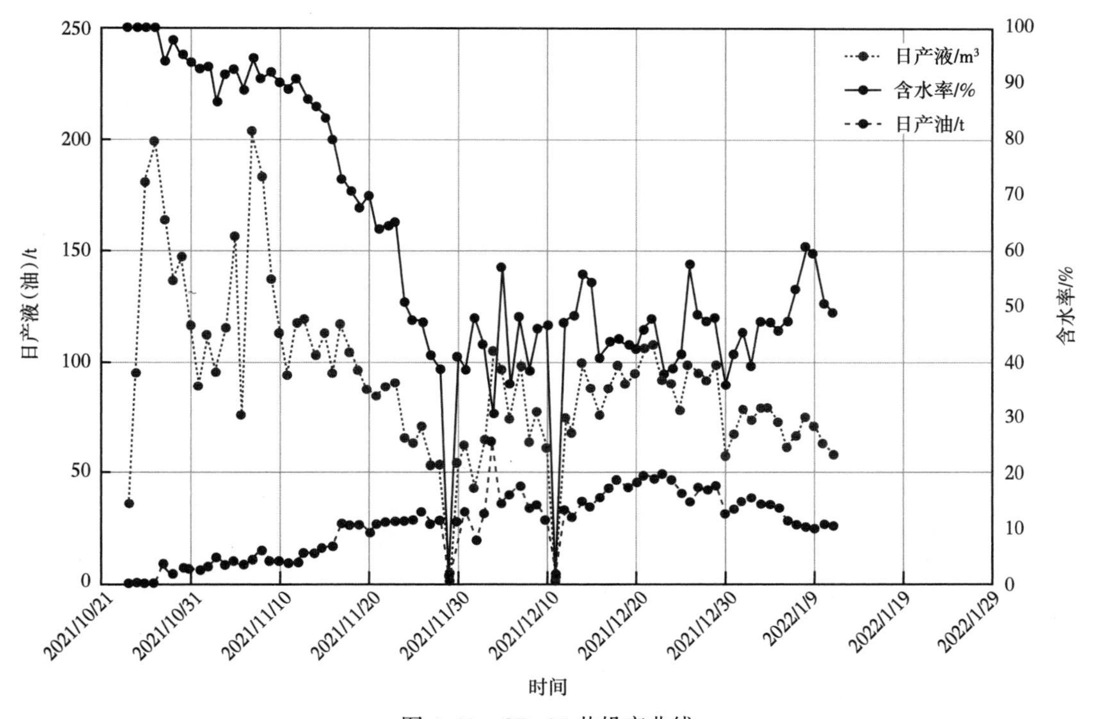

图4.41 QP-25井投产曲线

（2）QP-26井：累计放喷液量1640m³、产油45t；按照回采方案控压生产，累计生产25天内，连喷带抽控压生产，累计产液量1339m³、产油64t、产液84m³、日产油36t。其投产后生产动态曲线如图4.42所示。

为了进一步分析试验井效果，将试验井生产动态与区块内同层位邻井对比，结果如图4.43。QP-25截至2021年12月26日投产60天，累计产油量1517t，相对于邻井投产前60天阶段累计产油量增产幅度34%~46%，且当前仍主要以每天自喷12~14h的方式控压生产；QP-26井截至2021年12月26日已投产25天，阶段累计产油量641t，相对于邻井投产前25天阶段累计产油量增产幅度79%~119%，且前为每日生产15h的方式控压生产。

基于储层自发渗吸排油效应，采用优化的低伤害、高渗吸压裂液体系，开展水平井体积压裂完成后直接焖井渗吸的储能增渗压裂对于低压致密油储层具有很强的技术适应性，与压完直接投产的邻井相比，在试油期间可有效增产34%~119%，具有广阔的推广应用前景。

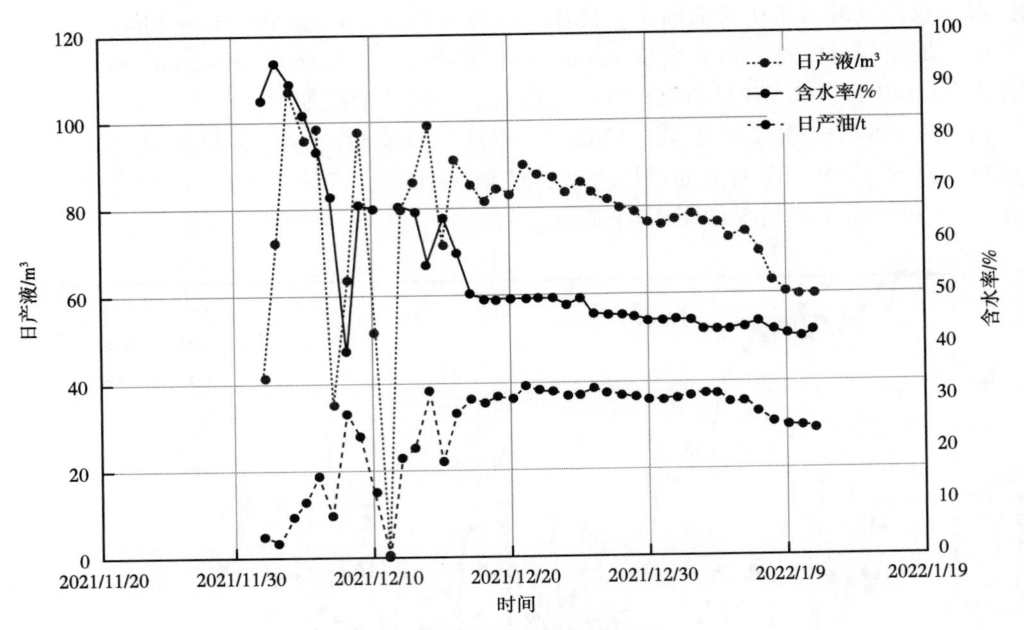

图 4.42　QP-26 井投产曲线

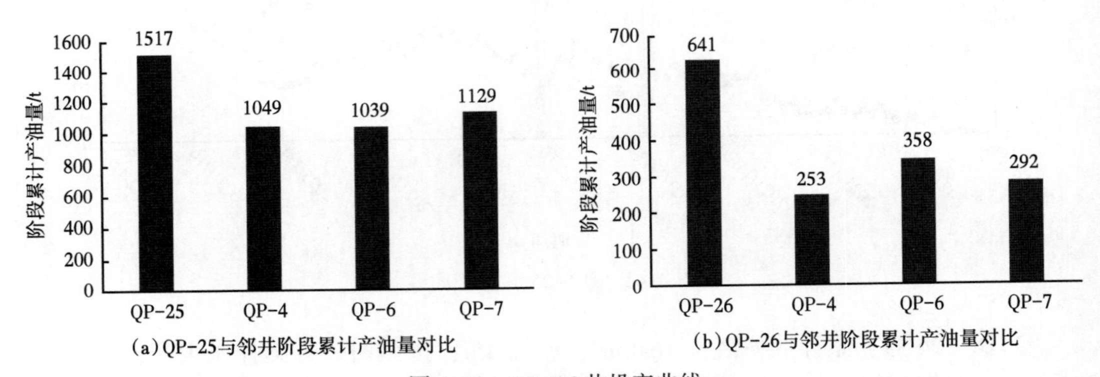

(a) QP-25与邻井阶段累计产油量对比

(b) QP-26与邻井阶段累计产油量对比

图 4.43　QP-26 井投产曲线

5 渗吸排油效应在注水吞吐中的应用

当前，水平井体积压裂技术是实现该类油藏有效开发的基本手段，然而由于鄂尔多斯盆地延长组致密砂岩油藏天然能量较低、自然衰竭开发产量年递减率约为50%~90%，两年以后多数水平井便出现了供液不足的现象。在衰竭式开发后期，如何科学有效地补充地层能量是该油藏可持续开发的关键问题。

基于致密储层自发渗吸排驱效应，在衰竭式开发后期，采用水平井活性水注水吞吐的方式，开展“注—闷—采”注水补充地层能量，并在注入水中添加增渗剂，提高焖井期间储层基质岩石的渗吸排油效果，是提高该类油藏的一种有效技术手段。

本章通过注水吞吐物理模拟，验证了注水吞吐工艺技术的可行性，通过水平井注水吞吐产能模型建立，以HL地区长6致密油某口水平井为例，制定了该井适用的注水吞吐工艺参数，并成功开展了不返排体积压裂先导试验，为该类油藏水平井中后期补充地层能量提供了有益技术借鉴。

5.1 致密油藏注水吞吐可行性分析与面临挑战

(1)体积压裂后的复杂裂缝网络为渗吸置换提供了先决条件：致密砂岩油藏往往水敏性弱，适宜注水。利用致密油藏体积压裂产生的复杂缝网系统使得注入水与岩石基质充分接触的特性，在孔隙内流体亏空阶段，利用渗吸置换作用可提高基质孔隙内原油动用效果。

(2)相比于水—直联合井网注水吞吐油井水淹风险小：随着致密油藏体积压裂规模逐渐增加，加之层内裂缝较为发育，常规注水补充地层能量过程中，油井见水风险大且水平井出水段判断成本高，在大井距、圈闭性好的地区，优先实施注水吞吐补充地层能量，可有效减少见水风险。

(3)致密油藏润湿性复杂，自发渗吸排油效应受限：致密油黏土矿物含量较大，储层呈混合润湿状态，自发渗吸排油效率较低。由于水平井衰竭式开发后，地层能量亏空严重，需要大量的注入水进行能量补充，配套的增渗剂用量较大，需优选适宜的低成本增渗剂，提高渗吸置换效果。

(4)注水吞吐过程中，基质—裂缝内流体流动规律复杂，从油藏工程角度，如何制定合理的注水吞吐参数，是该技术现场实施方案制定的挑战。

5.2 致密油藏活性水注水吞吐物理模拟

本节以鄂尔多斯盆地东南部地区长 6 储层天然岩心为研究对象，开展了岩心注水吞吐渗吸物理模拟，并在开展了对注水量、焖井时间、回采速度和吞吐轮次研究的基础上，研究了表面活性剂类对注水吞吐采出程度的影响。

5.2.1 实验材料

实验岩心：HL 地区长 6 天然致密岩心，过接触角测试，岩石薄片与油滴三相接触角 76.8°~95.3°，平均接触角为 86.4°，呈中性润湿。

实验流体：实验用油为研究区井口脱水原油与煤油按 1∶3 配制而成，实验条件（50℃）下黏度为 5.34mPa·s；模拟地层水溶液，矿化度为 30000mg/L，水型为 $CaCl_2$，pH = 7.2，密度为 1.02g/cm^3。

实验设备：TX-500C 型旋转滴界面张力仪、JC2000D 型全自动接触角测量仪、高精度美国 ISCO 柱塞泵、大型高压驱替装置、数控线切割机、秒表、恒温箱、压力表、中间容器、若干管线、阀门、手摇泵和油水分离管等（图 5.1）。

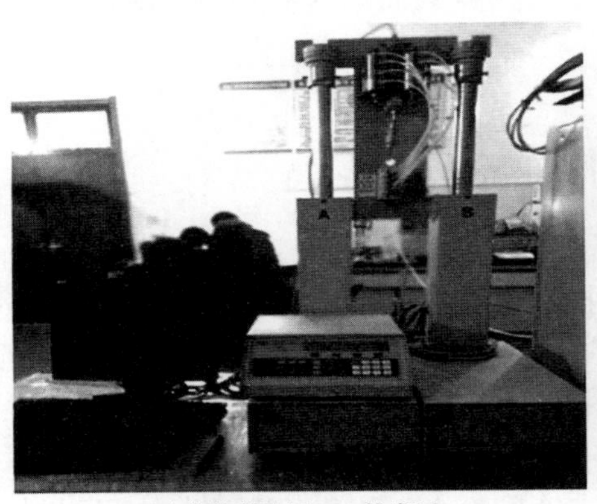

(a) 高精度美国ISCO柱塞泵

(b) 高压驱替装置

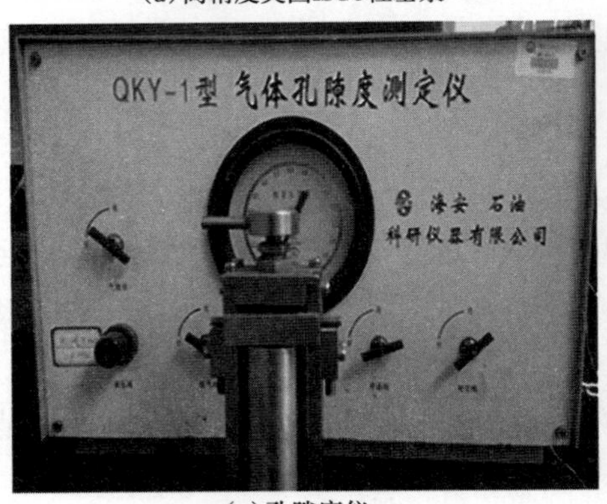

(c) 孔隙度仪

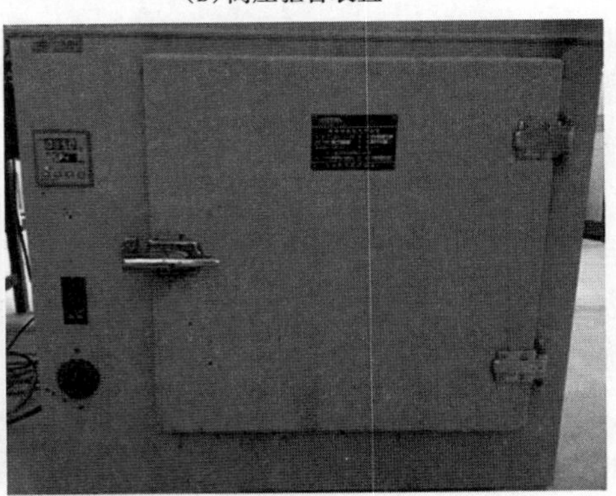

(d) 恒温箱

图 5.1　主要实验装置

5.2.2 实验方法与步骤

(1)岩心准备：测取物性岩心，按照渗透率进行分类，备用。

(2)裂缝岩心处理实验。

① 抽真空饱水：将测量孔隙度和渗透率后的岩心，称取质量为 m_0；称量后放入真空瓶中进行抽真空饱和地层水，饱和完成后称其重量为 m_1；

② 驱替饱和油：将饱和好地层水的岩心，放入到岩心加持器中，以 0.02mL/min 的流量向岩心注入模拟油，进行油驱水饱和油，直至采出液不含水，造束缚水完毕；停泵，老化 12h 以上，称量岩心重量 m_2，并计算其含油饱和度：

$$S_o=\frac{(m_1-m_2)\rho_w}{(m_1-m_0)(\rho_w-\rho_o)}\times 100\% \tag{5.1}$$

③ 岩心劈缝：用造缝仪进行造缝，造缝后称量其重量为 m_3，并计算出饱和油量 V_{o_1}：

$$V_{o_1}=\frac{(m_1-m_2)m_3}{(\rho_w-\rho_o)\ m_2} \tag{5.2}$$

(3)注水吞吐实验。

将裂缝性岩心放入加持器中，关闭出口端阀门，继续地层水驱憋压至某一压力，停泵，关闭上游阀门，憋压一段时间；进行放压，直至无液体流出，称量其驱出油量 V，并计算渗吸采出程度：

$$\eta=\frac{V}{V_o}\times 100\% \tag{5.3}$$

5.2.3 实验结果与讨论

注水吞吐采油的主要工程因素为注水量、注水速度、焖井时间和回采速度；地质因素主要为基质渗透率与岩石润湿性。基于 HL 地区取得的岩心样品呈中性，渗透率差异，后续重点开展了不同渗透率岩心憋压压力、焖井时间、回采速度、吞吐轮次的物理模拟。并基于单因素参数优选，评价了表面活性剂对注水吞吐的效果。

(1)憋压压力对吞吐采出程度的影响。

选不同渗透率的岩心，实验温度为 55℃，固定憋压时间为 12h，固定回采速度 0.4mL/min，固定吞吐次数一次，考察憋压压力为 5MPa、8MPa、11MPa 和 14MPa 时，憋压压力对裂缝性岩心渗吸效率的影响，最终测得不同物性岩心不同憋压压力的采出程度，具体见表 5.1 和图 5.2。

由图 5.2 可以看出：岩石渗透率越高、憋压压力越高，吞吐采收率越高。分析认为：致密砂岩储层整体属于典型的岩性油藏，由于岩心孔渗具有一定的正相关性，低渗透率岩心孔隙内原油流动阻力大，孔隙结构差，储油空间小，因此与相对高渗岩心样品，其采出程度较低；随着憋压压力的升高，地层水被压入较大孔隙中的就越多，相应的与大孔隙联通的内部岩心参与渗吸的小孔隙数量就随之增加，渗吸越充分(渗吸范围增加)，采收率也就越高。

表 5.1　实验数据表

岩心号	渗透率/$10^{-3}\mu m^2$	孔隙度/%	饱和油量/mL	含水饱和度/%	采出油量/mL	采收率/%	憋压压力/MPa
L3-4-3	0.2	6.19	9.43	37.43	0.89	9.43	5
L4-1-1	0.216	10.87	12.13	38.32	1.47	12.13	8
L4-1-2	0.227	11.34	12.23	35.48	1.50	12.23	11
L4-2-1	0.218	9.89	12.24	36.32	1.50	12.24	14
L4-4-3	0.068	8.67	5.49	42.42	0.30	5.49	5
L6-3-3	0.061	9.83	7.48	42.98	0.56	7.48	8
L6-4-1	0.063	8.33	8.34	44.93	0.70	8.34	11
L6-5-1	0.062	9.43	8.93	43.32	0.80	8.93	14

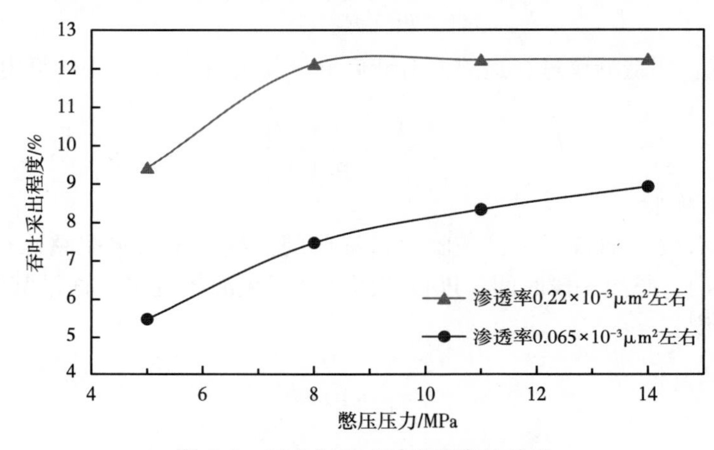

图 5.2　压力与吞吐采出程度的关系

(2)焖井时间对吞吐采出程度的影响。

选不同渗透率的岩心，实验温度为 55℃，固定憋压压力 11MPa，固定回采速度 0.4mL/min，固定吞吐次数一次，考察焖井时间 12h、24h、36h、48h 对吞吐效果的影响，实验结果见表 5.2 和图 5.3。

表 5.2　实验数据

岩心号	渗透率/$10^{-3}\mu m^2$	孔隙度/%	饱和油量/mL	含水饱和度/%	采出油量/mL	采收率/%	憋压时间/h
L4-1-2	0.227	11.34	1.22	36.92	0.15	12.23	12
L6-6-2	0.227	8.45	1.37	37.43	0.20	14.43	24
L6-6-3	0.224	7.95	1.37	35.41	0.21	15.41	36
L6-3-6	0.226	8.32	1.25	36.43	0.20	15.63	48
L6-4-1	0.063	8.33	1.06	40.32	0.09	8.34	12
L6-7-7	0.060	8.31	1.08	41.29	0.10	9.48	24
L6-7-9	0.050	8.24	1.01	43.21	0.11	10.51	36
L4-4-7	0.060	7.84	1.06	42.34	0.11	10.78	48

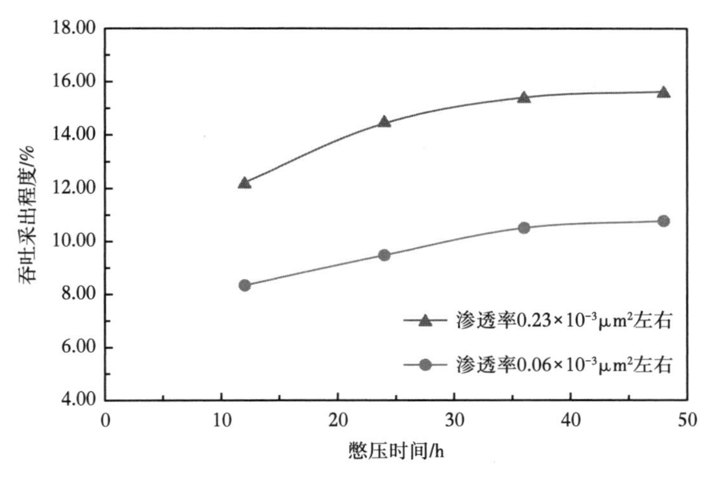

图 5.3 憋压时间与吞吐采出程度关系

由图 5.3 可知：随憋压时间的增长，渗吸采收率逐渐增大，最后趋于稳定。这是因为随渗吸时间的增大，渗吸速度逐渐减小，采收率增幅变缓，随着憋压时间内渗吸过程的进行，裂缝孔隙表面逐渐被油侵占，如不将其驱出，将会对后续渗吸产生抑制作用；渗透率较低的岩心采收率增幅大于渗透率较高的岩心。通过室内实验初步估算，对于研究区致密岩心，合理憋压时间约为 40h。

(3) 回采速度对吞吐采出程度的影响。

选不同渗透率的岩心，实验温度为 55℃，固定憋压压力 11MPa、固定焖井时间 40h，吞吐次数为一次，考察回采速度 0.2mL/min 、0.6mL/min、1mL/min 和 1.5mL/min 时，回采速度对裂缝性岩心的影响，实验结果见表 5.3 和图 5.4。

表 5.3 实验数据

岩心号	渗透率/$10^{-3}\mu m^2$	孔隙度/%	回采速度/(mL/min)	采收率/%
L6-3-7	0.223	8.83	0.2	14.36
L6-3-10	0.211	7.73	0.6	12.99
L6-3-13	0.208	6.98	1	10.75
L6-3-11	0.203	7.04	1.5	9.40
L6-7-8	0.067	6.34	0.2	9.43
L6-8-5	0.065	7.34	0.6	8.85
L6-1-1	0.066	6.8	1	7.15
L6-5-4	0.068	6.87	1.5	6.49

由图 5.4 可知：在驱替速度介于 0.2~1.5mL/min，渗吸采出程度随回采速度增加而明显降低，分析认为：吞吐采油是本身能量消耗的过程，且无其他能量补充(在 0.2 mL/min 流速下，驱动力可以克服油滴黏滞力)，低速下有利于发挥毛细管渗吸作用，使得更多渗吸介质“有效地”参与渗吸过程；当水驱速度较快时，注入水还未来得及发生渗吸置换，

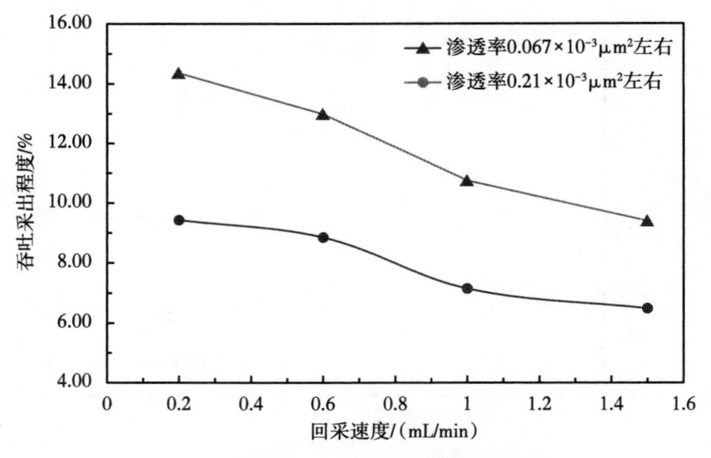

图 5.4 回采速度与吞吐采出程度关系曲线

致使注入水低效循环(水驱前缘已达出口端)，且会造成裂缝端面渗吸喉道出口端液面封闭，造成渗吸能力减弱。

(4)吞吐次数对吞吐采出程度的影响。

选不同渗透率的岩心，固定憋压压力为11MPa、固定回采速度0.2mL/min固定焖井时间分别为40h。考察吞吐次数对注水吞吐采出程度的影响，实验结果具体见表5.4和图5.5、图5.6。

表 5.4 实验数据表

岩心号	渗透率/$10^{-3}\mu m^2$	孔隙度/%	一次采收率/%	二次采收率/%	三次采收率/%
L6-3-8	0.231	8.83	14.36	4.32	2.11
L6-8-3	0.113	7.32	11.32	4.64	2.31
L6-7-6	0.060	7.32	9.43	4.83	3.46

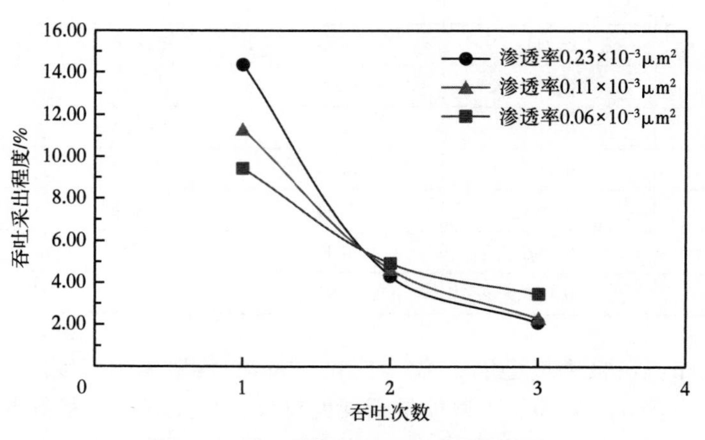

图 5.5 吞吐次数与吞吐采出程度关系

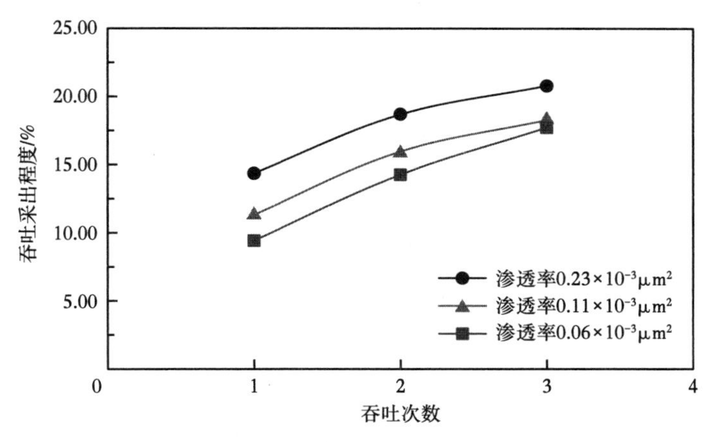

图 5.6　吞吐次数与吞吐采出程度关系

综上可知：随吞吐次数的增加，每次渗吸采收率逐渐降低。由毛细管压力于含水饱和度关系曲线可知，随着岩心内部含水饱和度的增加，岩心毛细管力逐渐减少，当毛细管力减弱至与黏滞力得到平衡时，渗吸过程结束。随吞吐次数的增加，渗吸总采收率逐渐升高，吞吐多轮次后总采收率相较一次水驱而言明显提高，有效证明了注水吞吐是一种有效提高渗吸的采油方式。

(5)表面活性剂对吞吐采出程度的影响。

通过测定不同类型渗吸液的表面张力、界面张力及其在岩心切片表面的接触角可知，纯地层水的表面张力为 71.4mN/m，油水界面张力为 21.3mN/m，油在水相岩石中的接触角为 86.4°，属于中性润湿。选取了不同类型表面活性剂，测定了地层水加入后不同类型表面活性剂(0.3%)的界面张力与三相接触角，结果见表 5.5。

表 5.5　不同类型表面活性剂界面张力及润湿角测定

流体介质	界面张力/(mN/m)	润湿角/(°)
地层水	71.4	86.4
HDSX-1	0.39	31.4
CTAB	0.15	28.9
BS-12	1.23	42.6

加入表面活性剂后，油水界面张力明显降低，随着表面活性剂浓度的增加，三种类型表面活性剂油水界面张力逐渐减少。其中，阴离子表面活性剂 BS-12 界面张力相对较高，其次为非离子表面活性剂 HDSX-1 和阳离子表明活性剂 CTAB 的油水界面张力最低。结合润湿性测试结果，出于经济性的考虑，最终选择浓度为 0.3%HDSX-1 表面活性剂为适宜对象。

进一步的通过优选的非离子表面活性剂 HDSX-1，将其与地层水 3 轮次注水吞吐进行对比，实验参数为：憋压压力 14MPa、焖井 36h、回采速度 0.2mL/min，结果见表 5.6 和图 5.7。

表 5.6 活性水注水吞吐实验结果

岩心号	渗透率/ $10^{-3}\mu m^2$	孔隙度/ %	一次采收率/ %	二次采收率/ %	三次采收率/ %	合计采收率/ %
L6-3-8	0.231	8.83	14.36	4.32	2.11	20.79
L6-3-9	0.228	8.96	17.59	6.89	4.31	28.79

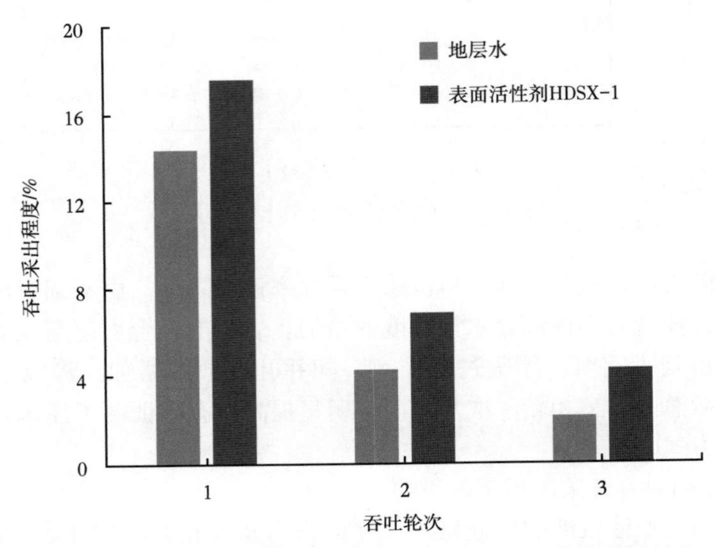

图 5.7 地层水与表面活性剂 HDSX-1 注水吞吐 3 轮次效果对比

对于中性润湿 HL 地区长 6 致密砂岩而言，在地层水中加入非离子表面活性剂 HDSX-1，可有效提高注水吞吐采出程度，值得注意的是，由于表面活性剂的加入，油水界面张力降低，对于第二次和第三次的注水吞吐更为有利，3 轮次采收率累计增幅约为 38.5%。

影响吞吐主要参数的因素包括：憋压压力、焖井时间、回采速度、吞吐轮次及注入介质，在吞吐过程中使用表面活性剂溶液能够降低油水界面张力，减小渗流阻力，增加基质吸水强度，提高注水波及体积，提高渗吸效率。憋压压力越高，采出程度越大，但应注意尽量不超过岩石裂缝的延伸开启压力。

5.3 致密油藏体积压裂水平井注水吞吐产能模型

本节在苏玉亮教授文章《体积压裂水平井复合流动模型》建立的体积压裂水平井复合流动物理模型的基础上，结合注水吞吐工艺原理，分别考虑了注水过程、焖井过程和采油过程中储层流体的流动规律及压力变化，建立了体积压裂水平井注水吞吐产能模型。

5.3.1 体积压裂水平井渗流物理模型描述

体积压裂水平井复合流动物理模型（图 5.8）是在 Lee 和 Brockenbrough 于 1986 年建立的经典的三线性流模型基础上作了局部改进后提出的，该模型将水平井两条压裂主裂缝间的流动区域进一步划分为压裂改造区域(SRV)和未改造区域，并对压裂改造区域建立了缝网双重介质模型假设，使得裂缝间多重流动规律得到了更加精确的描述。

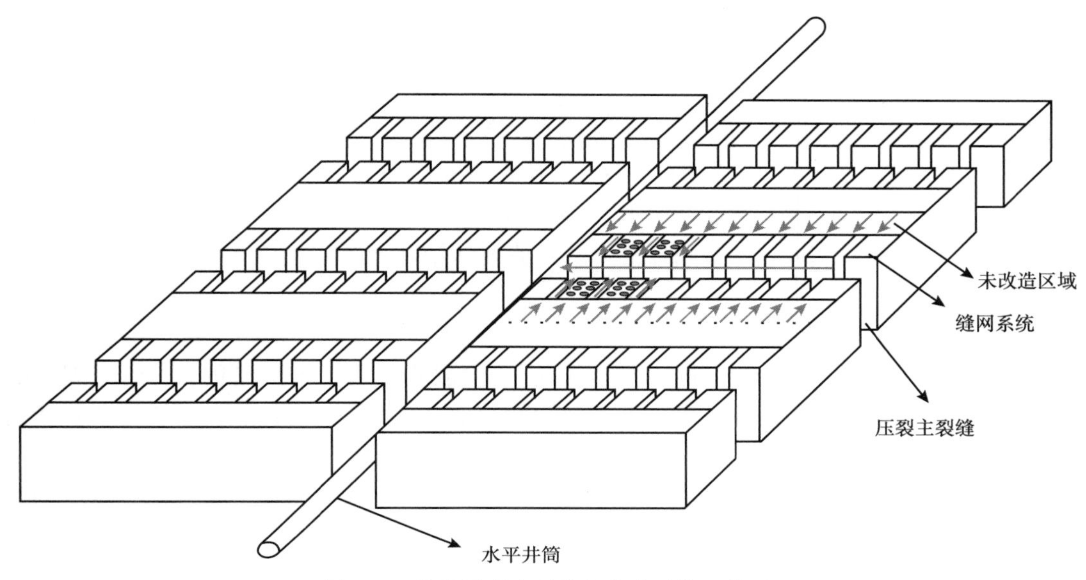

图 5.8 体积压裂水平井复合流动物理模型

该模型以一口体积压裂水平井为研究对象，为便于对储层流体过程进行描述和研究，将近井地带流体在储层中的流动视为完全关于水平井筒对称，因此可仅取局部的 1/2 流动区域作为主要研究对象，如图 5.9 所示。

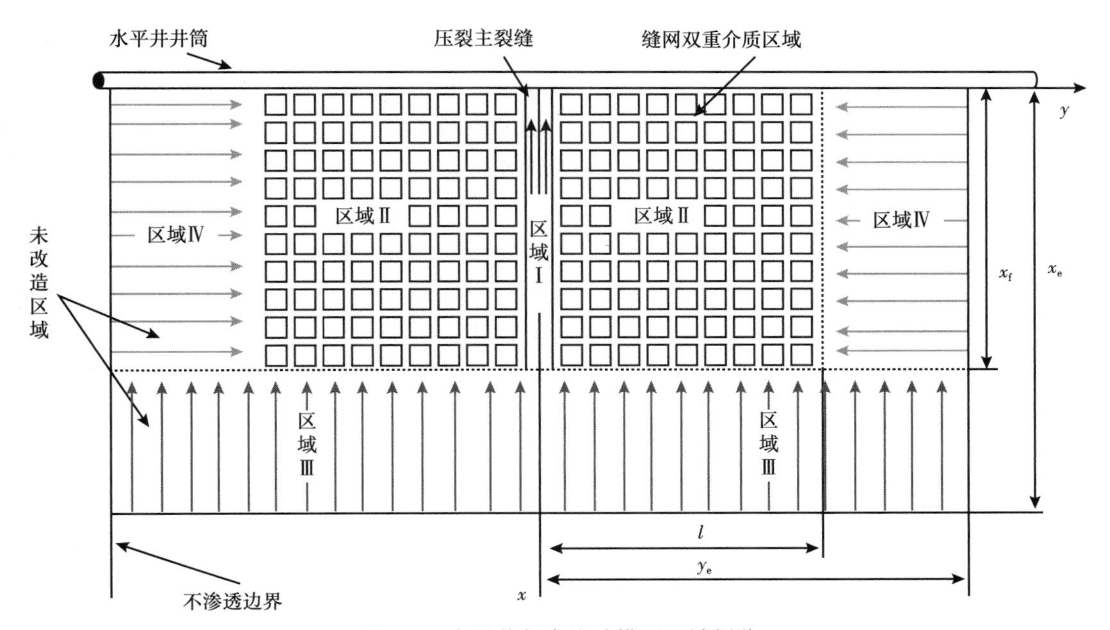

图 5.9 水平井复合流动模型区域划分

为方便不同区域储层流体流动特征的表述，该复合流动模型将近井地带储层划分为两个部分(压裂改造部分和储层未改造部分)即4个区域(区域Ⅰ、区域Ⅱ、区域Ⅲ和区域Ⅳ)。

任取一条压裂主裂缝的始端为坐标原点建立坐标系，假设两条压裂主裂缝间的距离为$2y_e$(单位：m)，储层宽度为$2x_e$(单位：m)，则有：(1)区域Ⅰ($0\leqslant x\leqslant x_f$)为体积压裂主裂缝内流体流动区域，由于裂缝内渗透率大，流体符合达西渗流；(2)区域Ⅱ($0\leqslant x\leqslant x_f$，$0\leqslant y\leqslant 1$)为储层压裂改造区，该区域内人工压裂微裂缝与天然裂缝相互连通，缝网复杂，既存在着基质与裂缝间的油水置换，又存在着微裂缝流体向主裂缝的渗流；(3)区域Ⅲ($x_f\leqslant x\leqslant x_e$，$0\leqslant y\leqslant 1$)为储层未改造区域，该区域流体为垂直于水平井筒方向的线性渗流；(4)区域Ⅳ($0\leqslant x\leqslant x_f$，$1\leqslant y\leqslant y_e$)同样为储层未改造区域，该区域流体为平行于水平井筒方向的线性渗流。

基本假设：(1)该油藏为一边界封闭的均质致密砂岩油藏，且油藏中心为一体积压裂水平井；(2)储层内流体仅能通过射孔产生的压裂主裂缝流入水平井筒内；(3)压裂裂缝完全贯穿储层，其高度等于储层厚度，且为有限导流能力；(4)压裂主裂缝及复杂裂缝网络关于水平井筒对称，裂缝之间不存在干扰；(5)该模型适用于油水两相流动。

根据以上模型假设，分别对注水吞吐过程的注水、焖井和采油3个阶段建立相应的流体渗流方程组。

5.3.2 体积压裂水平井注水吞吐渗流模型建立

致密砂岩油藏中部的一口水平井经过体积压裂改造后进行衰竭式开采，于衰竭式开发末期，地层能量严重不足，为及时弥补亏损的地层能量，采用注水吞吐的采油方式。单井注水吞吐是一个以注水、焖井和采油为一周期的多轮次循环开采方式，通过油井向地层注水的方式快速补充油藏压力，待地层压力恢复到一定水平，关井一段时间，促使储层中油水重新分布，然后开井生产。针对注水吞吐的采油方式，很显然每个周期中流体的渗流特征具有很大的相似性，但同一周期内的3个阶段流体的流动规律及压力变化各不相同，但又存在着极大的关联，由于多轮次注水吞吐流动过程基本相似，重点对其注水吞吐第一周期的3个阶段下储层流体的流动规律进行深入研究，并建立了相应的渗流数学模型。

(1)注水增能阶段。

体积压裂水平井注水吞吐开发方式的第一阶段为向油井中快速大液量的注水，以期在短时间内快速补充地层能量，由于裂缝与基质间的渗透率不同，具有较高渗透率的裂缝系统首先被注入水填充，导致裂缝内压力迅速升高，并与基质系统间形成一定的压力差，在压差作用下，注入水进而被驱替进入基质系统的高渗透带，使基质系统压力得到恢复，地层能量得以快速补充。

①注水憋压压力。

致密油藏采用注水吞吐方式采油主要是利用渗吸作用实现基质与裂缝间的油水置换，渗吸作用越强，有效渗吸时间越长，从基质中置换出的原油也就越多，因此，基于前期物理模拟结果，在注水吞吐采油的一个周期内我们希望发生主要渗吸作用的焖井阶段和最后开井采油的时间应尽可能保证其静动态渗吸效果长，而第一阶段的注水时间适当要短一些，应该在短时间内使地层压力得到快速补充。

很显然，在实际油藏的开发中，注水压力不可能无限制地增大，还需要充分考虑地层、套管及地面设备的承受能力。因此，需要确定合理的注水压力范围。根据延长油田致密油藏注水开发开采经验，合理的注水压力应满足以下条件：

a. 注水压力应该略大于天然微裂缝及体积压裂人造裂缝的重新开启压力且小于地层岩石的破裂压力。若注水压力大于破裂压力太多，容易导致微裂缝尺寸扩大，形成的大裂缝甚至可能压穿储层造成注入水的流失和地层能量的浪费。相反，若注水压力较小，无法将原来的微裂缝重新压开，就会造成注入水与基质的接触面积减小，影响渗吸效果。

b. 出于对生产井套管安全的考虑，注水压力应小于套管最小的挤毁压力。此外，还应考虑地面注水设备的安全生产条件，在地面设备的合理承载范围内最终实现油藏的经济有效开发。

②累计注水量。

注水阶段是通过向储层注水的方式弥补地层亏空，提高地层能量的，然而在真正注水施工前，需要对注入地层的累计注水量有一个提前的认识。而注水量又主要与地层能量的亏空程度有关，因此可以从油藏物质平衡的角度进行分析。由于油藏是一个无气顶、无边水的封闭型油藏，考虑到油藏进行衰竭式开发后，目前的地层压力低于泡点压力，满足物质平衡方程式（5.4）：

$$N_p[B_o+(R_p-R_s)B_g]+W_pB_w=N[B_o-B_{oi}+(R_{si}-R_s)B_g]+\frac{NB_{oi}}{1-S_{wc}}(C_wS_{wc}+C_f)\Delta p+W_iB_w \tag{5.4}$$

式中　N、N_p——原油的地质储量和累计产油量，地面标 m^3；

B_o、B_w、B_g——油、水、气体积系数，m^3/m^3；

B_{oi}——原始的原油体积系数，m^3/m^3；

R_{si}、R_s 和 R_p——原始溶解气油比、当前溶解气油比和生产气油比，m^3/m^3；

W_p、W_i——累计产水量和累计注水量，地面标 m^3；

C_w——水的压缩系数，MPa^{-1}；

C_f——岩石孔隙的压缩系数，MPa^{-1}；

S_{wc}——束缚水饱和度；

Δp——储层压力降，MPa。

已知衰竭式开采的累计产油量和累计产水量，在地层压力降为 ΔP 条件下，根据式（5.4）可得累计注水量为：

$$W_i=\frac{N_p[B_o+(R_p-R_s)B_g]+W_pB_w-N[B_o-B_{oi}+(R_{si}-R_s)B_g]-\frac{NB_{oi}}{1-S_{wc}}(C_wS_{wc}+C_f)\Delta p}{B_w} \tag{5.5}$$

(2)焖井阶段。

在结束了一定时间的高强度注水后，便进入到注水吞吐采油的第二个阶段——焖井阶段。关井初期，由于注入水在地层中流动极其缓慢，裂缝与基质间仍然存在一定的压差驱动作用下，裂缝中的注入水继续被驱替进入基质，使得裂缝压力降低，基质压力上升，并在一段时间后二者压力达到平衡，在此之后，基质与裂缝将一直处于动态平衡状态。此时，在毛细管力的渗吸作用下，裂缝与基质间的流体不断发生着交换，尤其以区域Ⅱ的体积压裂改造区油水的渗吸置换作用最为明显。根据渗吸采油原理，建立焖井阶段油水两相渗流微分方程。

①连续性方程。

基质内的流体流动：

$$\begin{aligned} -\nabla(\rho_{om}q_{om})-\nabla(\rho_{om}q_{omf})&=\frac{\partial}{\partial t}(\rho_{om}\phi_m S_{om}) \\ -\nabla(\rho_{wm}q_{wm})-\nabla(\rho_{wm}q_{wmf})&=\frac{\partial}{\partial t}(\rho_{wm}\phi_m S_{wm}) \end{aligned} \tag{5.6}$$

裂缝内的流体流动：

$$\begin{aligned} -\nabla(\rho_{of}q_{of})+\nabla(\rho_{of}q_{omf})&=\frac{\partial}{\partial t}(\rho_{of}\phi_f S_{of}) \\ -\nabla(\rho_{wf}q_{wf})+\nabla(\rho_{wf}q_{wmf})&=\frac{\partial}{\partial t}(\rho_{wf}\phi_f S_{wf}) \end{aligned} \tag{5.7}$$

②运动方程。

基质内：

$$\begin{cases} q_{om}=-\dfrac{k_m k_{rom}}{\mu_o}(\nabla p_m-G_m) & \nabla p_m>G_m \\ q_{om}=0 & \nabla p_m\leqslant G_m \end{cases} \qquad \begin{cases} q_{wm}=-\dfrac{k_m k_{rwm}}{\mu_w}(\nabla p_m-G_m) & \nabla p_m>G_m \\ q_{wm}=0 & \nabla p_m\leqslant G_m \end{cases} \tag{5.8}$$

裂缝内：

$$q_{of}=-\frac{k_f k_{rof}}{\mu_o}\nabla p_{of} \tag{5.9}$$

$$q_{wf}=-\frac{k_f k_{rwf}}{\mu_w}\nabla p_{wf} \tag{5.10}$$

式中 k_{ro}、k_{rw}——油水相相对渗透率，下标 f、m 分别代表裂缝和基质；

μ_o，μ_w——油水两相的黏度，mPa·s，下标 o 和 w 分别代表油、水两相；

ρ_{om}，ρ_{wm}——基质内、裂缝内油相密度；

q_{om}，q_{ow}——单元体流向周围基质的油流量、水流量；

S_{om}，S_{wm}——基质内油、水饱和度；

S_{of}，S_{wf}——裂缝内油、水饱和度；

ϕ_m，ϕ_f——基质、裂缝孔隙度；

k_m，k_f——基质、裂缝渗透率；

p_m——基质内压力梯度，mPa/m；

G_m——基质内的启动压力梯度，MPa/m。

③裂缝与基质间的窜流方程。

q_{omf}和q_{wmf}分别表示因为渗吸作用导致的油水两相从基质岩块向缝网微裂缝内的拟稳态窜流，其表达式为：

$$q_{omf}=\frac{\sigma k_m k_{rom}}{\mu_o}\nabla(p_{om}-p_{of}) \tag{5.11}$$

$$q_{wmf}=\frac{\sigma k_m k_{rwm}}{\mu_w}\nabla(p_{wm}-p_{wf}) \tag{5.12}$$

其中，窜流系数$\sigma=4/L_x^2+4/L_y^2+4/L_z^2$，根据该物理模型此处可取$12/L_m^2$。

式中　L_m——方块基质的尺寸，m；

p_{om}、p_{of}——基质和裂缝内的油相相压，MPa；

p_{wm}、p_{wf}——基质和裂缝内的水相相压，MPa。

④毛细管力方程。

基质与裂缝发生渗吸置换作用是由两者间存在的毛细管力差异导致的，而毛细管力的差异又是由基质与裂缝中的含水饱和度不同引起的，因此，渗吸作用的实质是基质中的油水相压与裂缝中的油水相压存在差异而发生的窜流，即油向低油区方向流动，水向低水区方向流动。

基质内：

$$\begin{cases}p_{cm}=p_{wm}-p_{om}=p_{cwm}+p_{com}\\p_m=p_{om}+p_{com}=p_{wm}-p_{cwm}\end{cases} \tag{5.13}$$

裂缝内：

$$\begin{cases}p_{cf}=p_{wf}-p_{of}=p_{cwf}+p_{cof}\\p_f=p_{of}+p_{cof}=p_{wf}-p_{cwf}\end{cases} \tag{5.14}$$

由于裂缝具有较强的导流能力，裂缝内部含水饱和度差异很小，故而认为裂缝中的毛细管力很小，可以忽略，所以有：

$$\begin{cases}p_{cf}=p_{wf}-p_{of}=0\\p_f=p_{of}=p_{wf}\end{cases} \tag{5.15}$$

因此有：

$$\begin{cases}p_{om}=p_m-p_{com}\\p_{of}=p_f\end{cases} \tag{5.16}$$

$$\begin{cases}p_{wm}=p_m+p_{cwm}\\p_{wf}=p_f\end{cases} \tag{5.17}$$

式中　p_{cm}、p_{cf}——基质和裂缝内的毛细管压力，MPa；

p_{wm}，p_{wf}——考虑毛细现象后基质内和裂缝内的水相压力，MPa；

p_m、p_f——基质和裂缝内的实际压力，MPa。

其中，由于基质与裂缝均亲水，所以p_{com}和p_{cof}分别表示基质和裂缝内的油相相压相对于中间润湿相的压力减少值，单位为MPa，而p_{cwm}和p_{cwf}则表示基质和裂缝内的水相相压相对于中间润湿相的压力附加值，单位为 MPa。

⑤状态方程。

流体：

$$\rho_{om、of}(p_{m,f})=\rho_o^0[1+C_o(p_{m,f}-p^0)] \tag{5.18}$$

$$\rho_{wm、wf}(p_{m,f})=\rho_w^0[1+C_w(p_{m,f}-p^0)] \tag{5.19}$$

岩石：

$$\phi_{m,f}(p_{m,f})=\phi^0[1+C_f(p_{m,f}-p^0)] \tag{5.20}$$

式中 ρ_o^0、ρ_w^0——油、水在压力为 ρ^0 时的密度，kg/m^3；

C_o、C_w、C_f——油、水及岩石的压缩系数，MPa^{-1}。

将式(5.7)至式(5.12)、式(5.16)和式(5.17)代入到式(5.3)至式(5.6)中得到最终控制方程为：

基质内油相：

$$\nabla\left[\rho_{om}\frac{k_m k_{rom}}{\mu_o}(\nabla p_m-G_m)\right]-\nabla\left\{\rho_{om}\frac{\sigma k_m k_{rom}}{\mu_o}\nabla[(p_m-p_{com})-p_f]\right\}=\frac{\partial}{\partial t}(\rho_{om}\phi_m S_{om}) \tag{5.21}$$

基质内水相：

$$\nabla\left[\rho_{wm}\frac{k_m k_{rwm}}{\mu_w}(\nabla p_m-G_m)\right]-\nabla\left\{\rho_{wm}\frac{\sigma k_m k_{rwm}}{\mu_w}\nabla[(p_m+p_{cwm})-p_f]\right\}=\frac{\partial}{\partial t}(\rho_{wm}\phi_m S_{wm}) \tag{5.22}$$

裂缝内油相：

$$\nabla\left(\rho_{of}\frac{k_f k_{rof}}{\mu_o}\nabla p_f\right)+\nabla\left\{\rho_{om}\frac{\sigma k_m k_{rom}}{\mu_o}\nabla[(p_m-p_{com})-p_f]\right\}=\frac{\partial}{\partial t}(\rho_{of}\phi_f S_{of}) \tag{5.23}$$

裂缝内水相：

$$\nabla\left(\rho_{wf}\frac{k_f k_{rwf}}{\mu_w}\nabla p_f\right)+\nabla\left\{\rho_{wm}\frac{\sigma k_m k_{rwm}}{\mu_w}\nabla[(p_m+p_{cwm})-p_f]\right\}=\frac{\partial}{\partial t}(\rho_{wf}\phi_f S_{wf}) \tag{5.24}$$

辅助方程：

$$S_{om}+S_{wm}=1 \tag{5.25}$$

$$S_{of}+S_{wf}=1 \tag{5.26}$$

(3)采油阶段。

注水吞吐采油阶段即为地层能量的释放过程，此阶段流体流出地层的动力主要为储层内的不稳定驱替压差作用，流体的流动过程具体可分为两个阶段：阶段一为油井开井初期，由于裂缝与基质地层的渗透率相差较大，流体首先由高导流裂缝流入井筒，基质内流体基本不流动，在体积压裂油藏的物理模型中具体表现为区域Ⅰ和区域Ⅱ内流体的流动，该阶段相较于油藏初期的衰竭式开采方式，区域内流体由原来的单相流变为了油水两相流动，需要建立低渗透油藏的一维两相渗流模型；阶段二为当油井开井一段时间后由于裂缝内流体流出，压力降低，与基质间形成一定的压差，此时基质内原油在压差作用下流向裂缝，进而流入井筒，表现为区域Ⅲ和区域Ⅳ基质内考虑启动压力梯度的单相流体线性流动。因此，基于上述体积压裂水平井的模型假设，对采油阶段流体渗流过程进行分区域描述：

① 区域Ⅰ的渗流过程。

运动方程：区域Ⅰ为体积压裂水平井主裂缝内流体的流动，油水均符合达西渗流规律，忽略裂缝表皮效应的影响，同时不考虑毛细管力和重力的影响，则一维油水两相的运动方程可以表示为：

油相：

$$q_{1o}=-\frac{k_1k_{rof}}{\mu_o}\frac{\partial p_{1o}}{\partial x}+\frac{k_1k_{rof}}{\mu_o}\frac{\partial p_o^{2\to1}}{\partial y} \tag{5.27}$$

水相：

$$q_{1w}=-\frac{k_1k_{rwf}}{\mu_w}\frac{\partial p_{1w}}{\partial x}+\frac{k_1k_{rwf}}{\mu_w}\frac{\partial p_w^{2\to1}}{\partial y} \tag{5.28}$$

式中 q_{no}、q_{nw}(n=1，2，3，4)——不同区域(区域Ⅰ、区域Ⅱ、区域Ⅲ和区域Ⅳ)油水相体积流量，m^3/d；

k_n(n=1，2，3，4)——不同区域的整体渗透率，$10^{-3}\mu m^2$；

p_n——不同区域(区域Ⅰ、区域Ⅱ、区域Ⅲ和区域Ⅳ)的压力，MPa；

$p^{2\to1}$——区域Ⅱ与区域Ⅰ交界处的压力差，MPa。

状态方程：

流体：

$$\rho_o^1(p_1)=\rho_o^0[1+C_o(p_1-p^0)] \tag{5.29}$$

$$\rho_w^1(p_1)=\rho_w^0[1+C_w(p_1-p^0)] \tag{5.30}$$

岩石：

$$\phi^1(p_1)=\phi^0[1+C_f(p_1-p^0)] \tag{5.31}$$

式中 ρ_o^0，ρ_w^0——油、水在压力为 p^0 时的密度，kg/m^3；

ϕ^1——压裂主裂缝的孔隙度；

C_o，C_w、C_f——油、水及岩石的压缩系数，MPa^{-1}。

连续性方程：

油相：

$$\frac{\partial q_{1o}}{\partial x}=-\frac{\partial}{\partial t}\left(\phi^1\rho_o^1S_{1o}\right) \tag{5.32}$$

水相：

$$\frac{\partial q_{1w}}{\partial x}=-\frac{\partial}{\partial t}\left(\phi^1\rho_w^1S_{1w}\right) \tag{5.33}$$

将式(5.27)和式(5.28)分别代入到式(5.32)和式(5.33)得到区域Ⅰ的最终控制方程：

油相：

$$-\frac{\partial}{\partial x}\left(\rho_o^1\frac{k_1k_{rof}}{\mu_o}\frac{\partial p_{1o}}{\partial x}\right)+\frac{\partial}{\partial y}\left(\rho_o^1\frac{k_1k_{rof}}{\mu_o}\frac{\partial p_o^{2\to1}}{\partial y}\right)=\frac{\partial}{\partial t}(\phi^1\rho_o^1S_{1o}) \tag{5.34}$$

水相：

$$-\frac{\partial}{\partial x}\left(\rho_{\mathrm{w}}^{1}\frac{k_{1}k_{\mathrm{rwf}}}{\mu_{\mathrm{w}}}\frac{\partial p_{1\mathrm{w}}}{\partial x}\right)+\frac{\partial}{\partial y}\left(\rho_{\mathrm{w}}^{1}\frac{k_{1}k_{\mathrm{rwf}}}{\mu_{\mathrm{w}}}\frac{\partial p_{\mathrm{w}}^{2\to1}}{\partial y}\right)=\frac{\partial}{\partial t}(\phi^{1}\rho_{\mathrm{w}}^{1}S_{1\mathrm{w}}) \tag{5.35}$$

辅助方程：

$$S_{1\mathrm{o}}+S_{1\mathrm{w}}=1 \tag{5.36}$$

②区域Ⅱ的渗流过程。

区域Ⅱ为体积压裂储层裂缝改造区，在开井采油阶段，裂缝与基质间压差逐渐增大，此时基质成为高压区，裂缝与基质间的压力差为液体流动的主要驱动压力，且经过焖井阶段油水置换后裂缝与基质间含油饱和度差异变小，渗吸作用已经相当微弱，可忽略不计，因此该阶段区域内油水两相的流动主要为次级裂缝流体流入压裂主裂缝的线性渗流，及基质流体在压差作用下向缝网的流动，并考虑启动压力梯度的影响。

基质向次级裂缝内的流动：

基质内油相：

$$-\nabla\left\{\rho_{\mathrm{o}}^{2}\frac{k_{\mathrm{m}}k_{\mathrm{rom}}}{\mu_{\mathrm{o}}}\left[\nabla(p_{2\mathrm{m}}-p_{2\mathrm{f}})-G_{\mathrm{m}}\right]\right\}=\frac{\partial}{\partial t}(\phi_{\mathrm{m}}^{2}\rho_{\mathrm{o}}^{2}S_{2\mathrm{om}}) \tag{5.37}$$

基质内水相：

$$-\nabla\left\{\rho_{\mathrm{w}}^{2}\frac{k_{\mathrm{m}}k_{\mathrm{rwm}}}{\mu_{\mathrm{w}}}\left[\nabla(p_{2\mathrm{m}}-p_{2\mathrm{f}})-G_{\mathrm{m}}\right]\right\}=\frac{\partial}{\partial t}(\phi_{\mathrm{m}}^{2}\rho_{\mathrm{w}}^{2}S_{2\mathrm{wm}}) \tag{5.38}$$

次级裂缝内流体渗流：

裂缝内油相：

$$-\frac{\partial}{\partial y}\left(\rho_{\mathrm{o}}^{1}\frac{k_{1}k_{\mathrm{rof}}}{\mu_{\mathrm{o}}}\frac{\partial p_{\mathrm{o}}^{2\to1}}{\partial y}\right)+\nabla\left\{\rho_{\mathrm{o}}^{2}\frac{k_{\mathrm{m}}k_{\mathrm{rom}}}{\mu_{\mathrm{o}}}\left[\nabla(p_{2\mathrm{m}}-p_{2\mathrm{f}})-G_{\mathrm{m}}\right]\right\}+\frac{\partial}{\partial x}\left[\frac{\rho_{\mathrm{o}}^{3}k_{\mathrm{m}}k_{\mathrm{rom}}}{\mu_{\mathrm{o}}}\left(\frac{\partial p_{3}}{\partial x}-G_{\mathrm{m}}\right)\right]$$
$$+\frac{\partial}{\partial y}\left[\frac{\rho_{\mathrm{o}}^{4}k_{\mathrm{m}}k_{\mathrm{rom}}}{\mu_{\mathrm{o}}}\left(\frac{\partial p_{4}}{\partial y}-G_{\mathrm{m}}\right)\right]=\frac{\partial}{\partial t}(\rho_{\mathrm{o}}^{2}\phi_{\mathrm{f}}^{2}S_{2\mathrm{of}}) \tag{5.39}$$

裂缝内水相：

$$\begin{cases}-\frac{\partial}{\partial y}\left(\rho_{\mathrm{w}}^{1}\frac{k_{1}k_{\mathrm{rwf}}}{\mu_{\mathrm{w}}}\frac{\partial p_{\mathrm{w}}^{2\to1}}{\partial y}\right)+\nabla\left\{\rho_{\mathrm{w}}^{2}\frac{k_{\mathrm{m}}k_{\mathrm{rwm}}}{\mu_{\mathrm{w}}}\left[\nabla(p_{2\mathrm{m}}-p_{2\mathrm{f}})-G_{\mathrm{m}}\right]\right\}+\frac{\partial}{\partial x}\left[\frac{\rho_{\mathrm{w}}^{3}k_{\mathrm{m}}k_{\mathrm{rwm}}}{\mu_{\mathrm{w}}}\left(\frac{\partial p_{3}}{\partial x}-G_{\mathrm{m}}\right)\right] \\ +\frac{\partial}{\partial y}\left[\frac{\rho_{\mathrm{w}}^{4}k_{\mathrm{m}}k_{\mathrm{rwm}}}{\mu_{\mathrm{w}}}\left(\frac{\partial p_{4}}{\partial y}-G_{\mathrm{m}}\right)\right]=\frac{\partial}{\partial t}(\rho_{\mathrm{w}}^{2}\phi_{\mathrm{f}}^{2}S_{2\mathrm{wf}}) \qquad (5.40) \\ S_{2\mathrm{om}}+S_{2\mathrm{wm}}=1 \\ S_{2\mathrm{of}}+S_{2\mathrm{wf}}=1 \qquad (5.41)\end{cases}$$

式中 $p_{2\mathrm{m}}$——压裂改造区基质系统压力，MPa；

G_{m}——压裂改造区基质系统内启动压力梯度，MPa/m；

$p_{2\mathrm{f}}$——压裂改造区内微裂缝系统压力，MPa；

$S_{2\mathrm{om}}$，$S_{2\mathrm{wm}}$——区域Ⅱ中基质油相和水相饱和度；

ϕ_{m}^{2}——基质孔隙度，%；

ϕ_f^2——裂缝改造区裂缝系统孔隙度,%。

③区域Ⅲ的渗流过程。

区域Ⅲ为油藏储层未改造区，开井采油阶段，流体主要在基质与裂缝的压差作用下流入到压裂改造区。

油相：

$$-\frac{\partial}{\partial x}\left\{\rho_o^3\left[\frac{k_m k_{rom}}{\mu_o}\left(\frac{\partial p_3}{\partial x}-G_m\right)\right]\right\}=\frac{\partial}{\partial t}(\rho_o^3\phi_m S_{3o}) \tag{5.42}$$

水相：

$$\begin{cases}-\frac{\partial}{\partial x}\left\{\rho_w^3\left[\frac{k_m k_{rom}}{\mu_w}\left(\frac{\partial p_3}{\partial x}-G_m\right)\right]\right\}=\frac{\partial}{\partial t}(\rho_w^3\phi_m S_{3w}) \\ S_{3o}+S_{3w}=1\end{cases} \tag{5.43}$$

④区域Ⅳ的渗流过程。

区域Ⅳ同样为油藏未改造区，与区域Ⅲ的流体渗流过程相同。

油相：

$$-\frac{\partial}{\partial y}\left\{\rho_o^4\left[\frac{k_m k_{rom}}{\mu_o}\left(\frac{\partial p_4}{\partial y}-G_m\right)\right]\right\}=\frac{\partial}{\partial t}(\rho_o^4\phi_m S_{4o}) \tag{5.44}$$

水相：

$$-\frac{\partial}{\partial y}\left\{\rho_w^4\left[\frac{k_m k_{rwm}}{\mu_w}\left(\frac{\partial p_4}{\partial y}-G_m\right)\right]\right\}=\frac{\partial}{\partial t}(\rho_w^4\phi_m S_{4w}) \tag{5.45}$$

$$S_{4o}+S_{4w}=1$$

(4)初始条件及边界条件。

①初始条件：

$$\begin{gathered}p_{wf}|_{t=0}=p_{wm}|_{t=0}=p_{wi}(x,\ y,\ z) \\ S_{wf}|_{t=0}=S_{wm}|_{t=0}=S_{wi}(x,\ y,\ z);\ S_{of}|_{t=0}=S_{om}|_{t=0}=S_{oi}(x,\ y,\ z) \\ \phi_f|_{t=0}=\phi_{fi}(x,\ y,\ z);\ \phi_m|_{t=0}=\phi_{mi}(x,\ y,\ z) \\ K_f|_{t=0}=K_{fi}(x,\ y,\ z);\ K_m|_{t=0}=K_{mi}(x,\ y,\ z)\end{gathered} \tag{5.46}$$

②边界条件：封闭、定压外边界条件为：

$$\left.\frac{\partial p_{om}}{\partial n}\right|_\Gamma=0,\ \left.\frac{\partial p_{of}}{\partial n}\right|_\Gamma=0,\ \left.\frac{\partial p_{wm}}{\partial n}\right|_\Gamma=0,\ \left.\frac{\partial p_{wf}}{\partial n}\right|_\Gamma=0,\ p_w|_\Gamma=C_w \tag{5.47}$$

定井底压力、定产量内边界条件分别是：

$$p|_{(x=w_f/2,z=h/2)}=p_{wf};\ q|_{(x=w_f/2,z=h/2)}=C \tag{5.48}$$

5.3.3 体积压裂水平井注水吞吐渗流模型的求解

采用有限差分方法对建立的注水吞吐渗流方程组进行离散求解，具体求解步骤如下。

(1)焖井阶段渗流模型求解。

基质系统渗流方程差分：

①基质内水相、油相饱和度方程的推导：

油相：

$$\begin{aligned}\frac{\partial}{\partial t}(\rho_{om}\phi_m S_{om}) &= \rho_{om}\phi_m S_{om} C_{om}\frac{\partial p_m}{\partial t}+\rho_{om}\phi_m S_{om} C_m\frac{\partial p_m}{\partial t}+\rho_{om}\phi_m\frac{\partial S_{om}}{\partial t}\\ &= \rho_{om}\phi_m S_{om}(C_{om}+C_m)\frac{\partial p_m}{\partial t}+\rho_{om}\phi_m\frac{\partial S_{om}}{\partial t}\\ &= \rho_{om}\beta_{om}\frac{\partial p_m}{\partial t}+\rho_{om}\phi_m\frac{\partial S_{om}}{\partial t}\end{aligned} \tag{5.49}$$

水相：

$$\begin{aligned}\frac{\partial}{\partial t}(\rho_{wm}\phi_m S_{wm}) &= \rho_{wm}\phi_m S_{wm} C_{wm}\frac{\partial p_m}{\partial t}+\rho_{wm}\phi_m S_{wm} C_m\frac{\partial p_m}{\partial t}+\rho_{wm}\phi_m\frac{\partial S_{wm}}{\partial t}\\ &= \rho_{wm}\beta_{wm}\frac{\partial p_m}{\partial t}+\rho_{wm}\phi_m\frac{\partial S_{wm}}{\partial t}\end{aligned} \tag{5.50}$$

其中，$\beta_{om}=\phi_m S_{om}(C_{om}+C_m)$，$\beta_{wm}=\phi_m S_{wm}(C_w+C_{wm})$，$C_{om}=\frac{1}{\rho_{om}}\frac{\partial\rho_{om}}{\partial p_m}$，$C_{wm}=\frac{1}{\rho_{wm}}\frac{\partial\rho_{wm}}{\partial p_m}$，$C_m=\frac{1}{\phi_m}\frac{\partial\phi_m}{\partial p_m}$。

②基质系统压力相方程的推导：考虑到基质内启动压力梯度为常数，对式(5.21)和式(5.22)的左端进行变形，得到：

油相：

$$\begin{aligned}&\nabla\left[\rho_{om}\frac{k_m k_{rom}}{\mu_o}(\nabla p_m-G_m)\right]-\nabla\left\{\rho_{om}\frac{\sigma k_m k_{rom}}{\mu_o}\nabla[(p_m-p_{com})-p_f]\right\}\\ &=\nabla(\rho_{om}\lambda_{om}\nabla p_m)-\sigma\cdot\nabla\{\rho_{om}\lambda_{om}\nabla[(p_m-p_{com})-p_f]\}\end{aligned} \tag{5.51}$$

水相：

$$\begin{aligned}&\nabla\left[\rho_{wm}\frac{k_m k_{rwm}}{\mu_w}(\nabla p_m-G_m)\right]-\nabla\left\{\rho_{wm}\frac{\sigma k_m k_{rwm}}{\mu_w}\nabla[(p_m+p_{cwm})-p_f]\right\}\\ &=\nabla(\rho_{wm}\lambda_{wm}\nabla p_m)-\sigma\nabla\{\rho_{wm}\lambda_{wm}\nabla[(p_m+p_{cwm})-p_f]\}\end{aligned} \tag{5.52}$$

其中，$\lambda_{om}=\frac{k_m k_{rom}}{\mu_o}$，$\lambda_{wm}=\frac{k_m k_{rwm}}{\mu_w}$。

由此，基质内油、水相渗流控制方程可整理为：

油相：

$$\begin{aligned}&\nabla(\rho_{om}\lambda_{om}\nabla p_m)-\sigma\nabla\{\rho_{om}\lambda_{om}\nabla[(p_m-p_{com})-p_f]\}\\ &=\rho_{om}\beta_{om}\frac{\partial p_m}{\partial t}+\rho_{om}\phi_m\frac{\partial S_{om}}{\partial t}\end{aligned} \tag{5.53}$$

水相：

$$\begin{aligned}&\nabla(\rho_{wm}\lambda_{wm}\nabla p_m)-\sigma\nabla\{\rho_{wm}\lambda_{wm}\nabla[(p_m+p_{cwm})-p_f]\}\\ &=\rho_{wm}\beta_{wm}\frac{\partial p_m}{\partial t}+\rho_{wm}\phi_m\frac{\partial S_{wm}}{\partial t}\end{aligned} \tag{5.54}$$

由式(5.25)基质内饱和度辅助方程，求导得到：

$$\frac{\partial S_{\mathrm{om}}}{\partial t}+\frac{\partial S_{\mathrm{wm}}}{\partial t}=0 \tag{5.55}$$

将式(5.53)和式(5.54)分别乘以ρ_{wm}和ρ_{om}后相加，可以得到：

$$\begin{aligned}&\rho_{\mathrm{wm}}\nabla(\rho_{\mathrm{om}}\lambda_{\mathrm{om}}\nabla p_{\mathrm{m}})-\sigma\rho_{\mathrm{wm}}\nabla\{\rho_{\mathrm{om}}\lambda_{\mathrm{om}}\nabla[(p_{\mathrm{m}}-p_{\mathrm{com}})-p_{\mathrm{f}}]\}\\&+\nabla\rho_{\mathrm{om}}(\rho_{\mathrm{wm}}\lambda_{\mathrm{wm}}\nabla p_{\mathrm{m}})-\sigma\rho_{\mathrm{om}}\nabla\{\rho_{\mathrm{wm}}\lambda_{\mathrm{wm}}\nabla[(p_{\mathrm{m}}+p_{\mathrm{cwm}})-p_{\mathrm{f}}]\}\\&=\rho_{\mathrm{om}}\rho_{\mathrm{wm}}(\beta_{\mathrm{om}}+\beta_{\mathrm{wm}})\frac{\partial p_{\mathrm{m}}}{\partial t}+\rho_{\mathrm{om}}\rho_{\mathrm{wm}}\phi_{\mathrm{m}}\left(\frac{\partial S_{\mathrm{om}}}{\partial t}+\frac{\partial S_{\mathrm{wm}}}{\partial t}\right)\\&=\rho_{\mathrm{om}}\rho_{\mathrm{wm}}(\beta_{\mathrm{om}}+\beta_{\mathrm{wm}})\frac{\partial p_{\mathrm{m}}}{\partial t}\end{aligned} \tag{5.56}$$

式(5.56)即为基质系统中的渗流控制方程。

采用隐式求压力，显式求饱和度的方法求解每个时刻地层裂缝和基质中的压力和饱和度，因此需将式(5.53)和式(5.56)进行差分离散，具体差分步骤如下：

$$\begin{aligned}&[\nabla(\rho_{\mathrm{wm}}\rho_{\mathrm{om}}\lambda_{\mathrm{om}}\nabla p_{\mathrm{m}})]_{i,j,k}^{n+1}=\frac{(\rho_{\mathrm{wm}}\rho_{\mathrm{om}}\lambda_{\mathrm{om}}\nabla p_{\mathrm{m}})_{i+1/2,j,k}^{n+1}-(\rho_{\mathrm{wm}}\rho_{\mathrm{om}}\lambda_{\mathrm{om}}\nabla p_{\mathrm{m}})_{i-1/2,j,k}^{n+1}}{\Delta x_i}\\&+\frac{(\rho_{\mathrm{wm}}\rho_{\mathrm{om}}\lambda_{\mathrm{om}}\nabla p_{\mathrm{m}})_{i,j+1/2,k}^{n+1}-(\rho_{\mathrm{wm}}\rho_{\mathrm{om}}\lambda_{\mathrm{om}}\nabla p_{\mathrm{m}})_{i,j-1/2,k}^{n+1}}{\Delta y_j}\\&=\frac{2(\lambda_{\mathrm{om}}\rho_{\mathrm{om}}\rho_{\mathrm{wm}})_{i+1/2,j,k}^{n+1}}{\Delta x_i(\Delta x_i+\Delta x_{i+1})}[(p_{\mathrm{m}})_{i+1,j,k}^{n+1}-(p_{\mathrm{m}})_{i,j,k}^{n+1}]-\frac{2(\lambda_{\mathrm{om}}\rho_{\mathrm{om}}\rho_{\mathrm{wm}})_{i-1/2,j,k}^{n+1}}{\Delta x_i(\Delta x_i+\Delta x_{i-1})}[(p_{\mathrm{m}})_{i,j,k}^{n+1}-(p_{\mathrm{m}})_{i-1,j,k}^{n+1}]\\&+\frac{2(\lambda_{\mathrm{om}}\rho_{\mathrm{om}}\rho_{\mathrm{wm}})_{i,j+1/2,k}^{n+1}}{\Delta y_j(\Delta y_j+\Delta y_{j+1})}[(p_{\mathrm{m}})_{i,j+1,k}^{n+1}-(p_{\mathrm{m}})_{i,j,k}^{n+1}]-\frac{2(\lambda_{\mathrm{om}}\rho_{\mathrm{om}}\rho_{\mathrm{wm}})_{i,j-1/2,k}^{n+1}}{\Delta y_j(\Delta y_j+\Delta y_{j-1})}[(p_{\mathrm{m}})_{i,j,k}^{n+1}-(p_{\mathrm{m}})_{i,j-1,k}^{n+1}]\end{aligned} \tag{5.57}$$

同理，

$$\begin{aligned}&\nabla\{\rho_{\mathrm{wm}}\rho_{\mathrm{om}}\sigma\lambda_{\mathrm{om}}\nabla[(p_{\mathrm{m}}-p_{\mathrm{com}})-p_{\mathrm{f}}]\}\\&=\sigma\frac{2(\lambda_{\mathrm{om}}\rho_{\mathrm{om}}\rho_{\mathrm{wm}})_{i+1/2,j,k}^{n+1}}{\Delta x_i(\Delta x_i+\Delta x_{i+1})}\{[(p_{\mathrm{m}}-p_{\mathrm{com}})-p_{\mathrm{f}}]_{i+1,j,k}^{n+1}-[(p_{\mathrm{m}}-p_{\mathrm{com}})-p_{\mathrm{f}}]_{i,j,k}^{n+1}\}\\&-\sigma\frac{2(\lambda_{\mathrm{om}}\rho_{\mathrm{om}}\rho_{\mathrm{wm}})_{i-1/2,j,k}^{n+1}}{\Delta x_i(\Delta x_i+\Delta x_{i-1})}\{[(p_{\mathrm{m}}-p_{\mathrm{com}})-p_{\mathrm{f}}]_{i,j,k}^{n+1}-[(p_{\mathrm{m}}-p_{\mathrm{com}})-p_{\mathrm{f}}]_{i-1,j,k}^{n+1}\}\\&+\sigma\frac{2(\lambda_{\mathrm{om}}\rho_{\mathrm{om}}\rho_{\mathrm{wm}})_{i,j+1/2,k}^{n+1}}{\Delta y_j(\Delta y_j+\Delta y_{j+1})}\{[(p_{\mathrm{m}}-p_{\mathrm{com}})-p_{\mathrm{f}}]_{i,j+1,k}^{n+1}-[(p_{\mathrm{m}}-p_{\mathrm{com}})-p_{\mathrm{f}}]_{i,j,k}^{n+1}\}\\&-\sigma\frac{2(\lambda_{\mathrm{om}}\rho_{\mathrm{om}}\rho_{\mathrm{wm}})_{i,j-1/2,k}^{n+1}}{\Delta y_j(\Delta y_j+\Delta y_{j-1})}\{[(p_{\mathrm{m}}-p_{\mathrm{com}})-p_{\mathrm{f}}]_{i,j,k}^{n+1}-[(p_{\mathrm{m}}-p_{\mathrm{com}})-p_{\mathrm{f}}]_{i,j-1,k}^{n+1}\}\end{aligned} \tag{5.58}$$

$$
\begin{aligned}
&[\nabla(\rho_{\mathrm{om}}\rho_{\mathrm{wm}}\lambda_{\mathrm{wm}}\nabla p_{\mathrm{m}})]_{i,j,k}^{n+1} \\
&=\frac{2(\lambda_{\mathrm{wm}}\rho_{\mathrm{om}}\rho_{\mathrm{wm}})_{i+1/2,j,k}^{n+1}}{\Delta x_i(\Delta x_i+\Delta x_{i+1})}[(p_{\mathrm{m}})_{i+1,j,k}^{n+1}-(p_{\mathrm{m}})_{i,j,k}^{n+1}]-\frac{2(\lambda_{\mathrm{wm}}\rho_{\mathrm{om}}\rho_{\mathrm{wm}})_{i-1/2,j,k}^{n+1}}{\Delta x_i(\Delta x_i+\Delta x_{i-1})}[(p_{\mathrm{m}})_{i,j,k}^{n+1}-(p_{\mathrm{m}})_{i-1,j,k}^{n+1}] \\
&+\frac{2(\lambda_{\mathrm{wm}}\rho_{\mathrm{om}}\rho_{\mathrm{wm}})_{i,j+1/2,k}^{n+1}}{\Delta y_j(\Delta y_j+\Delta y_{j+1})}[(p_{\mathrm{m}})_{i,j+1,k}^{n+1}-(p_{\mathrm{m}})_{i,j,k}^{n+1}]-\frac{2(\lambda_{\mathrm{wm}}\rho_{\mathrm{om}}\rho_{\mathrm{wm}})_{i,j-1/2,k}^{n+1}}{\Delta y_j(\Delta y_j+\Delta y_{j-1})}[(p_{\mathrm{m}})_{i,j,k}^{n+1}-(p_{\mathrm{m}})_{i,j-1,k}^{n+1}]
\end{aligned}
\tag{5.59}
$$

$$
\begin{aligned}
&\nabla\{\rho_{\mathrm{om}}\rho_{\mathrm{wm}}\sigma\lambda_{\mathrm{wm}}\nabla[(p_{\mathrm{m}}+p_{\mathrm{cwm}})-p_{\mathrm{f}}]\} \\
&=\sigma\frac{2(\lambda_{\mathrm{wm}}\rho_{\mathrm{om}}\rho_{\mathrm{wm}})_{i+1/2,j,k}^{n+1}}{\Delta x_i(\Delta x_i+\Delta x_{i+1})}\{[(p_{\mathrm{m}}+p_{\mathrm{cwm}})-p_{\mathrm{f}}]_{i+1,j,k}^{n+1}-[(p_{\mathrm{m}}+p_{\mathrm{cwm}})-p_{\mathrm{f}}]_{i,j,k}^{n+1}\} \\
&-\sigma\frac{2(\lambda_{\mathrm{wm}}\rho_{\mathrm{om}}\rho_{\mathrm{wm}})_{i-1/2,j,k}^{n+1}}{\Delta x_i(\Delta x_i+\Delta x_{i-1})}\{[(p_{\mathrm{m}}+p_{\mathrm{cwm}})-p_{\mathrm{f}}]_{i,j,k}^{n+1}-[(p_{\mathrm{m}}+p_{\mathrm{cwm}})-p_{\mathrm{f}}]_{i-1,j,k}^{n+1}\} \\
&+\sigma\frac{2(\lambda_{\mathrm{wm}}\rho_{\mathrm{om}}\rho_{\mathrm{wm}})_{i,j+1/2,k}^{n+1}}{\Delta y_j(\Delta y_j+\Delta y_{j+1})}\{[(p_{\mathrm{m}}+p_{\mathrm{cwm}})-p_{\mathrm{f}}]_{i,j+1,k}^{n+1}-[(p_{\mathrm{m}}+p_{\mathrm{cwm}})-p_{\mathrm{f}}]_{i,j,k}^{n+1}\} \\
&-\sigma\frac{2(\lambda_{\mathrm{wm}}\rho_{\mathrm{om}}\rho_{\mathrm{wm}})_{i,j-1/2,k}^{n+1}}{\Delta y_j(\Delta y_j+\Delta y_{j-1})}\{[(p_{\mathrm{m}}+p_{\mathrm{cwm}})-p_{\mathrm{f}}]_{i,j,k}^{n+1}-[(p_{\mathrm{m}}+p_{\mathrm{cwm}})-p_{\mathrm{f}}]_{i,j-1,k}^{n+1}\}
\end{aligned}
\tag{5.60}
$$

$$
\begin{aligned}
&\rho_{\mathrm{om}}\rho_{\mathrm{wm}}(\beta_{\mathrm{om}}+\beta_{\mathrm{wm}})\frac{\partial p_{\mathrm{m}}}{\partial t} \\
&=(\rho_{\mathrm{om}}\rho_{\mathrm{wm}}\beta_{\mathrm{om}}+\rho_{\mathrm{om}}\rho_{\mathrm{wm}}\beta_{\mathrm{wm}})_{i,j,k}\frac{(p_{\mathrm{m}})_{i,j,k}^{n+1}-(p_{\mathrm{m}})_{i,j,k}^{n}}{\Delta t^n}
\end{aligned}
\tag{5.61}
$$

结合式(5.57)至式(5.61)可得式(5.56)的差分形式，合并同类项得到：

$$
\begin{aligned}
&T_{\mathrm{m1}}(p_{\mathrm{m}})_{i+1,j,k}^{n+1}+(T_{\mathrm{m2}}+g_{\mathrm{m}}^n)(p_{\mathrm{m}})_{i,j,k}^{n+1}+T_{\mathrm{m3}}(p_{\mathrm{m}})_{i-1,j,k}^{n+1}+T_{\mathrm{m4}}(p_{\mathrm{m}})_{i,j,+1,k}^{n+1}+T_{\mathrm{m5}}(p_{\mathrm{m}})_{i,j-1,k}^{n+1} \\
&+T_{\mathrm{co1}}(p_{\mathrm{com}})_{i+1,j,k}^{n+1}+T_{\mathrm{co2}}(p_{\mathrm{com}})_{i,j,k}^{n+1}+T_{\mathrm{co3}}(p_{\mathrm{com}})_{i-1,j,k}^{n+1}+T_{\mathrm{co4}}(p_{\mathrm{com}})_{i,j+1,k}^{n+1}+T_{\mathrm{co5}}(p_{\mathrm{com}})_{i,j-1,k}^{n+1} \\
&+T_{\mathrm{cw1}}(p_{\mathrm{cwm}})_{i+1,j,k}^{n+1}+T_{\mathrm{cw2}}(p_{\mathrm{cwm}})_{i,j,k}^{n+1}+T_{\mathrm{cw3}}(p_{\mathrm{cwm}})_{i-1,j,k}^{n+1}+T_{\mathrm{cw4}}(p_{\mathrm{cwm}})_{i,j+1,k}^{n+1}+T_{\mathrm{cw5}}(p_{\mathrm{cwm}})_{i,j-1,k}^{n+1} \\
&+T_{\mathrm{f1}}(p_{\mathrm{f}})_{i+1,j,k}^{n+1}+T_{\mathrm{f2}}(p_{\mathrm{f}})_{i,j,k}^{n+1}+T_{\mathrm{f3}}(p_{\mathrm{f}})_{i-1,j,k}^{n+1}+T_{\mathrm{f4}}(p_{\mathrm{f}})_{i,j+1,k}^{n+1}+T_{\mathrm{f5}}(p_{\mathrm{f}})_{i,j-1,k}^{n+1} \\
&=g_{\mathrm{m}}^n(p_{\mathrm{m}})_{i,j,k}^{n}
\end{aligned}
\tag{5.62}
$$

其中，

$T_{\mathrm{m1}}=(\sigma-1)(T_{\mathrm{mox}i+1}+T_{\mathrm{nwx}i+1})$，$T_{\mathrm{m3}}=(\sigma-1)(T_{\mathrm{mox}i-1}+T_{\mathrm{mwx}i-1})$

$T_{\mathrm{m2}}=-(\sigma-1)(T_{\mathrm{mox}i+1}+T_{\mathrm{mox}i-1}+T_{\mathrm{mwx}i+1}+T_{\mathrm{mwx}i-1}+T_{\mathrm{moy}j+1}+T_{\mathrm{moy}j-1}+T_{\mathrm{mwy}j+1}+T_{\mathrm{mwy}j-1})$

$T_{\mathrm{m4}}=(\sigma-1)(T_{\mathrm{moy}j+1}+T_{\mathrm{mwy}j+1})$，$T_{\mathrm{m5}}=(\sigma-1)(\mathrm{T}_{\mathrm{moy}j-1}+T_{\mathrm{mwy}j-1})$

$T_{\mathrm{co1}}=-\sigma T_{\mathrm{mox}i+1}$，$T_{\mathrm{cw1}}=\sigma T_{\mathrm{mwx}i+1}$，$T_{\mathrm{co3}}=-\sigma T_{\mathrm{mox}i-1}$，$T_{\mathrm{cw3}}=\sigma T_{\mathrm{mwx}i-1}$

$T_{\mathrm{co2}}=\sigma(T_{\mathrm{mox}i+1}+T_{\mathrm{moy}j+1}+T_{\mathrm{mox}i-1}+T_{\mathrm{moy}j-1})$

$T_{\mathrm{cw2}}=-\sigma(T_{\mathrm{mwx}i+1}+T_{\mathrm{mwy}j+1}+T_{\mathrm{mwx}i-1}+T_{\mathrm{mwy}j-1})$

$T_{\mathrm{co4}}=\sigma T_{\mathrm{moy}j+1}$，$T_{\mathrm{cw4}}=-\sigma T_{\mathrm{mwy}j+1}$，$T_{\mathrm{co5}}=-\sigma T_{\mathrm{moy}j-1}$， $T_{\mathrm{cw5}}=\sigma T_{\mathrm{mwy}j-1}$

$T_{\mathrm{f1}}=-\sigma(T_{\mathrm{mox}i+1}+T_{\mathrm{mwx}i+1})$，$T_{\mathrm{f3}}=-\sigma(T_{\mathrm{mox}i+1}+T_{\mathrm{mwx}i-1})$

$T_{f2}=\sigma(T_{moxi+1}+T_{moxi-1}+T_{mwxi+1}+T_{mwxi-1}+T_{moyj+1}+T_{moyj-1}+T_{mwyj+1}+T_{mwyj+1})$

$T_{f4}=-\sigma(T_{moyj+1}+T_{mwyj+1}), T_{f5}=-\sigma(T_{moyj-1}+T_{mwyj-1})$

$$T_{moxi+1}=\frac{2(\lambda_{om}\rho_{om}\rho_{wm})_{i+1/2,j,k}^{n+1}}{(\Delta x_{i+1}+\Delta x_i)\Delta x_i},\ T_{moxi-1}=\frac{2(\lambda_{om}\rho_{om}\rho_{wm})_{i-1/2,j,k}^{n+1}}{(\Delta x_i+\Delta x_{i-1})\Delta x_i}$$

$$T_{moyi+1}=\frac{2(\lambda_{om}\rho_{om}\rho_{wm})_{i,j+1/2,j,k}^{n+1}}{(\Delta y_{j+1}+\Delta y_j)\Delta y_j},\ T_{moyj-1}=\frac{2(\lambda_{om}\rho_{om}\rho_{wm})_{i,j-1/2,k}^{n+1}}{(\Delta y_j+\Delta y_{j-1})\Delta y_j}$$

$$T_{mwxi+1}=\frac{2(\lambda_{wm}\rho_{om}\rho_{wm})_{i+1/2,j,k}^{n+1}}{(\Delta x_{i+1}+\Delta x_i)\Delta x_i},\ T_{mwxi-1}=\frac{2(\lambda_{wm}\rho_{om}\rho_{wm})_{i-1/2,j,k}^{n+1}}{(\Delta x_i+\Delta x_{i-1})\Delta x_i}$$

$$T_{mwyj+1}=\frac{2(\lambda_{wm}\rho_{om}\rho_{wm})_{i,j+1/2,k}^{n+1}}{(\Delta y_{j+1}+\Delta y_j)\Delta y_j},\ T_{mwyj-1}=\frac{2(\lambda_{wm}\rho_{om}\rho_{wm})_{i,j-1/2,k}^{n+1}}{(\Delta y_j+\Delta y_{j-1})\Delta y_j}$$

$$g_m^n=\frac{(\rho_{om}\rho_{wm}\beta_{om}+\rho_{om}\rho_{wm}\beta_{wm})_{i,j,k}}{\Delta t^n}。$$

利用上述差分方法可将式(5.53)式差分离散，得到：

$$\begin{aligned}&F_{m1}(p_m)_{i+1,j,k}^{n+1}+(F_{m2}-g_{om1}^n)(p_m)_{i,j,k}^{n+1}+F_{m3}(p_m)_{i-1,j,k}^{n+1}+F_{m4}(p_m)_{i,j+1,k}^{n+1}\\&+F_{m5}(p_m)_{i,j-1,k}^{n+1}+F_1[(p_{com})_{i+1,j,k}^{n+1}+(p_f)_{i+1,j,k}^{n+1}]+F_2[(\rho_{com})_{i,j,k}^{n+1}+(p_f)_{i,j,k}^{n+1}]\\&+F_3[(p_{com})_{i-1,j,k}^{n+1}+(p_f)_{i-1,j,k}^{n+1}]+F_4[(p_{com})_{i,j+1,k}^{n+1}+(p_f)_{i,j+1,k}^{n+1}]+F_5[(p_{com})_{i,j-1,k}^{n+1}+(p_f)_{i,j-1,k}^{n+1}]\\&=g_{om2}^n[(S_{om})_{i,j,k}^{n+1}-(S_{om})_{i,j,k}^n]-g_{om1}^n(p_m)_{i,j,k}^n\end{aligned}\tag{5.63}$$

其中，

$F_{m1}=(1-\sigma)F_{moxi+1}，F_{m2}=-(1-\sigma)(F_{moxi+1}+F_{moxi-1}+F_{moyj+1}+F_{moyj-1})$

$F_{m3}=(1-\sigma)F_{moxi-1}，F_{m4}=(1-\sigma)F_{moyj+1}，F_{m5}=(1-\sigma)F_{moyj-1}$

$F_1=\sigma F_{moxi+1}，F_2=-\sigma(F_{moxi+1}+F_{moxi-1}+F_{moyj+1}+F_{moyj-1})$

$F_3=\sigma F_{moxi-1}，F_4=\sigma F_{moyj+1}，F_5=\sigma F_{moyj-1}$

$$F_{moxi+1}=\frac{2(\lambda_{om}\rho_{om})_{i+1/2,j,k}^{n+1}}{(\Delta x_{i+1}+\Delta x_i)\Delta x_i},\ F_{moxi-1}=\frac{2(\lambda_{om}\rho_{om})_{i-1/2,j,k}^{n+1}}{(\Delta x_i+\Delta x_{i-1})\Delta x_i},\ F_{moyj+1}=\frac{2(\lambda_{om}\rho_{om})_{i,j+1/2,k}^{n+1}}{(\Delta y_{j+1}+\Delta y_j)\Delta y_j}$$

$$F_{moyj-1}=\frac{2(\lambda_{om}\rho_{om})_{i,j-1/2,k}^{n+1}}{(\Delta y_j+\Delta y_{j-1})\Delta y_j},\ g_{om1}^n=\frac{(\rho_{om}\beta_{om})_{i,j,k}}{\Delta t^n},\ g_{om2}^n=\frac{(\rho_{om}\phi_m)_{i,j,k}}{\Delta t^n}$$

(2)裂缝系统渗流方程差分。

与基质系统的推导一致，可将裂缝中油相方程和水相方程简化合并，得到：

$$\begin{aligned}&\rho_{wf}\nabla(\rho_{of}\lambda_{of}\nabla p_f)+\rho_{wf}\sigma\nabla\{\rho_{om}\lambda_{om}\nabla[(p_m-p_{com})-p_f]\}\\&+\rho_{of}\nabla(\rho_{wf}\lambda_{wf}\nabla p_f)+\rho_{of}\sigma\nabla\{\rho_{wm}\lambda_{wm}\nabla[(p_m+p_{cwm})-p_f]\}\\&=\rho_{wf}\rho_{of}(\beta_{of}+\beta_{wf})\frac{\partial p_f}{\partial t}+\rho_{wf}\rho_{of}\phi_f\left(\frac{\partial S_{of}}{\partial t}+\frac{\partial S_{wf}}{\partial t}\right)\\&=\rho_{wf}\rho_{of}(\beta_{of}+\beta_{wf})\frac{\partial p_f}{\partial t}\end{aligned}\tag{5.64}$$

式(5.64)即为裂缝系统中的渗流控制方程。

将其差分离散得到：

$$
\begin{aligned}
&P_{f1}(p_f)_{i+1,j,k}^{n+1}+(P_{f2}-g_f^n)(p_f)_{i,j,k}^{n+1}+P_{f3}(p_f)_{i-1,j,k}^{n+1}+P_{f4}(p_f)_{i,j+1,k}^{n+1}+P_{f5}(p_f)_{i,j-1,k}^{n+1}\\
&+P_{m1}(p_m)_{i+1,j,k}^{n+1}+P_{m2}(p_m)_{i,j,k}^{n+1}+P_{m3}(p_m)_{i-1,j,k}^{n+1}+P_{m4}(p_m)_{i,j+1,k}^{n+1}+P_{m5}(p_m)_{i,j-1,k}^{n+1}\\
&+P_{co1}(p_{com})_{i+1,j,k}^{n+1}+P_{co2}(p_{com})_{i,j,k}^{n+1}+P_{co3}(p_{com})_{i-1,j,k}^{n+1}+P_{co4}(p_{com})_{i,j+1,k}^{n+1}+P_{co5}(p_{com})_{i,j-1,k}^{n+1}\\
&+P_{cw1}(p_{cwm})_{i+1,j,k}^{n+1}+P_{cw2}(p_{cwm})_{i,j,k}^{n+1}+P_{cw3}(p_{cwm})_{i-1,j,k}^{n+1}+P_{cw4}(p_{cwm})_{i,j+1,k}^{n+1}+P_{cw5}(p_{cwm})_{i,j-1,k}^{n+1}\\
&=g_f^n(p_f)_{i,j,k}^{n}
\end{aligned}
\tag{5.65}
$$

其中，

$$
\begin{aligned}
&P_{f1}=-[(T_{foxi+1}+T_{fwxi+1})-\sigma(P_{moxi+1}+P_{mwxi+1})]\\
&P_{f2}=(T_{foxi+1}+T_{fwxi+1}+T_{foxi-1}+T_{fwxi-1}T_{foyj+1}+T_{fwxj+1}+T_{foyj-1}+T_{fwyj-1})\\
&\qquad-\sigma(P_{moxi+1}+P_{mwxi+1}+P_{moxi-1}+P_{mwxi-1}+P_{moyj+1}+P_{mwyj+1}+P_{moyj-1}+P_{mwyj-1})\\
&P_{f3}=-[(T_{foxi-1}+T_{fwxi-1})-\sigma(P_{moxi-1}+P_{mwxi-1})]\\
&P_{f4}=-[(T_{foyj+1}+T_{fwyj+1})-\sigma(P_{moyi+1}+P_{mwyj+1})]\\
&P_{f5}=-[(T_{foyj-1}+T_{fwyj-1})-\sigma(P_{moyj-1}+P_{mwyj-1})]\\
&P_{m1}=-\sigma(P_{moxi+1}+P_{mwxi+1}),\ P_{m3}=-\sigma(P_{moxi-1}+P_{mwxi-1})\\
&P_{m2}=\sigma(P_{moxi+1}+P_{mwxi+1}+P_{moxi-1}+P_{mwxi-1}+P_{moyj+1}+P_{mwyj+1}+P_{moyj-1}+P_{mwyj-1})\\
&P_{m4}=-\sigma(P_{moyj+1}+P_{mwyj+1}),\ P_{m5}=-\sigma(P_{moyj-1}+P_{mwyj-1})\\
&P_{co1}=\sigma P_{moxi+1},\ P_{cw1}=-\sigma P_{mwxi+1},\ P_{co3}=\sigma P_{moxi-1},\ P_{cw3}=-\sigma P_{mwxi-1}\\
&P_{co2}=-\sigma(P_{moxi+1}+P_{moxi-1}+P_{moyj+1}+P_{moyj-1})\\
&P_{cw2}=\sigma(P_{mwxi+1}+P_{mwxi-1}+P_{mwyj+1}+P_{mwyj-1})\\
&P_{co4}=\sigma P_{moyj+1},\ P_{cw4}=-\sigma P_{mwyj+1},\ P_{co5}=\sigma P_{moyj-1},\ P_{cw5}=-\sigma P_{mwyj-1}\\
&T_{foxj+1}=\frac{2(\lambda_{of}\rho_{of}\rho_{wf})_{i+1/2,j,k}^{n+1}}{(\Delta x_{i+1}+\Delta x_i)\Delta x_i},T_{foxi-1}=\frac{2(\lambda_{of}\rho_{of}\rho_{wf})_{i-1/2,j,k}^{n+1}}{(\Delta x_i+\Delta x_{i-1})\Delta x_i}\\
&T_{foyj+1}=\frac{2(\lambda_{of}\rho_{of}\rho_{wf})_{i,j+1/2,k}^{n+1}}{(\Delta y_{j+1}+\Delta y_j)\Delta y_j},T_{foyj-1}=\frac{2(\lambda_{of}\rho_{of}\rho_{wf})_{i,j-1/2,k}^{n+1}}{(\Delta y_j+\Delta y_{j-1})\Delta y_j}\\
&T_{fwxi+1}=\frac{2(\lambda_{wf}\rho_{of}\rho_{wf})_{i+1/2,j,k}^{n+1}}{(\Delta x_{i+1}+\Delta x_i)\Delta x_i},T_{fwxi-1}=\frac{2(\lambda_{wf}\rho_{of}\rho_{wf})_{i-1/2,j,k}^{n+1}}{(\Delta x_i+\Delta x_{i-1})\Delta x_i}\\
&T_{fwyj+1}=\frac{2(\lambda_{wf}\rho_{of}\rho_{wf})_{i,j+1/2,k}^{n+1}}{(\Delta y_{j+1}+\Delta y_j)\Delta y_j},T_{fwyj-1}=\frac{2(\lambda_{wf}\rho_{of}\rho_{wf})_{i,j-1/2,k}^{n+1}}{(\Delta y_j+\Delta y_{j-1})\Delta y_j}\\
&P_{moxi+1}=\frac{2(\lambda_{om}\rho_{om}\rho_{wf})_{i+1/2,j,k}^{n+1}}{(\Delta x_{i+1}+\Delta x_i)\Delta x_i},P_{moxi-1}=\frac{2(\lambda_{om}\rho_{om}\rho_{wf})_{i-1/2,j,k}^{n+1}}{(\Delta x_i+\Delta x_{i-1})\Delta x_i}\\
&P_{moyj+1}=\frac{2(\lambda_{om}\rho_{om}\rho_{wf})_{i,j+1/2,k}^{n+1}}{(\Delta y_{j+1}+\Delta y_j)\Delta y_j},P_{moyj-1}=\frac{2(\lambda_{om}\rho_{om}\rho_{wf})_{i,j-1/2,k}^{n+1}}{(\Delta y_j+\Delta y_{j-1})\Delta y_j}\\
&P_{mwxi+1}=\frac{2(\lambda_{wm}\rho_{of}\rho_{wm})_{i+1/2,j,k}^{n+1}}{(\Delta x_{i+1}+\Delta x_i)\Delta x_i},P_{mwxi-1}=\frac{2(\lambda_{wm}\rho_{of}\rho_{wm})_{i-1/2,j,k}^{n+1}}{(\Delta x_i+\Delta x_{i-1})\Delta x_i}
\end{aligned}
$$

$$P_{mwyj+1}=\frac{2(\lambda_{wm}\rho_{of}\rho_{wm})_{i,j+1/2,k}^{n+1}}{(\Delta y_{j+1}+\Delta y_j)\Delta y_j},P_{mwyj-1}=\frac{2(\lambda_{wm}\rho_{of}\rho_{wm})_{i,j-1/2,k}^{n+1}}{(\Delta y_j+\Delta y_{j-1})\Delta y_j}$$

$$g_f^n=\frac{(\rho_{of}\rho_{wf}\beta_{of}+\rho_{of}\rho_{wf}\beta_{wf})_{i,j,k}}{\Delta t^n}$$

同理，裂缝中油相：

$$\begin{aligned}&F_{f1}(p_f)_{i+1,j,k}^{n+1}+(F_{f2}-F_2-g_{of1}^n)(p_f)_{i,j,k}^{n+1}+F_{f3}(p_f)_{i-1,j,k}^{n+1}+F_{f4}(p_f)_{i,j+1,k}^{n+1}+F_{f5}(p_f)_{i,j-1,k}^{n+1}\\&+F_1[(p_m)_{i+1,j,k}^{n+1}-(p_{com})_{i+1,j,k}^{n+1}]+F_2[(p_m)_{i,j,k}^{n+1}-(p_{com})_{i,j,k}^{n+1}]+F_3[(p_m)_{i-1,j,k}^{n+1}-(p_{com})_{i-1,j,k}^{n+1}]\\&+F_4[(p_m)_{i,j+1,k}^{n+1}-(p_{com})_{i,j+1,k}^{n+1}]+F_5[(p_m)_{i,j-1,k}^{n+1}-(p_{com})_{i,j-1,k}^{n+1}]\\&=g_{of2}^n[(S_{of})_{i,j,k}^{n+1}-(S_{of})_{i,j,k}^n]-g_{of1}^n(p_f)_{i,j,k}^n\end{aligned}\tag{5.66}$$

其中，

$$F_{f1}=(F_{foxi+1}-\sigma F_{moxi+1}),\ F_{f2}=-(F_{foxi+1}+F_{foxi-1}+F_{foyj+1}+F_{foyj-1}),$$

$$F_{f3}=F_{foxi-1}-\sigma F_{moxi-1},\ F_{f4}=F_{foyj+1}-\sigma F_{moyj+1},\ F_{f5}=F_{foyj-1}-\sigma F_{moyj-1},$$

$$F_{foxi+1}=\frac{2(\lambda_{of}\rho_{of})_{i+1/2,j,k}^{n+1}}{(\Delta x_{i+1}+\Delta x_i)\Delta x_i},\ F_{foxi-1}=\frac{2(\lambda_{of}\rho_{of})_{i-1/2,j,k}^{n+1}}{(\Delta x_i+\Delta x_{i-1})\Delta x_i},\ F_{foyj+1}=\frac{2(\lambda_{of}\rho_{of})_{i,j+1/2,k}^{n+1}}{(\Delta y_{j+1}+\Delta y_j)\Delta y_j},$$

$$F_{foyj-1}=\frac{2(\lambda_{of}\rho_{of})_{i,j-1/2,k}^{n+1}}{(\Delta y_j+\Delta y_{j-1})\Delta y_j},\ g_{of1}^n=\frac{(\rho_{of}\beta_{of})_{i,j,k}}{\Delta t^n},\ g_{of2}^n=\frac{(\rho_{of}\phi_f)_{i,j,k}}{\Delta t^n}$$

(3)采油阶段渗流模型求解。

①区域Ⅰ流体的渗流差分方程。

$$\begin{aligned}&A_1(p_1)_{i+1,j,k}^{n+1}+A_2(p_1-g_1^n)_{i,j,k}^{n+1}+A_3(p_1)_{i-1,j,k}^{n+1}\\&+A_4(p^{2\to1})_{i,j+1,k}^{n+1}+A_5(p^{2\to1})_{i,j,k}^{n+1}+A_6(p^{2\to1})_{i,j-1,k}^{n+1}\\&=g_1^n(p_1)_{i,j,k}^n\end{aligned}\tag{5.67}$$

其中，

$$A_1=-(A_{oxi+1}+A_{wxi+1}),\ A_2=-(A_{oxi+1}+A_{oxi-1}+A_{wxi+1}+A_{wxi-1}),\ A_3=-(A_{oxi-1}+A_{wxi-1}),$$

$$A_4=A_{oyj+1}+A_{wyj+1},\ A_6=A_{oyj-1}+A_{wyj-1},\ A_5=A_{oyj+1}+A_{wyj-1}+A_{wyj+1}+A_{wyj-1}$$

$$A_{oxi+1}=\frac{2(\lambda_{1o}\rho_o^1\rho_w^1)_{i+1/2,j,k}^{n+1}}{(\Delta x_{i+1}+\Delta x_i)\Delta x_i},\ A_{oxi-1}=\frac{2(\lambda_{1o}\rho_o^1\rho_w^1)_{i-1/2,j,k}^{n+1}}{(\Delta x_i+\Delta x_{i-1})\Delta x_i}$$

$$A_{oyj+1}=\frac{2(\lambda_{1o}\rho_o^1\rho_w^1)_{i,j+1/2,k}^{n+1}}{(\Delta y_{j+1}+\Delta y_j)\Delta y_j},\ A_{oyj-1}=\frac{2(\lambda_{1o}\rho_o^1\rho_w^1)_{i,j-1/2,k}^{n+1}}{(\Delta y_j+\Delta y_{j-1})\Delta y_j}$$

$$A_{wxi+1}=\frac{2(\lambda_{1w}\rho_o^1\rho_w^1)_{i+1/2,j,k}^{n+1}}{(\Delta x_{i+1}+\Delta x_i)\Delta x_i},\ A_{wxi-1}=\frac{2(\lambda_{1w}\rho_o^1\rho_{wf}^1)_{i-1/2,j,k}^{n+1}}{(\Delta x_i+\Delta x_{i-1})\Delta x_i}$$

$$A_{wyj+1}=\frac{2(\lambda_{1w}\rho_o^1\rho_w^1)_{i,j+1/2,k}^{n+1}}{(\Delta y_{j+1}+\Delta y_j)\Delta y_j},\ A_{wyj-1}=\frac{2(\lambda_{1w}\rho_o^1\rho_{wf}^1)_{i,j-1/2,k}^{n+1}}{(\Delta y_j+\Delta y_{j-1})\Delta y_j}$$

$$g_1^n=\frac{(\rho_o^1\rho_w^1\beta_o^1+\rho_o^1\rho_w^1\beta_w^1)_{i,j,k}}{\Delta t^n}$$

同理，区域Ⅰ油相差分方程为：

$$\begin{aligned}&B_1(p_1)_{i+1,j,k}^{n+1}+(B_2-g_{o1}^n)(p_1)_{i,j,k}^{n+1}+B_3(p_1)_{i-1,j,k}^{n+1}\\&+B_4(p^{2\to1})_{i,j+1,k}^{n+1}+B_5(p^{2\to1})_{i,j,k}^{n+1}+B_6(p^{2\to1})_{i,j-1,k}^{n+1}\\&=g_{o11}^n[(S_{1o})_{i,j,k}^{n+1}-(S_{1o})_{i,j,k}^n]-g_{o1}^n(p_1)_{i,j,k}^n\end{aligned}\tag{5.68}$$

其中，

$$B_1=-B_{oxi+1},\ B_2=-(B_{oxi+1}+B_{oxi-1}),\ B_3=-B_{oxi-1},\ B_4=B_{oyj+1},$$

$$B_5=B_{oyj+1}+B_{oyj-1},\ B_6=B_{oyj-1}$$

$$B_{oxi+1}=\frac{2(\lambda_{1o}\rho_o^1)_{i+1/2,j,k}^{n+1}}{(\Delta x_{i+1}+\Delta x_i)\Delta x_i},\ B_{oxi-1}=\frac{2(\lambda_{1o}\rho_o^1)_{i-1/2,j,k}^{n+1}}{(\Delta x_i+\Delta x_{i-1})\Delta x_i},$$

$$B_{oyj+1}=\frac{2(\lambda_{1o}\rho_o^1)_{i,j+1/2,k}^{n+1}}{(\Delta y_{j+1}+\Delta y_j)\Delta y_j},\ B_{oyj-1}=\frac{2(\lambda_{1o}\rho_o^1)_{i,j-1/2,k}^{n+1}}{(\Delta y_j+\Delta y_{j-1})\Delta y_j}$$

$$g_{o1}^n=\frac{(\rho_o^1\beta_o^1)_{i,j,k}}{\Delta t^n},\ g_{o11}^n=\frac{(\rho_o^1\phi_o^1)_{i,j,k}}{\Delta t^n}$$

②区域Ⅱ流体的渗流模型。

基质渗流差分方程。

$$\begin{aligned}&C_{m1}[(p_{2m})_{i+1,j,k}^{n+1}-(p_{2f})_{i+1,j,k}^{n+1}]+(C_{m2}-g_{2m}^n)(p_{2m})_{i,j,k}^{n+1}-C_{m2}(p_{2f})_{i,j,k}^{n+1}\\&+C_{m3}[(p_{2m})_{i-1,j,k}^{n+1}-(p_{2f})_{i-1,j,k}^{n+1}]+C_{m4}[(p_{2m})_{i,j+1,k}^{n+1}-(p_{2f})_{i,j+1,k}^{n+1}]\\&+C_{m5}[(p_{2m})_{i,j-1,k}^{n+1}-(p_{2f})_{i,j-1,k}^{n+1}]\\&=g_{2m}^n(p_{2m})_{i,j,k}^n\end{aligned}\tag{5.69}$$

其中，

$$C_{m1}=-(C_{moxi+1}+C_{mwxi+1}),\ C_{m3}=-(C_{moxi-1}+C_{mwxi-1})$$

$$C_{m2}=-(C_{moxi+1}+C_{moxi-1}+C_{mwxi+1}+C_{mwxi-1}+C_{moyj+1}+C_{moyj-1}+C_{mwyj+1}+C_{mwyi-1})$$

$$C_{m4}=-(C_{moyj+1}+C_{mwyj+1}),\ C_{m5}=-(C_{moyj-1}+C_{mwyj-1})$$

$$C_{moxi+1}=\frac{2(\lambda_{om}\rho_o^2\rho_w^2)_{i+1/2,j,k}^{n+1}}{(\Delta x_{i+1}+\Delta x_i)\Delta x_i},\ C_{moxi-1}=\frac{2(\lambda_{om}\rho_o^2\rho_w^2)_{i-1/2,j,k}^{n+1}}{(\Delta x_i+\Delta x_{i-1})\Delta x_i}$$

$$C_{moyj+1}=\frac{2(\lambda_{om}\rho_o^2\rho_w^2)_{i,j+1/2,k}^{n+1}}{(\Delta y_{j+1}+\Delta y_j)\Delta y_j},\ C_{moyj-1}=\frac{2(\lambda_{om}\rho_o^2\rho_w^2)_{i,j-1/2,k}^{n+1}}{(\Delta y_j+\Delta y_{j-1})\Delta y_j}$$

$$C_{mwxi+1}=\frac{2(\lambda_{om}\rho_o^2\rho_w^2)_{i+1/2,j,k}^{n+1}}{(\Delta x_{i+1}+\Delta x_i)\Delta x_i},\ C_{mwxi-1}=\frac{2(\lambda_{om}\rho_o^2\rho_w^2)_{i-1/2,j,k}^{n+1}}{(\Delta x_i+\Delta x_{i-1})\Delta x_i}$$

$$C_{mwyj+1}=\frac{2(\lambda_{om}\rho_o^2\rho_w^2)_{i,j+1/2,k}^{n+1}}{(\Delta y_{j+1}+\Delta y_j)\Delta y_j},\ C_{mwyj-1}=\frac{2(\lambda_{om}\rho_o^2\rho_w^2)_{i,j-1/2,k}^{n+1}}{(\Delta y_j+\Delta y_{j-1})\Delta y_j}$$

$$g_{2m}^n=\frac{(\rho_o^2\rho_w^2\beta_o^2+\rho_o^2\rho_w^2\beta_w^2)_{i,j,k}}{\Delta t^n}$$

同理，区域Ⅱ基质内油相差分方程为：

$$
\begin{aligned}
&D_{m1}\left[(p_{2m})_{i+1,j,k}^{n+1}-(p_{2f})_{i+1,j,k}^{n+1}\right]+(D_{m2}-g_{o2}^{n})(p_{2m})_{i,j,k}^{n+1}-D_{m2}(p_{2f})_{i,j,k}^{n+1}\\
&+D_{m3}\left[(p_{2m})_{i-1,j,k}^{n+1}-(p_{2f})_{i-1,j,k}^{n+1}\right]+D_{m4}\left[(p_{2m})_{i,j+1,k}^{n+1}-(p_{2f})_{i,j+1,k}^{n+1}\right]\\
&+D_{m5}\left[(p_{2m})_{i,j-1,k}^{n+1}-(p_{2f})_{i,j-1,k}^{n+1}\right]\\
&=g_{o22}^{n}\left[(S_{2om})_{i,j,k}^{n+1}-(S_{2om})_{i,j,k}^{n}\right]-g_{o2}^{n}(p_{2m})_{i,j,k}^{n}
\end{aligned}
\tag{5.70}
$$

其中，

$$
D_{m1}=-D_{moxi+1},\ D_{m2}=-(D_{moxi+1}+D_{moxi-1}+D_{moyj+1}+D_{moyj-1})
$$

$$
D_{m3}=-D_{moxi-1},\ D_{m4}=-D_{moyj+1},\ D_{m5}=-D_{moyj-1}
$$

$$
D_{moxi+1}=\frac{2(\lambda_{om}\rho_{o}^{2})_{i+1/2,j,k}^{n+1}}{(\Delta x_{i+1}+\Delta x_{i})\Delta x_{\mathrm{i}}},\ D_{moxi-1}=\frac{2(\lambda_{om}\rho_{o}^{2})_{i-1/2,j,k}^{n+1}}{(\Delta x_{i}+\Delta x_{i-1})\Delta x_{i}}
$$

$$
D_{moyj+1}=\frac{2(\lambda_{om}\rho_{o}^{2})_{i+1/2,j,k}^{n+1}}{(\Delta y_{j+1}+\Delta y_{j})\Delta y_{j}},\ D_{moyj-1}=\frac{2(\lambda_{om}\rho_{o}^{2})_{i-1/2,j,k}^{n+1}}{(\Delta y_{j}+\Delta y_{j-1})\Delta x_{j}}
$$

$$
g_{02}^{n}=\frac{(\rho_{o}^{2}\beta_{o}^{2})_{i,j,k}}{\Delta t^{n}},\ g_{o22}^{n}=\frac{(\rho_{o}^{2}\phi^{2})_{i,j,k}}{\Delta t^{n}}
$$

区域Ⅱ次级裂缝内渗流差分方程：

$$
\begin{aligned}
&A_{4}(p^{2\to1})_{i,j+1,k}^{n+1}+A_{5}(p^{2\to1})_{i,j,k}^{n+1}+A_{6}(p^{2\to1})_{i,j-1,k}^{n+1}+C_{m1}\left[(p_{2m})_{i+1,j,k}^{n+1}-(p_{2f})_{i+1,j,k}^{n+1}\right]\\
&+C_{m2}(p_{2m})_{i,j,k}^{n+1}-(C_{m2}-g_{2f}^{n})(p_{2f})_{i,j,k}^{n+1}+C_{m3}\left[(p_{2m})_{i-1,j,k}^{n+1}-(p_{2f})_{i-1,j,k}^{n+1}\right]\\
&+C_{m4}\left[(p_{2m})_{i,j+1,k}^{n+1}-(p_{2f})_{i,j+1,k}^{n+1}\right]+C_{m5}\left[(p_{2m})_{i,j-1,k}^{n+1}-(p_{2f})_{i,j-1,k}^{n+1}\right]\\
&+H_{m1}(p_{3})_{i+1,j,k}^{n+1}+H_{m2}(p_{3})_{i,j,k}^{n+1}+H_{m3}(p_{3})_{i-1,j,k}^{n+1}\\
&+R_{m1}(p_{4})_{i,j+1,k}^{n+1}+R_{m2}(p_{4})_{i,j,k}^{n+1}+R_{m3}(p_{4})_{i,j-1,k}^{n+1}\\
&=-g_{2f}^{n}(p_{2f})_{i,j,k}^{n}
\end{aligned}
\tag{5.71}
$$

同理，区域Ⅱ次级裂缝内油相差分方程为：

$$
\begin{aligned}
&B_{4}(p^{2\to1})_{i,j+1,k}^{n+1}+B_{5}(p^{2\to1})_{i,j,k}^{n+1}+B_{6}(p^{2\to1})_{i,j-1,k}^{n+1}+D_{m1}\left[(p_{2m})_{i+1,j,k}^{n+1}-(p_{2f})_{i+1,j,k}^{n+1}\right]\\
&+D_{m2}(p_{2m})_{i,j,k}^{n+1}-(D_{m2}-g_{o2}^{n})(p_{2f})_{i,j,k}^{n+1}+D_{m3}\left[(p_{2m})_{i-1,j,k}^{n+1}-(p_{2f})_{i-1,j,k}^{n+1}\right]\\
&+D_{m4}\left[(p_{2m})_{i,j+1,k}^{n+1}-(p_{2f})_{i,j+1,k}^{n+1}\right]+D_{m5}\left[(p_{2m})_{i,j-1,k}^{n+1}-(p_{2f})_{i,j-1,k}^{n+1}\right]\\
&+I_{m1}(p_{3})_{i+1,j,k}^{n+1}+I_{m2}(p_{3})_{i,j,k}^{n+1}+I_{m3}(p_{3})_{i-1,j,k}^{n+1}\\
&+R_{m1}(p_{4})_{i,j+1,k}^{n+1}+R_{m2}(p_{4})_{i,j,k}^{n+1}+R_{m3}(p_{4})_{i,j-1,k}^{n+1}\\
&=g_{o2}^{n}(p_{2f})_{i,j,k}^{n}-g_{o22}^{n}\left[(S_{2of})_{i,j,k}^{n+1}-(S_{2of})_{i,j,k}^{n}\right]
\end{aligned}
\tag{5.72}
$$

③区域Ⅲ流体的渗流差分方程。

$$
\begin{aligned}
&H_{m1}(p_{3})_{i+1,j,k}^{n+1}+(H_{m2}-g_{3}^{n})(p_{3})_{i,j,k}^{n+1}+H_{m3}(p_{3})_{i-1,j,k}^{n+1}\\
&=g_{3}^{n}(p_{3})_{i,j,k}^{n}
\end{aligned}
\tag{5.73}
$$

其中，

$$H_{m1}=-(H_{moxi+1}+H_{mwxi+1}),\ H_{m3}=-(H_{moxi-1}+H_{mwxi-1})$$
$$H_{m2}=-(H_{moxi+1}+H_{moxi-1}+H_{mwxi+1}+H_{mwxi-1})$$
$$H_{moxi+1}=\frac{2(\lambda_{om}\rho_o^3\rho_w^3)_{i+1/2,j,k}^{n+1}}{(\Delta x_{i+1}+\Delta x_i)\Delta x_i},\ H_{moxi-1}=\frac{2(\lambda_{om}\rho_o^3\rho_w^3)_{i-1/2,j,k}^{n+1}}{(\Delta x_i+\Delta x_{i-1})\Delta x_i}$$
$$H_{mwxi+1}=\frac{2(\lambda_{om}\rho_o^3\rho_w^3)_{i+1/2,j,k}^{n+1}}{(\Delta x_{i+1}+\Delta x_i)\Delta x_i},\ H_{mwxi-1}=\frac{2(\lambda_{om}\rho_o^3\rho_w^3)_{i-1/2,j,k}^{n+1}}{(\Delta x_i+\Delta x_{i-1})\Delta x_i}$$
$$g_3^n=\frac{(\rho_o^3\rho_w^3\beta_o^3+\rho_o^3\rho_w^3\beta_w^3)_{i,j,k}}{\Delta t^n}$$

同理，区域Ⅲ油相差分方程为：

$$I_{m1}(p_3)_{i+1,j,k}^{n+1}+(I_{m2}-g_{o3}^n)(p_3)_{i,j,k}^{n+1}+I_{m3}(p_3)_{i-1,j,k}^{n+1}$$
$$=g_{o33}^n[(S_{3o})_{i,j,k}^{n+1}-(S_{3o})_{i,j,k}^n]-g_{o3}^n(p_3)_{i,j,k}^n \tag{5.74}$$

其中，

$$I_{m1}=-I_{moxi+1},\ I_{m2}=-(I_{moxi+1}+I_{moxi-1}),\ I_{m3}=-I_{moxi-1},$$
$$I_{moxi+1}=\frac{2(\lambda_{om}\rho_o^3)_{i+1/2,j,k}^{n+1}}{(\Delta x_{i+1}+\Delta x_i)\Delta x_i},\ I_{moxi-1}=\frac{2(\lambda_{om}\rho_o^3)_{i-1/2,j,k}^{n+1}}{(\Delta x_i+\Delta x_{i-1})\Delta x_i}$$
$$g_{o3}^n=\frac{(\rho_o^3\beta_o^3)_{i,j,k}}{\Delta t^n},\ g_{o33}^n=\frac{(\rho_o^3\phi^3)_{i,j,k}}{\Delta t^n}。$$

④ 区域Ⅳ流体的渗流差分方程。

$$R_{m1}(p_4)_{i,j+1,k}^{n+1}+(R_{m2}-g_4^n)(p_4)_{i,j,k}^{n+1}+R_{m3}(p_4)_{i,j-1,k}^{n+1}$$
$$=g_4^n(p_4)_{i,j,k}^n \tag{5.75}$$

其中，

$$R_{m1}=-(R_{moyj+1}+R_{mwyj+1}),\ R_{m3}=-(R_{moyj-1}+R_{mwyj-1}),$$
$$R_{m2}=-(R_{moyj+1}+R_{moyj-1}+R_{mwyj+1}+R_{mwyj-1}),$$
$$R_{moyj+1}=\frac{2(\lambda_{om}\rho_o^4\rho_w^4)_{i,j+1/2,k}^{n+1}}{(\Delta y_{j+1}+\Delta y_j)\Delta y_j},\ R_{moyj-1}=\frac{2(\lambda_{om}\rho_o^4\rho_w^4)_{i,j-1/2,j,k}^{n+1}}{(\Delta y_j+\Delta y_{j-1})\Delta y_j}$$
$$R_{mwyj+1}=\frac{2(\lambda_{om}\rho_o^4\rho_w^4)_{i,j+1/2,j,k}^{n+1}}{(\Delta y_{j+1}+\Delta y_j)\Delta y_j},\ R_{mwyj-1}=\frac{2(\lambda_{om}\rho_o^4\rho_w^4)_{i,j-1/2,j,k}^{n+1}}{(\Delta y_j+\Delta y_{j-1})\Delta y_j}$$
$$g_4^n=\frac{(\rho_o^4\rho_w^4\beta_o^4+\rho_o^4\rho_w^4\beta_w^4)_{i,j,k}}{\Delta t^n}$$

同理，区域Ⅳ油相差分方程为：

$$Q_{m1}(p_4)_{i,j+1,k}^{n+1}+(Q_{m2}-g_{o4}^n)(p_4)_{i,j,k}^{n+1}+Q_{m3}(p_4)_{i,j-1,k}^{n+1}$$
$$=g_{o44}^n[(S_{4o})_{i,j,k}^{n+1}-(S_{4o})_{i,j,k}^n]-g_{o4}^n(p_4)_{i,j,k}^n \tag{5.76}$$

其中，

$$Q_{m1}=-Q_{moyj+1}，Q_{m2}=-(Q_{moyj+1}+Q_{moyj-1})，Q_{m3}=-Q_{moyj-1}$$

$$Q_{moyj+1}=\frac{2(\lambda_{om}\rho_o^4)_{i,j+1/2,k}^{n+1}}{(\Delta y_{j+1}+\Delta y_j)\Delta y_j},\ Q_{moyj-1}=\frac{2(\lambda_{om}\rho_o^4)_{i,j-1/2,k}^{n+1}}{(\Delta y_j+\Delta y_{j-1})\Delta y_j}$$

$$g_{o4}^n=\frac{(\rho_o^4\beta_o^4)_{i,j,k}}{\Delta t^n},\ g_{o44}^n=\frac{(\rho_o^4\phi^4)_{i,j,k}}{\Delta t^n}$$

5.3.4 模型参数确定

(1)毛细管力曲线的确定。

裂缝性致密储层基质中的原油流入到裂缝中通常具有两种形式：一种是当基质与裂缝间存在压差，在压差作用下，原油从基质窜流到裂缝中；另一种是依靠毛细管力的渗吸作用，实现基质与裂缝间的油水互换。室内开展的岩心静态自发渗吸实验中，将岩心完全浸泡在水中，此时岩心表面析出的原油可以认为是完全依靠毛细管力的作用(图 5.10)，这种情况下，基质与裂缝间的渗吸规律可以用如下数学模型表示：

$$-\phi\frac{\partial S_w}{\partial t}=-\frac{\partial}{\partial x}\left(\psi\frac{\partial S_w}{\partial x}\right) \tag{5.77}$$

其中，$\psi=\dfrac{K}{\dfrac{\mu_w}{K_{rw}}+\dfrac{\mu_o}{K_{ro}}}\dfrac{\partial p_c}{\partial S_w}$。

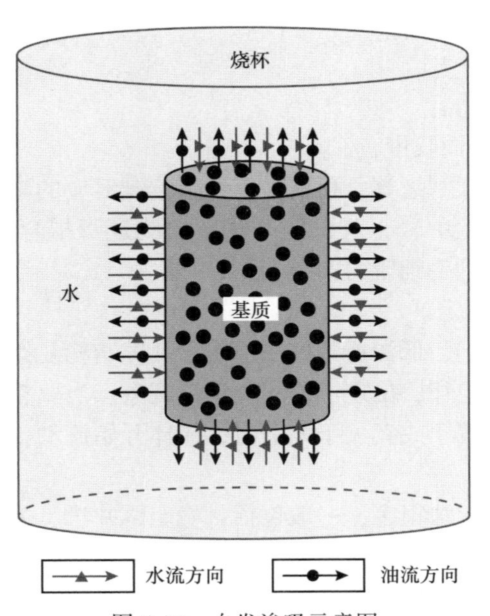

图 5.10 自发渗吸示意图

根据王庆勇、陈元千等对相对渗透率曲线及毛细管力曲线的研究，K_{ro}、K_{rw}和 p_c可以通过式(5.78)至式(5.80)求得：

$$K_{ro}=K_{ro}(S_{wc})\left(\frac{1-S_w-S_{or}}{1-S_{wc}-S_{or}}\right)^{n_o}$$

$$K_{rw}=K_{rw}(S_{or})\left(\frac{1-S_w-S_{wc}}{1-S_{wc}-S_{or}}\right)^{n_w} \tag{5.78}$$

$$p_c=A\left(\frac{S_w-S_{wc}}{1-S_{wc}-S_{or}}\right)^B\sqrt{\frac{\phi}{K}} \tag{5.79}$$

式中 $K_{rw}(S_{or})$——在残余油饱和度状况下的水相相对渗透率；

$K_{ro}(S_{wc})$——束缚水饱和度状况下的油相相对渗透率，此处取 1；

n_o、n_w——岩心润湿性常数；

A、B——与岩心的孔隙结构有关的参数。

考虑到自发渗吸实验所用岩心为圆柱形，建立柱形坐标系下的渗吸模型：

$$-\phi\alpha\frac{\partial S_w}{\partial t}=\frac{1}{r}\frac{\partial}{\partial r}\left(r\psi\frac{\partial S_w}{\partial r}\right)+\frac{\partial}{\partial z}\left(\psi\frac{\partial S_w}{\partial z}\right) \tag{5.80}$$

式中 α——单位换算系数；

z——圆柱形岩心中心轴线方向；

r——径向上距离岩心中心轴线的距离，m。

上述模型的边界条件分别为：

$$\left.\frac{\partial S_w}{\partial r}\right|_{r=0}=0,S_w\big|_{r=r_e}=1-S_{or},\ S_w\big|_{z=0}=S_w\big|_{z=L}=1-S_{or} \tag{5.81}$$

式中 r_e——岩心的半径，m；

L——实验岩心的轴向长度，m。

对上述渗吸模型进行求解运算，根据计算结果绘制对应的渗吸采收率数值曲线，利用最小二乘法与自发渗吸实验中岩心获得的采收率曲线进行拟合，由此确定 n_o、n_w、A、B 等相关参数值，并最终得到毛细管力曲线(图 5.11)。

(2)启动压力梯度的确定。

与常规高渗透储层不同，低渗透致密储层由于孔隙结构复杂、岩性致密，流体的渗流规律不再符合常规的达西定律，出现了非线性渗流现象：当驱替压力小于某一值时，流体不发生流动，当驱替压力等于或者大于该值时，流体开始流动，即低渗透致密储层存在启动压力梯度。

启动压力梯度的确定方法很多，一般包括：稳定试井法、关井压力恢复法和实验测定法。采用室内岩心驱替实验，利用压差—流量法，测定研究区不同井位典型岩心启动压力梯度随渗透率的变化关系，根据实验结果回归出二者所满足的经验公式：

$$G=aK^{-b} \tag{5.82}$$

选取黄陵探区 20 块具有代表性的岩心进行启动压力梯度测定实验，测试结果见表 5.7 和图 5.12。

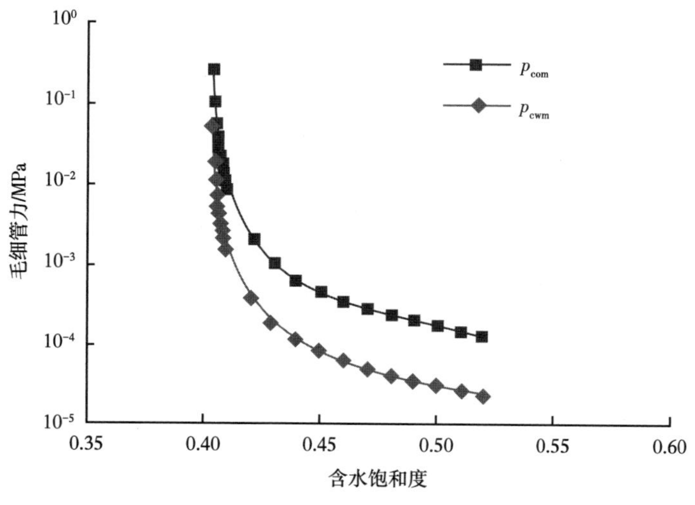

图 5.11 毛细管力曲线

表 5.7 HL 探区启动压力梯度测定结果

岩心编号	渗透率/$10^{-3}\mu m^2$	启动压力梯度/(MPa/m)	岩心编号	渗透率/$10^{-3}\mu m^2$	启动压力梯度/(MPa/m)
1	0.637	0.1013	11	0.125	0.1763
2	0.03	0.8814	12	1.210	0.0594
3	0.127	0.5568	13	0.473	0.1786
4	0.973	0.0564	14	0.350	0.1645
5	0.054	0.7535	15	0.563	0.0841
6	0.301	0.3607	16	0.142	0.6229
7	0.167	0.3761	17	0.672	0.0776
8	0.138	0.3032	18	0.784	0.1222
9	0.295	0.2679	19	0.223	0.2021
10	0.062	0.7854	20	0.826	0.0611

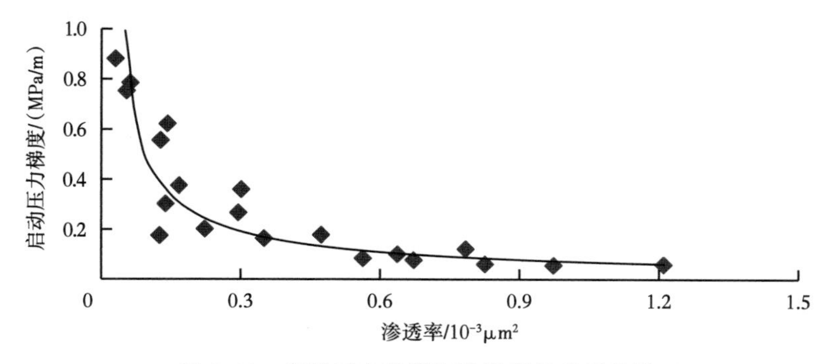

图 5.12 启动压力梯度与渗透率的关系曲线

由室内岩心驱替实验结果拟合得到的该油藏启动压力梯度与地层平均渗透率的关系式为：

$$G=0.0724K^{-0.812} \tag{5.83}$$

在体积压裂水平井复合流动物理模型的基础上，考虑注水过程、焖井过程和采油过程中储层流体的流动规律及压力变化，建立了体积压裂水平井注水吞吐产能模型，并通过实际实验标定了毛细管曲线与启动压力梯度，为后续注水吞吐工艺参数研究提供了依据。

5.4 吞吐渗吸采油工艺参数研究——以HL地区长6致密油为例

5.4.1 吞吐渗吸采油机理分析

注水吞吐采油技术是近几年来适应与油田后期开发需要而发展起来的一项新技术。它是当地层压力下降，产量很低时，向生产井地层注水，恢复地层压力，然后关井一定时间，依靠毛细管力的自吸作用与基质中的原油置换，再开井降压，使油田整体开发效益提升。迄今为止，国内外已有一些油田成功地将该技术应用于小型断块油藏增产与提采收率实践中，取得了显著的经济效益。

常规油藏注水吞吐的基本原理是渗吸产油机理，一般表现为基质孔隙与裂缝之间或者基质小孔隙与大孔隙之间的流体交换，由于常规压裂仅在井筒附近产生有限的数条裂缝，注水开发时，渗吸作用弱、产油量低，注水吞吐在油田开发过程中仅起到从属和辅助作用，而对油藏进行体积改造后，在井筒附近较大范围内形成了复杂的裂缝网络系统，基质与裂缝之间的接触面积大幅度增加，两者之间的流体交换速度和数量发生了质变，渗吸作用急剧加强，渗吸开采机理在油田开发中的作用需要重新认识和定位。另外，体积改造往往伴随着大液量和大砂量注入，因此除了渗吸产油作用外，注水吞吐时还能起到有效补充地层能量及生产压差不断变化下的不稳定驱替作用。体积改造油藏注水吞吐在1个周期内基质及裂缝的压力变化过程可分为注水期、焖井期和回抽期3个阶段(图5.13)。

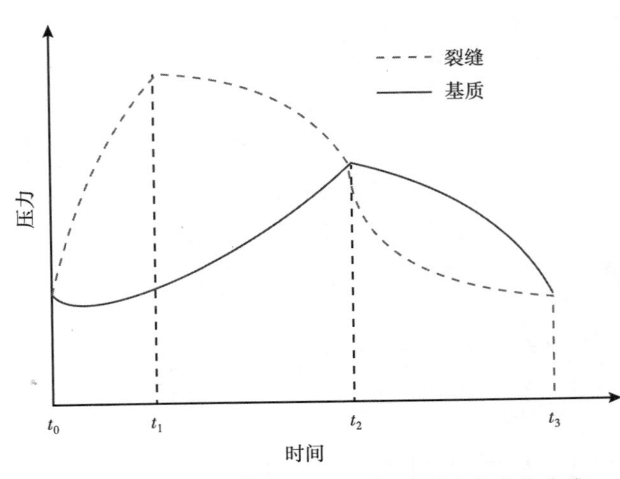

图5.13 吞吐过程中裂缝、基质系统压力变化曲线

注水期——不稳定补充地层能量阶段。体积改造油井经过衰竭开采后，地层能量大幅降低，油井被大液量快速注水，由于裂缝渗透率高，基质渗透率低，注入水首先进入裂缝中，裂缝内压力迅速升高，裂缝中的注入水在裂缝与基质间的压差下驱替进入基质，首先进入基

质的高渗透率带或大孔隙，基质压力缓慢上升，此阶段为不稳定补充地层能量阶段。目前对水平井进行体积改造时，往往可达到千方砂、万吨液的规模，短时间内向地层中注入大量清水压裂液，可等效为注水吞吐中注水期的地层能量快速补充方式。

焖井期——渗吸产油阶段该阶段停止注水，前期注入水在裂缝与基质间的压差下继续驱替进入基质，裂缝压力逐渐下降，基质压力继续升高，最终两者压力在高位达到平衡。对于亲水性油藏，裂缝中的注入水在毛细管压力作用下进入基质孔隙，而基质小孔隙中原油首先被替换到大孔隙再进入裂缝中，此时渗吸起主体作用，根据渗吸产油原理，体积改造基质渗吸速度的表达式为：

$$q_{\mathrm{smf}}=\frac{\sigma V_{\mathrm{m}}K_{\mathrm{m}}}{\mu_{\mathrm{o}}}K_{\mathrm{ro}}(p_{\mathrm{cow}}-\lambda\Delta x) \tag{5.84}$$

其中，

$$\sigma=\frac{4}{L_x^2+L_y^2+L_z^2} \tag{5.85}$$

渗吸过程中，基质和裂缝中含水饱和度随时间不断变化，而油相相对渗透率和油水毛细管力是含水饱和度的函数，其表达式分别为：

$$K_{\mathrm{ro}}=f(S_{\mathrm{wm}}) \tag{5.86}$$

$$p_{\mathrm{cow}}=f(S_{\mathrm{wm}}) \tag{5.87}$$

$$S_{\mathrm{wm}}=f(t_{\mathrm{m}}) \tag{5.89}$$

整个焖井期内基质渗吸总产油量的表达式为：

$$Q_{\mathrm{smf}}=\frac{\sigma V_{\mathrm{m}}K_{\mathrm{m}}}{\mu_{\mathrm{o}}}\int_{t_1}^{t_2}K_{\mathrm{ro}}(p_{\mathrm{cow}}-\lambda\Delta x)\,\mathrm{d}t_{\mathrm{m}} \tag{5.90}$$

根据式(5.90)可知，基质与裂缝的渗吸速度与基质岩块大小相关，裂缝越发育，被切割的基质岩块越小，σ 值越大，则渗吸作用越强，驱动距离越短则所需驱动压差越小，因此渗吸产油量越高。体积改造打碎地层，井筒附近较大范围内形成了复杂的裂缝网络系统，为渗吸产油提供了有利条件。

回抽期——不稳定驱替阶段。该阶段油井开始回采，流体通过裂缝从井筒中采出，裂缝压力下降速度快，基质压力下降速度慢，基质中流体在驱替作用下进入裂缝并通过井筒采出。后期由于整体油藏压力降低，产液量减少，裂缝压力降速趋缓，最终裂缝与基质又在低位达到平衡。该阶段以驱替作用为主，由于驱替压差不稳定，流体由裂缝向井筒以及基质向裂缝的驱替均为不稳定驱替过程。不稳定驱替作用可分为 2 个阶段：一个阶段是油井开始生产，由于裂缝渗透率远高于基质渗透率，裂缝中的流体将首先流入井筒，而基质保持不变；另一个阶段是油井生产一段时间后，裂缝中流体减少，压力下降，致使基质和裂缝之间形成压差，基质流体开始流向裂缝，即发生基质流体向裂缝的窜流作用，其窜流速度表达式为：

$$q_{\mathrm{cmf}}=\frac{\sigma V_{\mathrm{m}}K_{\mathrm{m}}}{\mu_{\mathrm{o}}}K_{\mathrm{ro}}(p_{\mathrm{m}}-p_{\mathrm{f}}-\lambda\Delta x) \tag{5.91}$$

在不稳定驱替阶段，由于油藏流体持续采出，油藏含油饱和度不断变化，因此基质油相相对渗透率及基质与裂缝压力均随时间不断变化，其表达式分别为：

$$K_{ro}=f(t_c) \tag{5.92}$$

$$p_m=f(t_c) \tag{5.93}$$

$$P_f=f(t_c) \tag{5.94}$$

回抽期基质流体向裂缝累计窜流油量的表达式为：

$$Q_{cmf}=\frac{\sigma V_m K_m}{\mu_o}\int_{t_2}^{t_3}K_{ro}(p_m-p_f-\lambda\Delta x)\,dt_c \tag{5.95}$$

根据式(5.95)可知，基质中的流体向裂缝的累计窜流油量与两者压差及含油饱和度相关，压差越大、含油饱和度越高，累计窜流油量越高，随着注水吞吐轮次增加，油藏含油饱和度逐渐降低，窜流油量将逐步减少。

一个注水吞吐周期内的总产油量是渗吸产油量和不稳定驱替产油量的总和，其表达式为：

$$Q=Q_{smf}+Q_{cmf}=\frac{\sigma V_m K_m}{\mu_o}\left[\int_{t_1}^{t_2}K_{ro}(p_{cow}-\lambda\Delta x)\,dt_m+\int_{t_2}^{t_3}K_{ro}(p_m-p_f-\lambda\Delta x)\,dt_c\right] \tag{5.96}$$

式(5.96)中油水毛细管压力、基质油相相对渗透率、裂缝及基质中的压力均随时间不断变化，可结合物质平衡原理采用迭代法编制软件求取体积改造油藏注水吞吐的累计产油量。

5.4.2 注水吞吐采油主控因素研究——以PO-14水平井为例

影响注水吞吐采油效果的因素通常包括两大类：一类是流体性质及储层地质参数，包括原油黏度、油层厚度、孔隙度、渗透率和地层非均质性等，这类参数往往是与实际油藏本身性质相关的特征参数，由该研究区实际现场获得；另一类影响因素是现场施工工艺参数，包括周期注水量、注水速度、焖井时间、采液速度和吞吐轮次，这类参数对不同油藏具有较强的敏感性，同时对该研究区后续即将开展的注水吞吐开发试验具有重要的指导意义。

在对地质模型进行模拟开发时，首先进行衰竭式开采的模拟，以经过衰竭式开发后的储层状态给定注水吞吐模拟的初始条件，然后进行不同参数下的注水吞吐模拟，并采用如下方法进行模拟运算的控制：模型采油阶段先以定液量进行生产，当产量不能稳定时，改为定井底流压生产，此时的井底流压为衰竭式开采末期的井底流压，当单井日产量下降到该研究区经济日产量时，停止生产，并开始下一轮次的注水吞吐模拟。

本案例采用正交实验的研究方法，对周期注水量、注水速度、焖井时间和采液速度4个参数进行模拟优化，吞吐时机在模拟过程中根据研究区经济日产量进行标定，以不同参数模拟到各自极限吞吐轮次时的累计采油量为主要的效果评价指标，并引入最终含水率、开发总时长及平均日产油量(累计采油量与开发总时长的比值)等作为辅助指标进行不同方案的吞吐效果评价，分别优选出适合该模型的最优值，然后采用正交实验法对不同参数进行多因素组合模拟，找到最佳的参数组合。

(1)吞吐时机、吞吐轮次优化研究。

随着水平井开发的持续深入，到衰竭式开发后期，单井日产油不再能满足油田水平井经济日产油条件，此时需要开展对应于裂缝性低渗透、特低渗透、致密油藏的生产措施，诸如注水吞吐、联合井网周期注水等。因此，水平井经济日产油的计算就显得尤为重要，当水平井经过衰竭式开发，日产油量无法达到经济日产油时，即是开展注水吞吐采油的最佳时机。

根据李彦兴等于2009年发表的《低渗透油藏水平井经济极限研究》一文中提供的水平井稳产期单井日产油量经济极限算法，结合黄陵地区PO-14井周围无使之受效的注水直井的生产现状，再综合考虑固定资产投资、开发评价年限、原油商品率、原油销售价格、每吨原油的生产经营成本、资源税、教育税和基本折现率后最终得出的水平井单井日产油量经济极限公式为：

$$q_{\text{omin}}=\frac{\varepsilon I_{\text{a}}+\gamma I_{\text{b}}}{0.0365\ \tau_0 A} \tag{5.97}$$

式中 ε——注水直井系数，即一口水平采油井配套的平均注水直井数；

I_{a}——一口注水直井的平均钻井、射孔、基建等投资，10^4 元/口；

γ——为水平注水井的系数，即一口水平采油井配套的平均水平注水井井数；

I_{b}——一口注水水平井的平均钻井、射孔、基建等投资，10^4 元/口；

τ_0——采油时率，小数；

A——平均每口水平采油井考虑生产经营费用、原油商品率、税费等成本因素得到的经济极限系数。

由于PO-14井周围并无实际受效的注水直井和注水水平井，所以ε、γ均为零，这种结果和现实相悖，为了解决这一问题，将式(5.98)中的分子整体替换为B，其意义为随着生产时间的推移，水处理费用，环保费用和管理费用不断增加，导致原油生产成本不断增加，为简化计算，设为定值。

优化后的公式如下：

$$q_{\text{omin}}=\frac{B}{0.365\ \tau_0 A} \tag{5.98}$$

通过对式(5.97)的改造和优化，既符合单井经济极限日产油计算原理，又符合PO-14井的实际情况，虽为简化公式，部分参数存在众多假设，计算结果是相对值，但仍具有一定的参考价值和指导意义。

通过代入PO-14井基础所控制含油区域的基础数据，最终求得PO-14井的经济日产油为3.06t。从投产后依靠天然能量开发到日产油量小于3.06t后展开第一轮次注水吞吐，第一轮次后若日产油量小于3.06t，开展第二轮次注水吞吐，依次类推，当注水吞吐后也无法维持日产油3.06t的生产状态后，结束整个措施周期，此时所对应的吞吐轮次即为所得吞吐轮次。

(2)注水量对水平井产能的影响。

水平井注水吞吐采油的第一阶段是注水过程，注水过程的实质就是通过注水快速补充地层能量。一个吞吐周期内向地层中注入多少水量直接影响着地层能量的恢复程度。单周期内向地层注入的水量越大，地层能量恢复得越好，但周期注水量不能无限增大，一方面是由于注水量过大，容易引起大量注入水在近井地带发生滞留，导致采油阶段初期采出液含水率升高，注入水还未发挥作用便被采出，造成了资源的浪费；另一方面，在注水速度和采液速度一定的情况下，注水量越大，注水时间和采油时间越长，从而导致整个开发的时间变长，影响整个吞吐开发的经济采油效果。因此，对于特定的储层情况及注采条件必然存在一个最佳的周期注水量。

结合油藏前期衰竭式开采的生产情况，在已知前期累计产油量及累计产水量的条件下，利用油藏物质平衡方程，可以粗略地求出该油藏地层能量的亏空值，结合参考邻近井区的实际施工经验，确定出该研究区周期注水量的优化设计范围为6000~8000m^3。

(3)注水速度对水平井产能的影响。

通常认为在注水吞吐的注水阶段，注水量大小决定着地层压力的恢复程度，而注水速度则直接影响着地层压力恢复的快慢，即注水速度越快，地层压力恢复得越快，达到同一地层压力水平所用的时间越短。如此一来，从注水吞吐单周期的用时方面考虑，注水阶段所用的时间越短越好，即在周期注水量一定的条件下，注水速度越大越好。然而，在实际的注水吞吐开发过程中，注水速度不可能无限增大，除了受现场注水设备注水能力的限制外，还与注水速度对吞吐采油效果的影响有关。

在保证其他参数不变的条件下，对注水速度进行优化模拟，结合现场设备实际情况，注水速度优化所取值的范围为180~240m^3/d。

(4)焖井时间对水平井产能的影响。

焖井是注水吞吐采油的第二阶段，同时也是将致密储层基质原油置换到改造区裂缝的关键阶段。在焖井初期，注水过程刚刚结束，由于储层岩性致密，绝大部分注入水充填于裂缝之中，未来得及向基质内部扩散，造成裂缝中的压力远远高于储层基质中的压力，因此存在一个裂缝压力向基质扩散的过程。在压力扩散的同时，裂缝中的水与基质大孔道中的原油在毛细管力的作用下发生渗吸作用，实现油水间的相互置换，当大孔道中充满水时，再将小孔道的原油置换出来，从而将致密储层岩石基质中的原油逐步采出到裂缝中。宏观表现为油水两相在低含油区与低含水区间的相互对流，最终实现了储层含油饱和度的重新分布。焖井阶段，焖井时间的长短直接影响着裂缝与基质间油水渗吸置换的发生程度，更加决定着原油的最终采出程度。

根据张烈辉、李继强等对单井注水吞吐的早期研究表明，裂缝与基质间的油水渗吸置换是一个极其漫长的过程，一般油藏关井两年以上，地层仍无法达到平衡状态，油水分布也在不断变化，表明渗吸作用依然在进行。但从油藏实际生产出发，考虑到油藏开发的经济效益，现场进行注水吞吐施工关井时间不会太长，焖井时间通常为19~25天。

(5)采液速度对水平井产能的影响。

采液速度较低时，储层流体流动缓慢，原油容易随注入水一并被采出，采出液含水率较低，因而累计采油量较高。如果采液速度过快，由于油水黏度差的影响，导致每个周期采油时，都会有部分原油滞留在储层中，从而降低了最终的累计采油量。结合现场施工经验及设备能力，将采液速度的优化范围定在13~17m^3/d。

5.4.3　PO-14 井地质模型建立与历史拟合

依据测井资料、井身轨迹、取样岩心物性参数建立 PO-14 井实际地质模型，并在体积压裂基础上，为 PO-14 井加载了随机裂缝，以模拟实际的裂缝—基质渗流系统(图 5.14)。共构建网格：29×37×2＝2146 个。

(a)渗透率模型

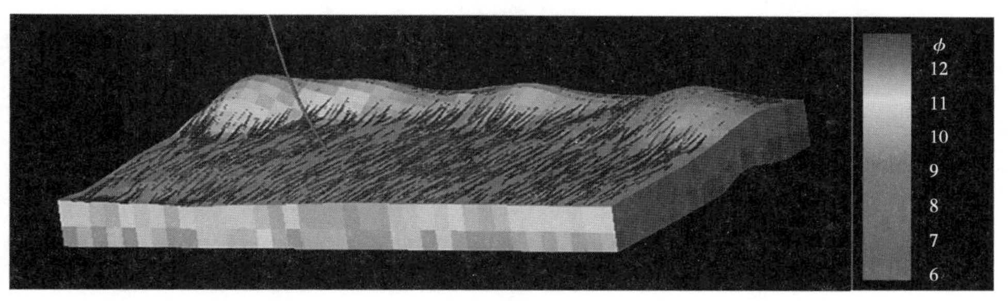

(b)孔隙度模型

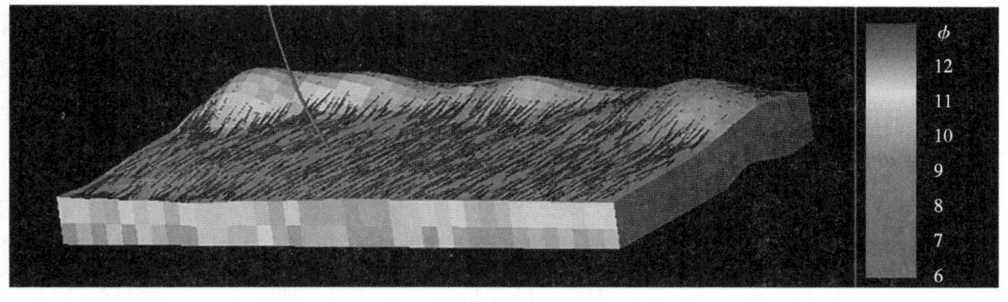

(c)饱和度模型

(d)裂缝模型

图 5.14　PO-14 井地质模型建立

对建立的地质模型进行历史拟合，由图 5.15 可以看出数值模型的拟合结果较为理想，含水率、日产油及日产液拟合正确率分别为 91.35%、96.51%、96.32%，误差率均不超过 10%，可作为注采参数优化模拟的模型，具有较为精确的指导意义。

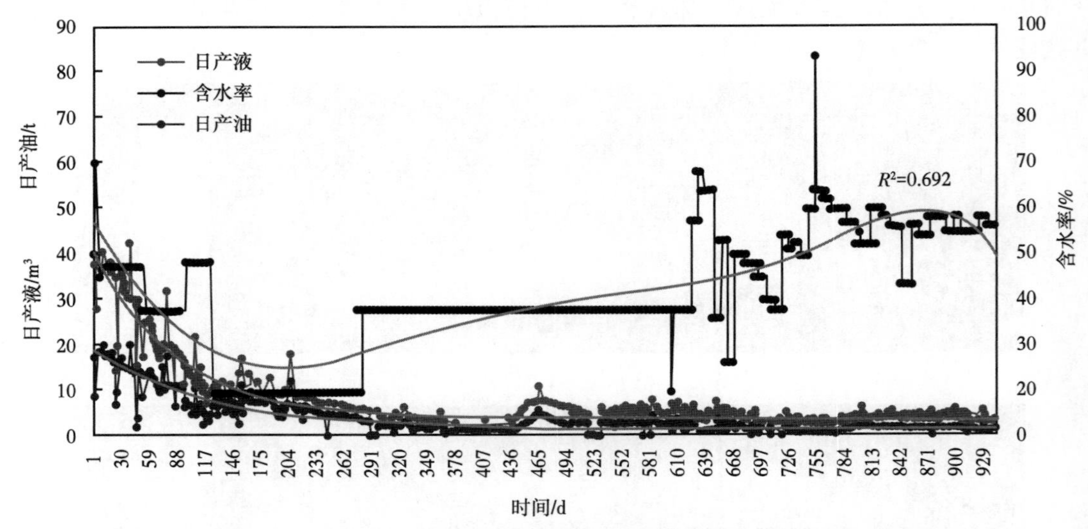

图 5.15　PO-14 井地质模型历史拟合结果

5.4.4　多因素正交优化设计

注水吞吐采油效果的好坏，不是某个因素单一作用的结果，而是由不同因素相互作用共同决定的。本部分采用多因素正交试验设计方法对影响注水吞吐采油的 4 个因素进行试验方案设计，以前面优选出的各因素最优值为基础，并在最优值附近选取合适的试验参数进行设计，建立了包含 4 个因素，3 个水平的 L9（34）正交设计表(表 6.1)，分别对这 9 套试验方案进行模拟运算，并以各方案开发到各自极限轮次后的最终原油采出程度作为评价指标。具体试验结果见表 5.8 和表 5.9。

表 5.8　正交试验方案设计表

水平	注水量/m^3	注水速度/(m^3/d)	焖井时间/d	采液速度/(m^3/d)
1	6000	240	19	13
2	7000	210	30	15
3	8000	180	41	17

表 5.9　正交试验模拟结果表

因素	周期注水量/m^3	注水速度/(m^3/d)	焖井时间/d	采液速度/(m^3/d)	预测采出程度/%
试验 1	1	1	1	1	14.825
试验 2	1	2	2	2	15.086
试验 3	1	3	3	2	14.879

续表

因素	周期注水量/m^3	注水速度/(m^3/d)	焖井时间/d	采液速度/(m^3/d)	预测采出程度/%
试验 4	2	1	2	3	15.172
试验 5	2	2	3	2	15.12
试验 6	2	3	1	2	15.305
试验 7	3	1	3	2	15.524
试验 8	3	2	1	3	15.267
试验 9	3	3	2	1	15.196
均值 1	24.93	25.174	25.132	25.047	
均值 2	25.199	25.158	25.151	25.305	
均值 3	25.329	25.127	25.174	25.106	
极差	0.399	0.047	0.042	0.258	
极差百分比	53.49	6.30	5.63	34.58	
最优组合	A3	B1	C3	D2	
最优参数	8000	180	25	15	
因素主次	周期注水量>采液速度>焖井时间>注水速度				

由表 5.9 可以看出，4 个因素对注水吞吐采油效果的影响作用不同，其影响的主次顺序依次为周期注水量、采液速度、注水速度和焖井时间，其中以周期注水量及采液速度对注水吞吐最终采油效果的影响最大，为主要因素。参照表 5.9 优选出的最优参数组合：周期注水量为 8000m^3、焖井时间为 30 天，采液速度为 15m^3/d，注水速度在设备条件、供电条件、供水条件允许范围内越快越好。以该组合进行注水吞吐模拟得到的原油最终采出程度为 15.524%，因为考虑到吞吐模拟的初始状态为油藏衰竭式开采后的储层状态，说明了注水吞吐对致密油储层具有较好的开发效果。

由图 5.16 流线分布图可知，注水吞吐第一阶段由于前期地层能量亏空严重，在焖井完毕刚刚开井采油时，由于裂缝导流能力远远大于基质孔隙，可动流体基本集中于裂缝及其周围，伴随着开采的不断进行，裂缝中流体逐渐减少，压力下降迅速，不能满足井筒供液需求，此时，井筒流体主要来源于水平段两端的基质孔隙，水平井又恢复到衰竭式开采状态，同时也说明本轮次能量严重不足，即将结束并开始下一轮次。

综上所述，可以得到以下结论。

(1) 致密油藏体积压裂水平井注水吞吐采油累计采收率总体上表现为随周期注水量和焖井时间的增大而增加，随注水速度及采液速度的增大而有所降低，其中以周期注水量和采液速度对其影响最大，焖井时间和注水速度影响相对较小，影响程度大小依次为：周期注水量>采液速度>焖井时间>注水速度。

(2) 在单一因素优化基础上，采用正交实验设计方法对不同参数进行多因素组合模拟，优选出适合 PO-14 井最优参数组合：周期注水量为 8000m^3、焖井时间为 30d、采液速度为 15m^3/d，注水速度在设备条件允许范围内越快越好。

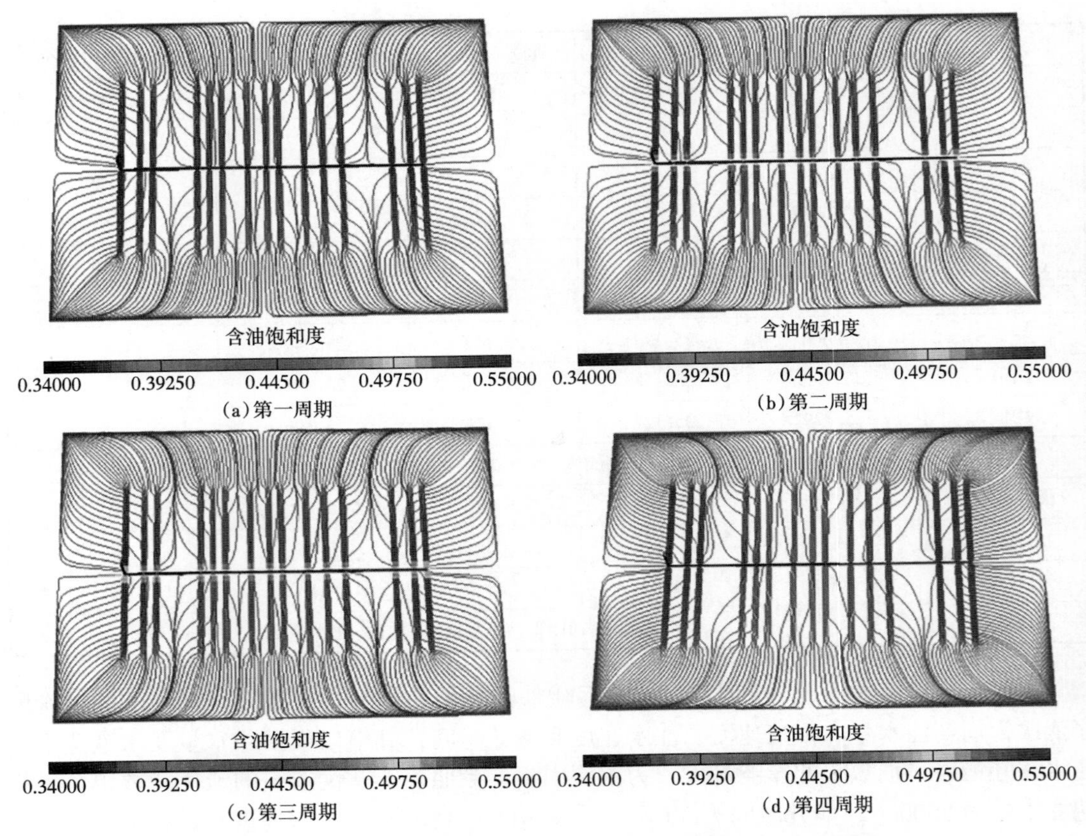

(a)第一周期　(b)第二周期　(c)第三周期　(d)第四周期

图 5.16　注水吞吐第一至第四周期后的含油饱和度流线分布图
[Oilsat (Streamline) 含油饱和度流线]

5.5　以 HL 地区长 6 油藏 PO-14 井注水吞吐先导试验

5.5.1　PO-14 井基本情况

PO-14 井水平段长 499m，大规模体积压裂共射孔 5 段 15 簇，该井投产于 2016 年 8 月 6 日，主力油藏为延长组长 6，利用地层天然能量，采用衰竭式开采的开发方式，无有效能量补充，产量递减较快。投产第一个月原油平均产量达到 18.44t/d，投产 3 个月后，产量降至 12.69t/d 左右，投产一年后，产量降至 2.45t/d，截至措施前(2019 年 7 月)该井累计产液 7071.6m^3，产油 3982.8t，并且仍有继续递减的趋势。其递减特征主要表现为地层能量不足，供液能力下降，符合衰竭式开采产能递减特征。

5.5.2　PO-14 注水吞吐效果分析

措施过程：PO-14 井自 2019 年 7 月 26 日开泵注水，同样两个泵同时同工作采取清水和药剂段塞间歇注入的方式，截至 2019 年 9 月 26 日，62 天内共注入 8029m^3 清水，平均

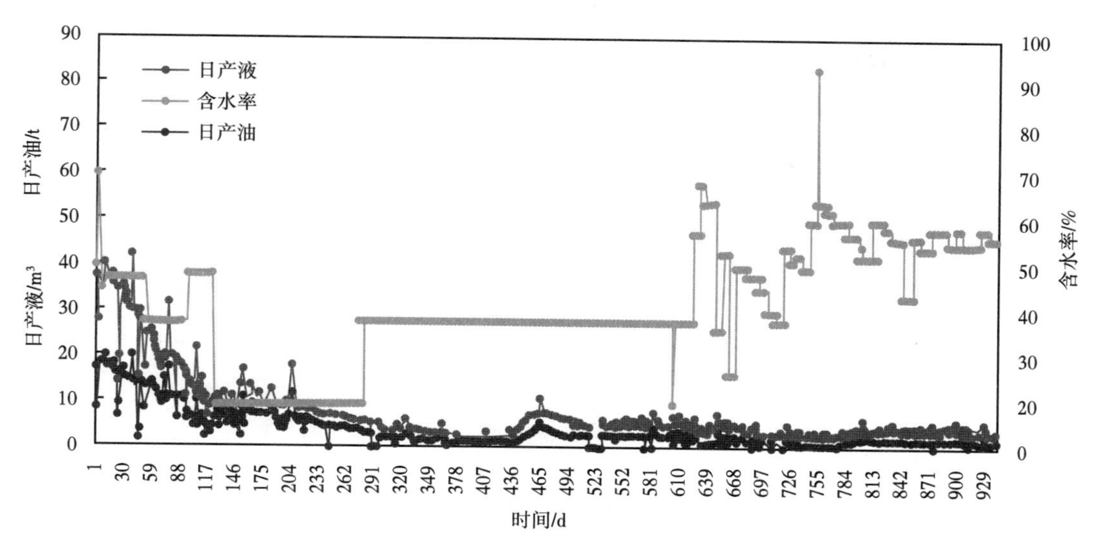

图 5.17　PO-14 井衰竭试开采动态曲线

每天注入 129.5m³，共注入增渗药剂 20.8t，溶液 6030m³。

PO-14 井水平段长为 499m，该井投产于 2016 年 8 月 6 日。截至措施前（2019 年 7 月）该井累计产液 7071.6m³，产油 3982.8t。PO-14 井总体呈现初期产量高、产量递减快的特点：投产初期日产油 18.51t，投产一年后产量降至 1.45t/d，截至措施前日产油降至 1.125t 以下，产量递减高达 93.9%。措施后液量由措施前的 2.41m³/d 快速增加到 17.64m³/d，基本恢复至投产初期水平，说明吞吐工艺中设计的入地液量较为合理；措施前 2019 年 6 月平均日产油 1.125t，措施后 2021 年 3-12 月平均日产油 2.244t，增油 99%，措施效果较为理想（图 5.18）。

如图 5.18 所示，2021 年 8 月 PO-14 井实际月产油量 42.69t，较按产量递减计算的 8 月产油量相比高出 37.81t；2021 年 3 月 PO-14 井正常生产后，随后 6 个月 PO-14 井与按产量递减计算的油量相比可累计增油 220.41t。

注水吞吐可有效提高水平井开发后期采油效果，但实际情况与数值模拟研究具有一定差异，分析认为该工艺有以下两个方面可以提升：

（1）注入速度慢、注水周期长：试验井注入速度小于 150m³，使得注水周期均超过 2 个月，在注水过程中渗吸置换出来的原油随注入水延裂缝被推进地层深部，使得近井带地层中注入水富集，导致措施见效慢。措施建议：提升注水速度（>1000m³/d），利用注入水的快速指进，减弱注入过程中的渗吸作用。

（2）增渗剂注入时机需要调整：注水前期保证不渗吸、少渗吸，在最后焖井和回采过程中快渗吸、多渗吸，保证原油在距离井筒近的地方渗吸出来。措施建议：增渗剂段塞应设置在注水阶段末期。

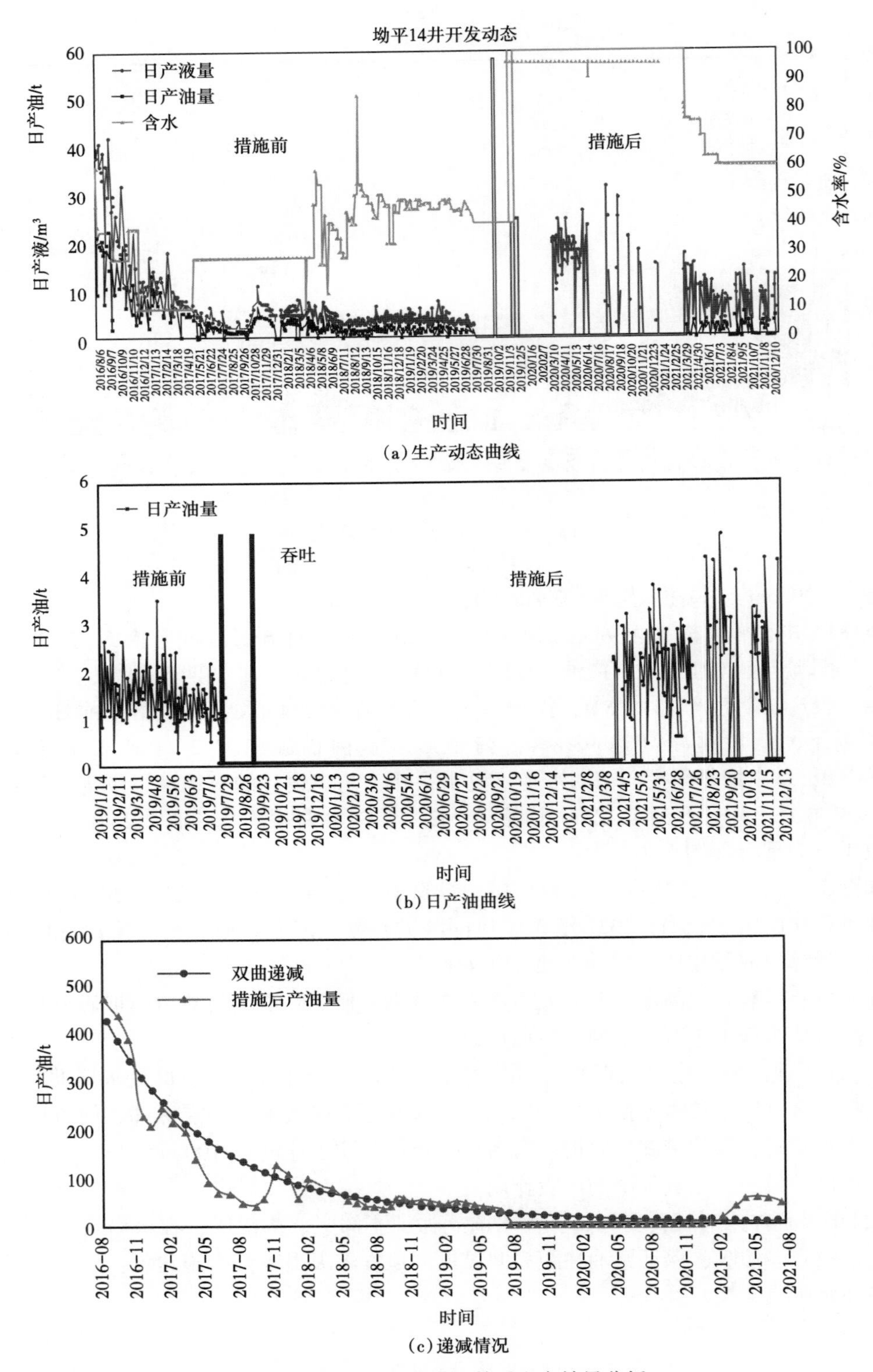

(a)生产动态曲线

(b)日产油曲线

(c)递减情况

图 5.18 PO-14 井措施前后生产效果分析

6 储层渗吸排油效应研究应用进展

6.1 储层渗吸排油效应研究进展

6.1.1 储层基质渗吸排油特征研究进展

我国陆相致密砂岩油藏储量丰富，地层压力系数普遍偏低，原油主要以吸附或游离状态赋存于致密孔隙内，开发难度极大。即使采用了水平井体积压裂改造技术，依靠天然能量衰竭式开发，水平井控制区域内地质采出程度也无法超过10%，9成以上原油埋存于地下。研究与实践结果表明：注水补充地层能量是该类油藏进一步提高采收率的有效经济手段。与常规油藏压差驱替采油原理不同，致密油储层经大规模体积压裂改造后，油藏转化为裂缝—基质双重系统，注入水沿裂缝流动过程中，裂缝—基质系统间的渗吸作用是该类油藏重要的采油机理。然而，受储层基质具有微纳米级孔喉发育、孔喉半径差异大、斑状润湿特性的影响，其基质自发渗吸采出程度仅为2.8%~19.1%左右，大量剩余油难以有效动用[18-19]。

影响储层基质自发渗吸排油效率的因素较多，归纳前人研究成果，岩石物理性质(润湿性、孔隙结构、岩石大小)与流体性质(界面张力、矿化度、油水黏度比)均会对最终的渗吸采收率产生显著的影响[20]。具体的影响规律如下：

(1)岩心渗透率(品质指数)与渗吸采出程度正相关；

(2)岩石越亲水、渗吸采出程度越高；

(3)岩石尺寸越小、裂缝越发育、渗吸采出程度越高；

(4)原油黏度越高、黏滞阻力越大，渗吸采出程度越低；

(5)地层水矿化度越低、渗吸采出程度越高；

(6)对于特低渗透—致密岩心而言，存在较为合理的界面张力(10^{-1}mN/m)左右，促使岩石渗吸采出程度增加情况较好。

近年来，随着微尺度研究手段的不断丰富，国内外学者借助先进的高精度CT扫描技术，揭示了依靠储层自发渗吸排驱作用提高采收率存在的关键瓶颈。Akbarabadi[21]等发现，水相无法借助毛细管力进入亲油的孔喉，致使该类孔隙内的原油无法通过渗吸置换的方式进行动用。谷潇雨[22]等前期研究发现，储层基质渗吸排驱过程中，水相的渗吸排驱作用会将孔隙内原本连续性较好的油相分散，增大了岩石孔隙内部原油向外排驱运移时的贾敏效应，致使渗吸排驱现象终止。同时受孔隙—喉道处缩径几何结构的影响，单纯地依靠毛细管压差驱动，难以使原油有效地突破狭窄的喉道，致使大量剩余油滞留于基质而无法有效动用。

综上所述，毛细管渗吸作用是致密砂岩油藏注水采油的重要机理，其本质是“油—固—

水”三相界面在基质孔隙介质中的运移问题。由于我国致密砂岩储层具有微纳米级孔喉发育、孔隙与喉道半径差异大、斑状润湿特性明显的基本特征，其造成了后续注水开发过程中，单纯依靠储层基质毛细管自发渗吸作用提高采收率存在两方面困难：一是亲油基质孔隙内表面油膜对水相渗吸的阻碍作用，致使该类孔隙内原油难以通过渗吸置换的方式进行动用。二是单纯依靠毛细管压差驱动，难以使分散后原油有效地突破狭窄的喉道限制。因此，寻求配套技术增强储层岩石的亲水性，激活水相渗吸置换效果，提高微小变径孔道内的原油排驱运移能力，是大幅度提高致密砂岩油藏储层渗吸排驱效率的关键。

6.1.2 提高储层渗吸排油效应技术研究进展

(1)表面活性剂流体提高储层岩石渗吸效率研究进展。

目前，以表面活性剂为代表的化学方法是提高致密储层岩石渗吸采出程度的有效手段。借鉴早期裂缝性碳酸盐岩油藏表面活性剂润湿反转提高采收率的原理，大量科研人员投身于表面活性剂的研发与评价，以期通过表面活性剂将油湿性基质反转为水湿，激活水相渗吸置换作用，提高油湿性基质渗吸采出程度。

Kathel[23]等研究发现，利用大量乙氧基(>20)的质量分数为 0.1 的阴离子表面活性剂溶液可将油润湿岩石反转为水润湿，从而有效提高渗吸采出程度。Wang[24]等以亲油与中性的 Bakken 致密油岩心样品为研究对象，系统评价了 4 种润湿反转效果好的表面活性剂，其采收率可达 15.6%~25.4%，并优选了表面活性剂适用的矿化度。在此基础上，李继山[25]、Nguyen[26]、王小香[27]等陆续通过实验发现，与传统常规油藏化学驱提高采收率所选择表面活性剂原则不同，对于提高储层岩石渗吸排油效率而言，表面活性剂的润湿反转作用，远大于其降低油水界面张力的作用。选择润湿反转效果好的表面活性剂是提高该类储层渗吸采出程度的关键所在。

(2)纳米表面活性剂流体提高储层岩石渗吸效率研究进展。

近年来，随着纳米材料的快速发展与可开发油气资源开发难度日益增加，纳米材料因其独特的物理化学性质，正逐渐应用于低品位油气田开发领域，是当前备受关注的研究热点[28]。Wasan[29]等发表于 Nature 期刊的文章指出，纳米流体中的纳米颗粒会在油—固—水三相界面处聚集，形成二维分层结构，具有增加相界面分离压力，显著改善固体表面润湿性的作用。这一重要发现为纳米表面活性剂在提高储层渗吸效率的研究提供了重要启示。研究发现，与常规表面活性剂相比，纳米表面活性剂具有润湿反转能力更强的技术优势[30-32]。以 M. Zhao[32]等研究为例，亲油固体表面经非离子表面活性剂 TX-100 处理后，油滴接触角从 50°变化至 90.5°，而在相同时间内，经过 TX100-SiO_2 纳米表面活性剂体系处理后，油滴接触角从 50°变化至 150°，同时自吸排油实验表明，与 TX-100 表面活性剂取得的 8%渗吸采收率相比，TX100-SiO_2 纳米表面活性剂的渗吸采收率可达 16%。然而，虽然纳米表面活性剂具有更好的润湿反转效果，但其与常用表面活性剂的油水界面张力属于同一水平。近期研究发现，与传统化学驱选择表面活性剂时追求超低界面张力不同，对于提高储层岩石毛细管自发渗吸排油效率而言，毛细管力是渗吸排油的动力来源，该类化学手段的润湿反转作用虽然有效消除亲油孔隙内油膜对水相渗吸的阻碍，但由于油水界面张力的降低，损耗了毛细管渗吸动力，不可避免地降低了化学剂渗吸速度，加之纳米表面活性剂在砂岩储层内的吸附损耗量较大，限制了其渗吸增效作用的充分发挥[33]。

(3)大功率低频振动波场提高储层渗吸效率研究进展。

大功率低频振动波场强化采油技术作为一项高效低成本、环境友好、不伤害储层的绿色增产技术引起了石油工业的广泛关注。近二十年，该技术在我国吉林、新疆、长庆、延长、胜利等多个区块进行了矿场应用，具有广阔的发展前景[35-37]。以近期鄂尔多斯盆地东南部的延长组长2低渗透油藏矿场应用的结果为例，实施大功率低频波场强化采油后，区块整体日累计产油量增幅30%以上，综合含水率降低了15%，体现出较好的增产效果[38]。

当前，国内外学者关于大功率低频波场采油提高采收率机理进行了一系列探索。Westermark[39]等发现低频波动能够影响岩石渗透率且存在一个最佳的频率使得岩石渗透率增加。王杰[40]等发现低频波动可以使岩石由亲油向亲水转变。尚校森[41]等发现，低频波动通过对油、水和壁面的惯性扰动可使壁面上的油滴发生脱落，有利于储层中残余油油滴的脱落聚并和采出。Yandong Zhang[42]、Beresnev[43]等发现，存在临界波场激励参数，使得微小孔道内的原油克服贾敏效应，突破孔隙—喉道缩径几何结构的阻碍。Dai[44]等研究发现，波动激励会降低微小毛细管内油滴的运移阻力，提高油滴段塞的运移速度。最近，蒲春生[45]等从波动渗流力学的角度系统总结了储层多孔介质波动渗流力学研究进展与挑战。谷潇雨等前期研究发现[22]，单纯地依靠毛细管自发渗吸排油作用，难以使岩石孔隙内原油有效地突破孔隙—喉道的变径结构，致使大量剩余油滞留于基质而难以有效动用。受大功率低频波场强化采油技术原理启发，笔者[45-46]及所在课题组提出并建立了振动辅助渗吸物理模拟实验装置及方法，并利用鄂尔多斯盆地延长组储层砂岩样品，对“低频波动辅助渗吸排驱规律”进行了初步室内探索。结果表明：基质渗透率$(0.06\sim1.3)\times10^{-3}\mu m^2$的砂岩样品自发渗吸采收率约为11.2%~24.3%，而在波动频率为30Hz，波动加速度为$2.0m/s^2$的物理波场激励下，其渗吸采出程度可提高至17.1%~32.2%，展现出良好的增益效果。然而，由于致密基质孔隙内流体的高运移阻力与弹性波在多孔介质传播过程中的能量衰减，致使微小变径孔隙内流体运移所需的最低临界波场激励能量较高，是该技术进一步提高致密砂岩渗吸效率的关键技术瓶颈。

综上所述，如何提高储层基质渗吸排驱效率，增加基质内剩余油动用程度，已成为近年来致密油高效开发领域的热点问题。以纳米表面活性剂为代表的化学方法可以有效地将覆盖在孔隙表面的油膜活化剥离，实现润湿反转、激活水相渗吸置换作用，提高基质岩石渗吸采出程度。而以低频波场激励为代表的物理方法可以增强基质孔隙内流体运移突破能力，从而提高渗吸排油效率。然而，目前两种技术均存一定的技术瓶颈，如何在利用好纳米表面活性剂润湿反转优势的同时，提高其在致密砂岩孔隙内的渗吸运移速度并降低吸附损耗，是该技术进一步提高基质内剩余油渗吸排驱效果的重要研究方向。而受致密孔隙内流体的高运移阻力与弹性波在多孔介质传播过程中的能量衰减影响，造成微小变径孔隙内流体运移依赖于较高的波场激励能量，致使该技术在低品位油藏的进一步发展应用面临严峻挑战。

6.1.3 储层渗吸模型研究进展

(1)渗吸方式判别模型。

渗吸采油的驱动力主要来源于毛细管力，在低界面张力时，重力对岩石渗吸作用也将起到贡献作用。当毛细管力占主导地位时，岩石主要发生的是逆向渗吸作用。而当重力占主导地位时，岩石将发生顺向(同向)渗吸作用[47-48]。

1991 年，Schechter[50]等建立了邦德数倒数模型来 N_B^{-1} 来研究岩石的顺向与逆向渗吸作用。当 $N_B^{-1}>5$ 时，主要是毛细管力作用下的逆向渗吸；当 $N_B^{-1}\ll 1$ 时，主要发生的是重力作用下的顺向渗吸；当 $1<N_B^{-1}<5$ 时，两者渗吸作用同时存在。

$$N_B^{-1}=C\frac{\sigma\sqrt{\phi/K}}{\Delta\rho gH}\times 100\% \tag{6.1}$$

式中 N_B^{-1}——邦德数；

σ——界面张力，mN/m；

ϕ——岩石孔隙度；

K——岩石的渗透率，$10^{-3}\mu m^2$；

$\Delta\rho$ ——油水密度差，g/cm^3；

g——重力加速度，cm/s^2；

H——岩石高度，cm；

C——与岩石的几何尺寸有关的常数，对于圆形毛细管其值约为 0.4。

由于公式(6.2)未包含润湿性的判别参数，因此其只适用于判断水润湿条件的岩石渗吸模式，在 Schechter 模型基础上，刘卫东[51]等改进了该模型，添加了接触角(θ)，判别混合润湿岩石的渗吸模式(6.2)。

$$N_B^{-1}=C\frac{\sigma\cos\theta\sqrt{\phi/K}}{\Delta\rho gH}\times 100\% \tag{6.2}$$

(2)无因次时间模型。

目前常用无因次时间模型对渗吸过程进行表征，Mattax[52]等通过对渗吸实验数据进行归一化处理给出了无因次时间渗吸模型，有利于室内实验测试数据对现场施工的指导，见式(6.3)。

$$t_d=t\sqrt{\frac{K}{\phi}}\frac{\sigma}{\mu_w}\frac{1}{L_c^2} \tag{6.3}$$

式中 σ——表面张力，mN/m；

L_c——特征长度，mm；

μ_w——液体黏度，mPa·s；

t——渗吸时间，s；

ϕ——孔隙度；

K——渗透率，$10^{-3}\mu m^2$。

许多学者对 Mattax 等的无因次时间模型进行了修正。1997 年，Ma 等基于岩样形状和边界条件修正了特征长度值[53]；2000 年，Zhou 等引入了端点液相流动性和流动比率改进了无因次时间模型，使之更好地适用于逆向渗吸的实验结果；2010 年，Standnes 等考虑了渗吸介质和被渗吸介质的黏度在 Ma 等公式的基础上修正了无因次时间模型[55]；2013 年，

Schmid 等给出了适合任意润湿状态、黏度比、岩石类型、初始含水量以及边界条件下的一般无因次时间模型[56]。

2007 年，Olafuyi 等引入了渗吸介质吸入体积与岩石样品孔隙体积比值，并对其进行归一化处理，将 R 随时间的平方根的变化曲线表征渗吸实验数据，使其能够更好地表征岩心的吸水能力，见式(6.4)。

$$R=\frac{V_{\mathrm{imb}}}{\phi A_{\mathrm{c}}L}=\sqrt{\frac{2P_{\mathrm{c}}KS_{\mathrm{wf}}}{\mu_{\mathrm{w}}\phi L^{2}}}\sqrt{t} \tag{6.4}$$

式中 L——岩心长度，cm；

V_{imb}——吸入渗吸介质的体积，cm^3；

P_{c}——毛细管力，Pa；

A_{c}——吸水截面积，cm^2；

S_{wf}——前缘含水饱和度,%。

Makhanov 等在 2012 年采用单位表面积吸水量随时间的平方根的变化曲线表征渗吸实验数据[58]，见式(6.5)。

$$\frac{V_{\mathrm{imb}}}{A_{\mathrm{c}}}=\sqrt{\frac{2P_{\mathrm{c}}KS_{\mathrm{wf}}}{\mu_{\mathrm{w}}}}\sqrt{t} \tag{6.5}$$

(3)采收率模型。

在岩心条件下，利用实验室结果对精确地预测最终采收率有很大的作用。学者们提出了一些特殊的函数，即描述自吸驱替采收率的裂缝—基质关系函数。具体的描述模型如下：

Handy 假设自发渗吸驱油实质上为活塞式驱替，同时忽略了润湿相前缘的气相压力梯度，创建了适用于气体饱和岩心的自发渗吸模型，该模型适用于重力与毛细管力相比几乎可以忽略的情况[60]。Li 等认为重力不能被忽略，他们通过实验结果修正了 Handy 模型[61]。

Aronofsky 等首先研究得到双重孔隙介质自发渗吸模型，给出了裂缝—基质系统中渗吸采出程度随渗吸时间变化的指数函数关系，见式（6.6）。

$$R=R_{\infty}(1-\mathrm{e}^{-\beta t}) \tag{6.6}$$

式中 R——原油采收率,%；

R_{∞}——原油最终采收率,%；

β——与储层物性相关的经验常数。

Ma 等为了考虑边界条件和黏度比对自发渗吸的影响，用无因次时间 t_{D} 代替渗吸时间 t 修正了 Aronofsky 模型[62]，即：

$$R=R_{\infty}(1-\mathrm{e}^{0.05t_{\mathrm{d}}}) \tag{6.7}$$

$$t_{\mathrm{d}}=t\sqrt{\frac{K}{\phi}}\frac{\sigma}{\sqrt{\mu_{\mathrm{w}}\mu_{\mathrm{o}}}}\frac{1}{L_{\mathrm{c}}^{2}} \tag{6.8}$$

式中 μ_w——水的黏度，mPa·s；

μ_o——油的黏度，mPa·s；

L_c——特征长度，随边界条件不同而不同，mm。

6.2 我国致密油开发难点

我国致密油资源特点：与北美地区海相致密油相比，我国陆相致密油基质渗透率更低且储层天然能量低，以鄂尔多斯盆地延长组为例，其整体渗透率多为 $0.3\times10^{-3}\mu m^2$ 左右，微纳米孔隙发育，中值孔道半径多为 $10^{-1}\mu m$，地层压力系数小于 1，黏土矿物含量高，润湿性复杂，天然裂缝发育，达到 10m/条的发育级别，从全开发周期角度，其开发难点归纳为：

(1)体积压裂是当前工业开发的基本途径，鄂尔多斯盆地延长组致密砂岩多为三角洲前缘沉积，水下分流河道是优质的储集相带，但由于成藏条件与过程复杂，基质孔隙致密，油水分异性差，含油甜点差异化改造工艺参数与配套的增渗剂体系研发与评价方法是开发初期提高体积压裂效果的关键。

(2)目前，绝大多数水平井采用衰竭式开发方式，由于储层能量低，基质供液性差，一次采出程度往往不足 5%。后期补充能量稳产时，经过大型体积压裂后的油藏转化为基质—裂缝双重系统，裂缝体系进一步扩大，基质与裂缝系统的渗透率极差进一步拉大，非均质性更强，致使补充能量的难度加剧。为防止水窜水淹的发生，当前，活性水注水吞吐的方式已经在吐哈、长庆、延长等多个油田开展了先导试验，整体上取得了理想的效果。但由于储层自发渗吸排油效应始终有限，该技术的生命周期较短，随着吞吐轮次的增加，后期效果极剧下降。

水—直联合井网，井距较大，则难以建立有效的增压供给，井距较小，则水平井井见水风险大，且后期注水井见水后，缺乏成熟的低成本的出水层段有效配套监测与堵水技术，致使长期稳产面临的压力巨大。

6.3 渗吸排油效应在致密油水平井注水吞吐应用中的进展与发展趋势

随着油气田勘探开发的不断深入，中国大部分油田已进入“双高(高含水、高采收程度)”阶段，产量递减严重。致密油作为继页岩气之后的又一勘探热点领域，储量丰富，是重要的石油接替资源。由于储层致密，致密油藏的单井一般无自然产能，需要通过特殊的储层改造才能获得工业油流。水平井分段体积压裂技术是致密油藏开发的有效手段。不同于北美致密油藏，中国致密油藏以陆相沉积为主，储层非均质性强，物性差，孔隙度、渗透率低，地层压力低。由于中国致密油藏普遍采用天然能量衰竭式开发，体积压裂水平井初期产量高，递减快，一次采收率一般低于 10%。因此，如何有效补充地层能量成为中国致密油藏体积压裂水平井稳产的关键。

由于致密油藏储层基质渗透率低，启动压力梯度大，且水平井通过体积压裂形成的裂缝网络规模较大，在常规油藏效果较好的水驱方式在致密油藏体积压裂水平井补充地层能量方面应用效果不佳，且容易导致水平井的水窜、水淹。注水吞吐是近年来中国致密油藏一种重要的注水补充地层能量方法，也是中国致密油藏体积压裂水平井实现稳产的重要途径。近年来针对注水吞吐技术进行了大量的研究与实践。

本节对注水吞吐的工艺过程、渗吸采油机理和影响因素进行了详细介绍，系统梳理了改善注水吞吐开发效果技术以及注水吞吐油藏数值模拟和工艺参数优化的研究成果，进一步通过总结注水吞吐工艺在中国致密油藏矿场实践的经验和教训分析注水吞吐理论研究存在的不足并指出中国致密油藏注水吞吐技术未来的发展趋势，以期为国内外同类油藏体积压裂水平井注水补充能量研究与实践提供一定的借鉴。

6.3.1 注水吞吐过程简述

注水吞吐技术指在同一口井进行注水和采油的开发方式。主要分为注入阶段、焖井阶段和返排阶段 3 个阶段(图 6-1)：(1)注入阶段前期主要弥补地层亏空体积，压力上升较缓。当累计注水量大于地层亏空体积后，注入水弹性压缩储能，地层压力快速上升。由于注入水的驱替作用，注入阶段近井地带含油饱和度下降明显，而地层边部含油饱和度略微上升。(2)焖井阶段油井关井，初期地层压力下降较快。随着焖井时间的增加，不同尺度裂缝以及孔隙之间压差变小，注入水渗流速度变慢，地层压力下降变缓，最终趋于稳定。该阶段地层中油水在毛细管力的渗吸作用下重新分布。(3)返排阶段类似于油井天然能量开发过程。初期由于大量注入水聚集在近井地带，导致开井初期含水率较高。随着开井时间的增加地层深部的原油逐渐流向井底，含水率逐渐下降。后续由于地层能量降低，地层深部原油流动能力减弱，含水率又缓慢上升。

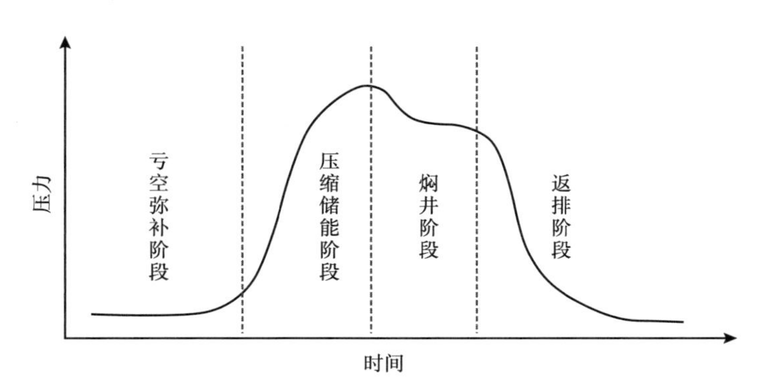

图 6-1　注水吞吐过程地层压力变化曲线

6.3.2 注水吞吐机理研究

致密油藏注水吞吐采油机理主要有：(1)油层毛细管力的渗吸置换作用；(2)注入水的地层能量补充作用。根据注入水吸入和原油排出的方向可以将渗吸分为正向渗吸和逆向渗吸。当注入水吸入和原油排出方向一致时，为正向渗吸，反之为逆向渗吸。体积压裂水平井注水吞吐过程中裂缝与基质之间主要发生逆向渗吸。此外，根据是否存在外力作用，渗吸可以分为自发渗吸和强迫渗吸。自发渗吸过程中毛细管力为主要驱动力，强迫渗吸的主要驱动力为外部压力。由于外力的存在，注水吞吐渗吸过程中均属于强迫渗吸。考虑到裂缝中注入水的运动状态不同，注入和返排阶段注入水的强迫渗吸通常称为动态渗吸。焖井阶段的强迫渗吸属于静态渗吸。注入和返排阶段存在动态渗吸作用，但注入水的不稳定驱替作用占据主导，动态渗吸作用对于裂缝与基质间油水置换程度影响较小。对于焖井阶段，高压作用下的静态渗吸占据主导，是注水吞吐采油的关键。

蔡建超、Tian 等[19,62-63]对自发渗吸数学模型、影响因素以及数值模拟方面的进行了详细的综述。体积压裂水平井注水吞吐过程中，渗吸排油过程受到裂缝与基质之间压差和围压的共同影响。以往关于渗吸的研究多在常温常压条件下开展，而注水吞吐渗吸采油过程多在高压下进行，因此研究压力对渗吸过程的影响至关重要。

(1)渗吸排油微观机理。

体积法和称重法是早期广泛使用的渗吸定量研究方法。该方法在揭示渗吸排油微观机理方面存在一定的不足。MRI 技术和 CT 技术可以对渗吸过程中岩心内部流体分布以及饱和度变化进行定量直观描述，是目前渗吸排油微观机理研究的有效技术手段之一。

Akin 和 Zhou 等[64-65]利用 CT 扫描技术观察到同向渗吸类似于活塞式驱替，具有明显的渗吸前缘，而逆向渗吸的渗吸前缘比较分散。在此基础上，Chen 等[66]利用核磁共振成像技术明确了渗吸过程中水进入孔隙喉道方式的不同是导致同向和逆向渗吸前缘差异的原因。微观孔隙结构的准确描述对渗吸排油微观机理研究具有重要意义。压汞测试与核磁共振测试结合通过对横向弛豫时间 T_2 和孔隙半径的准确转换实现对岩心内部流体分布的准确描述[67-70]。Lai 等[71]利用该方法开展不同尺度孔隙对致密砂岩岩心渗吸采收率的贡献比例研究，明确了渗吸效率与渗透率呈现较好的正相关关系，但未对其微观影响机制给出充分解释。理论上，渗透率的减小会导致致密砂岩岩心渗吸采出程度的增加，但实际结果正好相反。为了明确渗透率对致密砂岩岩心渗吸采油的微观影响机制，谷潇雨等[18]借助 CT 扫描技术，通过图像分割和三维图像重建技术获取岩心模型内孔隙三维信息，进一步通过定义孔喉连通率明确，孔喉连通性是导致不同渗透率致密砂岩岩心样品渗吸采出程度差异的根本原因。亚微米—微米级孔隙是鄂尔多斯盆地富县长 8 致密岩石渗吸采油的主要场所，不同渗透率岩心的亚微米—微米级孔隙毛细管力接近，岩心的渗透率与孔喉连通率呈正相关关系，孔喉连通率的增加导致油滴运移阻力的降低以及渗吸采油效率的提高。扫描电镜技术直观观察到页岩自发渗吸过程中岩心存在新孔缝的形成[72]。由于有效应力的作用，带压渗吸抑制了页岩岩心新孔缝的形成，渗吸排油效率相对较低。Liu 等[73]在分析页岩孔隙结构和矿物组成的基础上，对表面活性剂强化渗吸的微观机理进行了系统研究。页岩大孔隙和小孔隙岩石矿物存在差异，大孔隙表面大多是石英和长石，易于被表面活性剂改性。表面活性剂主要通过提高大孔隙的渗吸排油效率来强化渗吸采油效果。致密油藏储层矿物组成复杂且分布随机，岩石孔壁既有油湿也有水湿壁面，表现为混合润湿[74]。贾敏效应是由油水界面运移在狭小孔道时产生负的平均毛细管压力导致的，会阻碍甚至阻止渗吸过程的发生。在前人定性研究贾敏效应和润湿性对致密砂岩岩心渗吸排油效率影响的基础上，Liu 等[75]利用 CT 扫描技术定量可视化分析了两者对致密砂岩岩心渗吸排油效率的微观影响机理。在混合润湿性的单一孔隙平均毛细管力为负值时也存在自发渗吸的发生。这是由于混合润湿性的单一孔隙同时存在亲油壁面和亲水壁面，水沿亲水壁面进入孔隙。当遇到油湿壁面时，毛细管力变为负值，阻碍了渗吸的发生，渗吸过程停止。

此外，学者通过建立一系列渗吸数学模型对渗吸过程和微观机理进行研究，比较经典的有 LW 模型、Terzaghi 模型和 Handy 模型。目前关于渗吸的理论研究大多是基于 LW 模型开展的，LW 渗吸模型是在假设渗吸过程是活塞式而建立的。Xu 等[76]通过核磁共振实验发现，低渗透砂岩岩心渗吸过程渗吸前缘存在明显的过渡带。在此基础上优化和修正后的 LW 模型可以很好地对渗吸距离和渗吸量变化进行描述。由于储层岩石微观孔隙结构复杂，为更好地研究渗吸过程和微观机理必须充分考虑微观孔隙结构特征。分形理论可以实现对多孔介质孔隙结构的定量描述，利用分形理论可以实现微观孔隙结构对渗吸影响机理研究。目前该方面的研究较少，利用该方法进行渗吸微观机理研究是未来一个重要研究方向[77-79]。此外，近年来兴起的分子模拟技术可以从微观层面上提高对渗吸规律的认识，因此有必要加强此方面的研究从而深化对渗吸微观机理的认识[80]。

(2)压力对渗吸排油影响规律及数值模拟研究。

不同于常温常压下的渗吸过程，储层裂缝与基质之间压差和围压对致密岩心注水吞吐渗吸排油过程存在较大影响。通过对比渗吸前后的压力场变化，Yang 等[81]讨论了裂缝与基质压差对渗吸作用距离的影响：注水吞吐渗吸过程中裂缝和基质压差是主要驱动力，压差的存在不仅使得渗吸作用距离增加，也提供了原油采出的动力，因此注水吞吐渗吸排油效率得到提高，但关于裂缝与基质间压差对注水吞吐渗吸排油效率的微观影响机制文中未做讨论。于海洋等[82]开展了压力和温度对碳化水渗吸采收率的影响规律研究：高压使得碳化水中 CO_2 浓度增加，在与原油接触后，油和水中的溶解度差异导致 CO_2 逐渐扩散到油中，使得原油膨胀，黏度降低，从而提高渗吸采收率。Wang 等[83]借助物理模拟实验和核磁共振技术系统评价了不同围压对致密砂岩岩心自发渗吸的影响。结果表明，岩样渗吸采出程度与围压呈正相关关系(图 6-2)，且小孔隙的相关性强于大孔隙。围压的增加对岩石的孔隙度、渗透率和孔隙半径等参数影响较大，表现为应力敏感现象[84-86]。基于此，Jiang 等[87-89]开展围压对致密砂岩岩心自发渗吸的微观影响机制研究。岩样有效孔隙半径和渗吸采收率随着围压的变化规律如图 6-3 所示。由于致密岩心渗透率极低，岩心周围流体压力的增加在一定程度上可以增加渗吸作用距离，但效果不明显。随着岩心周围流体压力的增加，流体不能迅速进入岩心，导致岩心内部孔隙喉道受到的有效应力增加，有效孔喉半径减小，一定程度强化了渗吸作用。此外，本书基于 Mason 无量纲时间模型[90]和 Leverett 毛细管模型[91]提出了新的考虑围压的渗吸标度模型：

$$t'_{\mathrm{D}} = \eta r(p)\frac{1}{L_{\mathrm{c}}^{2}}t \tag{6-9}$$

$$\eta = \frac{\sqrt{2}\sigma}{2\mu_{\mathrm{w}}(1+\sqrt{\mu_{\mathrm{o}}/\mu_{\mathrm{w}}})} \tag{6-10}$$

式中 t_{D}——无量纲时间；

L_{c}——特征长度，cm；

t——渗吸时间，s；

$r(p)$——孔斜径与有效应力函数关系式；

σ——油水界面张力，mN/m^2；

μ_w，μ_o——水相和油相黏度，mPa·s。

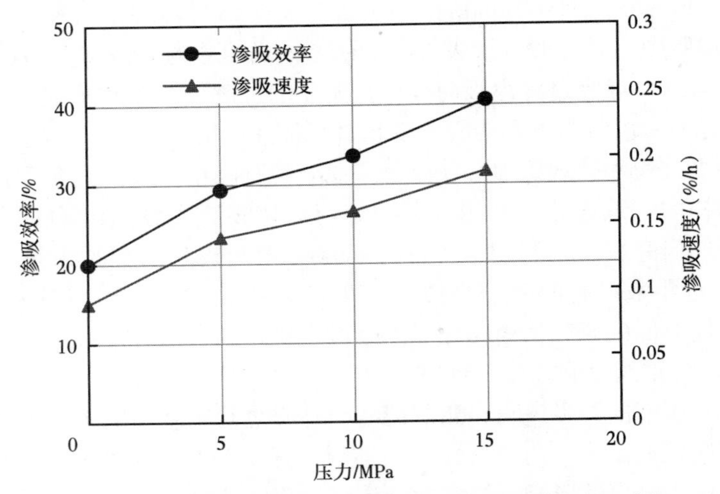

图 6-2　不同压力下岩心样品最终渗吸效率和渗吸速度[64]

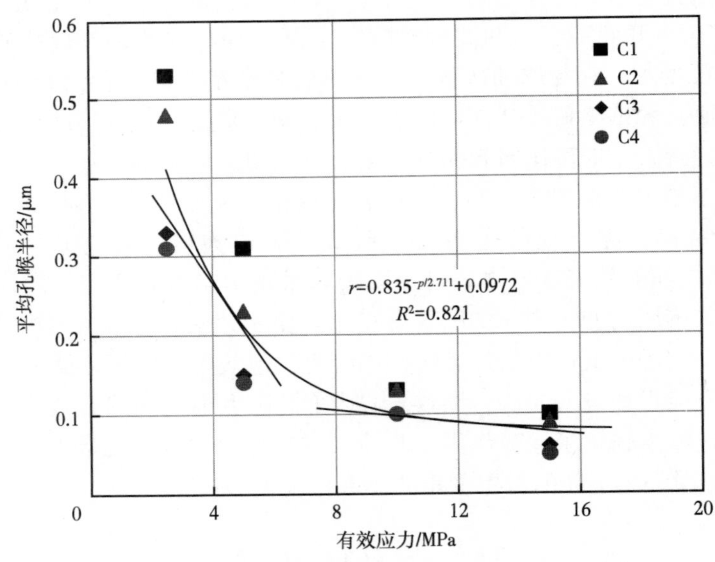

图 6-3　有效孔隙半径随有效应力变化关系曲线[69]

Tu 等[92]研究发现，随着浸泡压力的增加不同润湿性岩石的最终渗吸采收率呈现无规律变化，甚至出现高压渗吸采收程度低于自发渗吸采出程度的现象(表 6-1)。自发渗吸基质内油相初始压力大于周围环境压力，因此自发渗吸没有任何约束。高压渗吸过程中存在高压屏障，其值等于局部毛细管压力和浸泡压力之和，并随着时间的推移逐渐向基质中心移动(图 6-4)。由图 6-2 可以看出，高压界线外侧压力大于环境压力(浸泡压力)时渗吸作用可以发生，但内侧压力小于环境压力，不能发生渗吸作用。在高压界线运移到基质中心之前，渗吸受到不同程度的抑制。因此，高压渗吸采收率低于自发渗吸的采收率。文中所选取的岩心样品在润湿性和岩石矿物组成方面差异较大，且未对岩石微观孔隙结构进行分析。这些因素也是导致研究结果与前人研究结果不同的原因。

表 6-1　不同压力下岩心最终渗吸采出程度

压力/MPa		0.10	6.89	13.79	20.68	27.58	34.47
最终采收程度/%	Burlington 碳酸盐岩	0.20	0.63	0.94	0.47	0.21	0.67
	Kentucky 砂岩	36.00	30.69	35.55	31.27	33.14	36.32

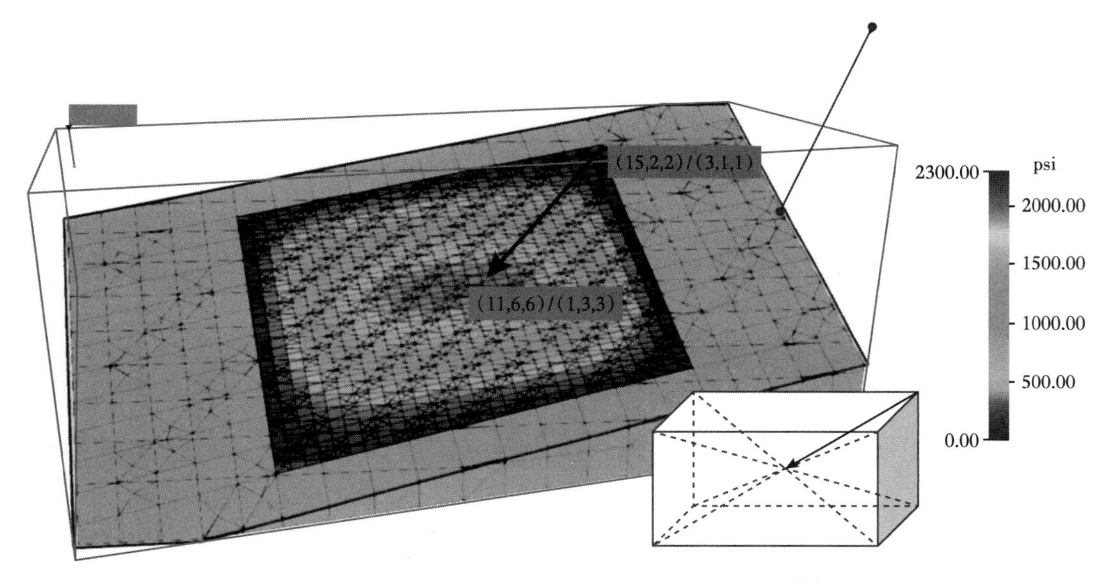

图 6-4　强迫渗吸压力剖面运移路径及压力分布[73]

多孔介质中流体流动时受到黏性力和毛细管力的共同作用。自发渗吸时毛细管力占主导作用，强迫渗吸即驱替过程中黏滞力占主导作用。以往的文献很少研究自发渗吸和强迫渗吸组合的解析解。Wang 等[93]基于毛细管模型和多孔介质黏性流动模型，通过引入新的变换变量和毛细管分流函数提出多孔介质中自发和强迫渗吸的解析解。

自发渗吸毛细管效应分散了油水过渡带水驱前缘饱和度的突变，使得前缘饱和度的突变减缓。随着注入速度（外力）的增加，油水过渡带前缘饱和度的突变逐渐加剧，并与 Buckley Leverett 方程解的饱和度剖面的差异逐渐减小。这表明，较高的注入速度可以减缓自发渗吸的毛细管效应。为了研究页岩储层水平井多级压裂过程中压裂液滤失深度并进一步评估地层损害程度，Zhong 等[94]基于毛细管管束模型、泊肃叶方程和弯曲度理论提出页岩强迫渗吸模型。

表 6-2 为不同压力下强迫渗吸渗吸指数。可以看出，强迫渗吸指数与压力呈正相关关系，且平行于页岩层理方向的渗吸指数大于垂直于页岩层理方向的渗吸指数。

表 6-2　压力对强迫渗吸吸收流体体积的影响[95]

流体类型	相对于页岩层理的渗吸方向	流体压力/MPa/无量纲强制渗吸指数		
		0	5	10
滑溜水	垂向	1	1.346	1.587
	平行	1	1.648	2.055
盐水	垂向	1	1.085	1.164
	平行	1	1.287	1.478

为了更好地理解渗吸过程，Deng 等[76]提出一种研究自发渗吸和强迫渗吸之间相互转变的半解析方法。该方法可以实现对瞬态渗吸过程的定量化描述，通过在入口处以一定注入速度注入来模拟黏滞力占主导的强迫渗吸，瞬态渗吸模型如图 6-5 所示。毛细管力和黏滞力的相对大小 ε_D 和出口流量和注入流量之比 R 关系的稳态包络线可以实现对瞬态渗吸状态的判断（图 6-6）。初始毛细管力较大，ε_D 为无穷大，R 为某个有限值。由于初始状态不稳定，ε_D 变为由岩石和流体系统决定的有限值，R 为 0。随着毛管力的降低和出口流量的增加，ε_D 和 R 沿着包络线变化，包络线上的任意一点都处于自发渗吸状态，毛细管力占主导地位。当 ε_D 和 R 向稳态包络线以下蓝色部分偏离时，自发渗吸转变为强迫渗吸，黏滞力占主导地位。

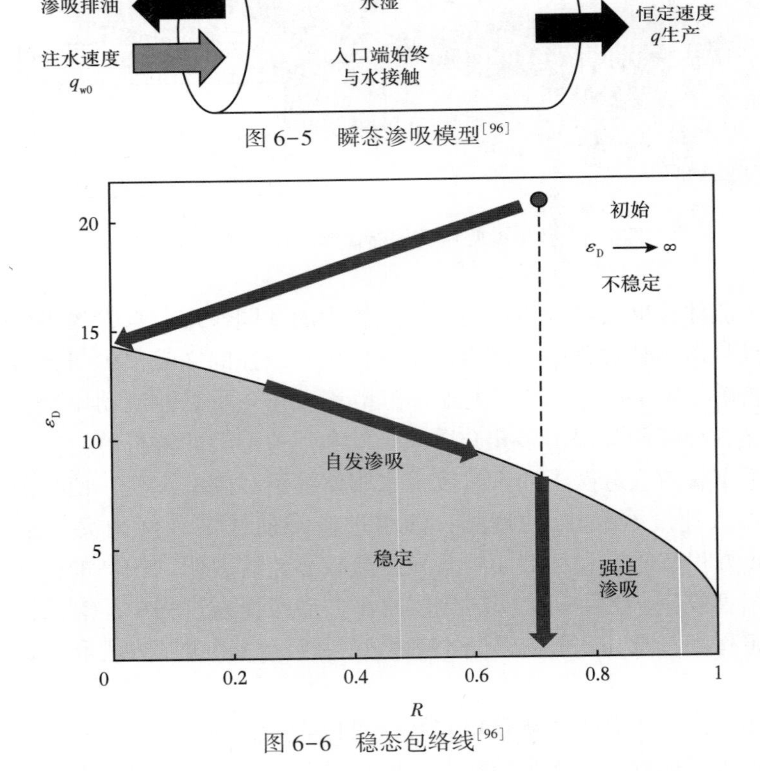

图 6-5　瞬态渗吸模型[96]

图 6-6　稳态包络线[96]

目前关于压力对渗吸排油影响的研究较少，已有的研究在分析压力对渗吸排油微观影响机制方面仍存在一定不足。虽然利用成熟数值模拟软件进行渗吸数值模拟研究是一种有效方法，但软件中的内在模型在考虑渗吸影响因素方面不够全面，且改进模型比较复杂。进一步深入研究压力对渗吸排油的微观影响机制对提高注水吞吐渗吸排油效率具有重要意义，也是未来一个重要研究方向。

6.3.3 注水吞吐主控因素及其影响规律

(1)储层性质。

①润湿性：根据 Graham. J. W. 裂缝性油藏自吸理论公式可知，渗吸置换出的油量与岩石润湿性呈正相关关系[97]。毛细管力大小与岩石润湿性密切相关，岩石亲水性越强，渗吸排油效率越高[98-99]。

表 6-3 为不同润湿性岩心注水吞吐实验结果。可以看出，强亲油岩石注水吞吐仍有效，只是渗吸采出程度较低[100]。根据斑状润湿理论，亲油储层也有部分矿物表面表现亲水性，也存在渗吸置换现象的发生。因此，注水吞吐工艺对不同润湿性油藏均有效，只是最终采收程度存在差异。储层润湿性是影响注水吞吐开发效果的主控因素[101]。

$$q_{e}(tl)=\sqrt{K\phi}A\sigma f(\theta)\left[\left(\frac{K_{rw}K_{ro}}{\mu_{w}K_{ro}+\mu_{o}K_{rw}}\right)\frac{dJ(S_{w})}{dS_{w}}\frac{\partial S_{w}}{\partial L}\right] \tag{6-11}$$

式中 $q_e(tl)$——渗吸采油量；

K——岩石渗透率，$10^{-3}\mu m^2$；

ϕ——岩石孔隙度；

A——水与基质岩块的接触面积，cm^2；

θ——岩石润湿接触角，(°)；

K_{ro}，K_{rw}——油、水相对渗透率；

$J(S_w)$——无量纲毛细管力；

S_w——自吸水饱和度；

L——距渗吸前缘的距离，m。

表 6-3 不同润湿性注水吞吐采收程度对比

岩心编号	强亲油岩心采收程度/%	强亲水岩心采收程度/%	采收程度增量 /%
1-1	6.8	12.4	5.6
1-2	3.9	10.5	6.6
1-A	7.3	14.7	7.4
2-C	7.1	14.4	7.3
3-B	5.6	12.4	6.8

②裂缝发育程度：通过造缝岩样和不造缝岩样的注水吞吐实验发现，缝岩样注水吞吐的采出程度比不造缝岩样平均提高了 7.90%[102]。裂缝可以有效扩大水与基质接触面积，

增加注入水渗吸排油概率，促进裂缝与基质间的流体交换，减小原油渗流阻力，从而提高渗吸排油效率。此外，由含裂缝和不含裂缝岩样渗吸实验发现，裂缝的存在可以显著提高渗吸速度，缩短焖井时间[103]。

③渗透率：渗透率是影响岩样渗吸排油效率的关键因素。图 6-7 为不同渗透率致密砂岩岩样注水吞吐采出程度变化曲线。可以看出，注水吞吐采收程度随着渗透率的增加整体呈现增加趋势，但采收程度增加速度逐渐变缓。储层渗透率越低对应孔隙半径越小，理论上毛细管力越大，渗吸排油效率越高，然而实际情况正好相反。由于毛细管力的渗吸置换作用主要发生在亚微米级孔径以上孔隙，储层渗透率的降低导致亚微米级以上孔隙的减少，使得注水吞吐的渗吸采油效果越差。当储层渗透率较低时，孔道半径与吸附膜厚度处于同一量级。此时虽然毛细管力较大，但由于吸附膜具有异常高的黏滞阻力，从而阻碍了渗吸置换作用的发生。Ren 等[104]分析认为，随着储层渗透率的增加，孔隙几何尺寸增大且孔喉连通性变好，定性解释了高渗透率导致渗吸排油效率提高的原因。

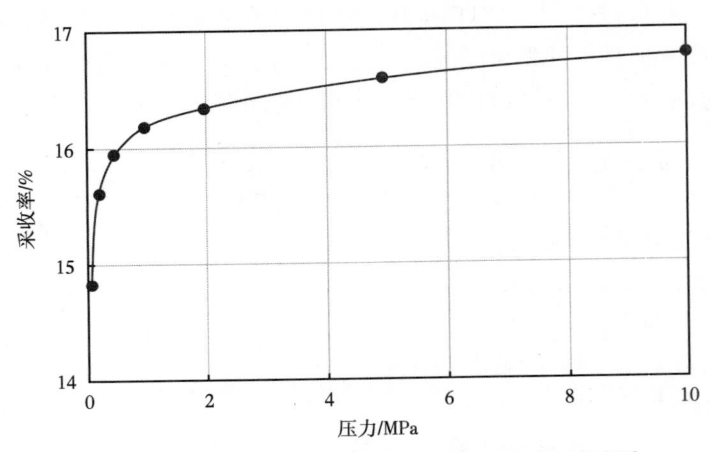

图 6-7　不同渗透率的注水吞吐采出程度变化曲线[101]

此外，启动压力梯度和裂缝应力敏感性均会对开发效果产生负面影响，前者的影响主要集中在返排阶段后期，而后者在整个返排阶段均存在影响[105-106]。致密油藏由于基质孔喉半径较小，孔喉表面吸附液膜产生的边界层效应严重影响储层的有效渗透率，从而影响吞吐的开发效果[107]。边界层效应只受基质特征影响，随着吞吐轮次的增加，孔壁水膜不断变厚，当水膜厚度大于喉道半径时发生水锁效应，孔隙丧失渗吸置换能力。Rao 等[108]提出利用压裂液层的概念来表征水锁效应，并基于修正嵌入式离散裂缝模型研究了水锁效应对注水吞吐的影响。结果表明，压裂液层的渗透率和压裂液层宽度均对注水吞吐采油速度存在显著负面影响，而初始含水饱和度对注水吞吐采油速度影响较小。

(2)工艺参数。

注入速度：注水速度只是影响地层压力恢复的快慢，不影响最终的地层压力恢复程度。随着注水速度的增大注水吞吐采出程度呈增加趋势，但增油幅度不断变小［图 6-8(a)］[102]。相关学者通过饱和度监测明确注入速度的增大使得指进现象明显，注入水波及面积增加，渗吸置换程度提高，从而使得最终的吞吐采出程度提高[98]。由于注入水的驱替作用，当注入速度过大时，一方面近井地带的原油被驱替到地层深处，另一方面注入水渗吸作用的位置距离井筒较远，两者增加了原油的采出难度，从而使得注水吞吐采出程度增加变缓，甚至出现采收程度降低的趋势。因此，对于注水吞吐存在最佳注入速度使得注水吞吐采收程度最佳。

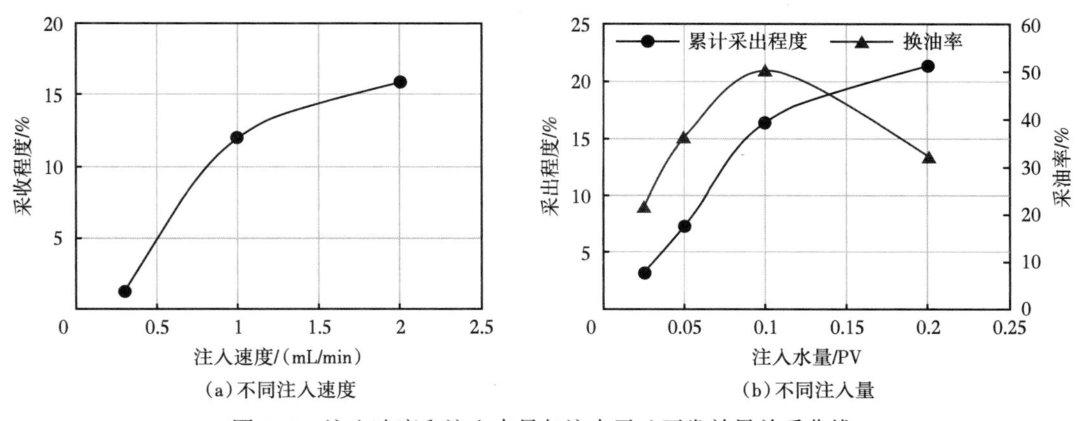

(a)不同注入速度　(b)不同注入量

图 6-8　注入速度和注入水量与注水吞吐开发效果关系曲线

注入量：水量的大小影响地层压力的恢复程度，因此对注水吞吐最终的采出程度影响较大。不同注水量下岩心注水吞吐采出程度和换油率的变化曲线如图 6-8(b)所示[109]。换油率为增油量与注入量的比值。可以看出，随着注水量的增大采油量在逐渐增加，但换油率呈现先增大、后减小的趋势。初期随着注水量的增大，在压差作用下注入水波及到的裂缝和孔隙体积增大，油水渗吸置换的概率增加，吞吐采油量增加明显。随着注水量的进一步增大，注入水进入地层深部。油水渗吸置换的位置距离裂缝较远，换油率逐渐下降。因此，存在合理的注水量使得注水吞吐开发效果最佳。

焖井时间：焖井时间对油水渗吸置换程度存在严重影响。室内岩心注水吞吐实验表明，随着焖井时间的增加，注水吞吐采油量逐渐增加，但增加趋势逐渐变缓并趋于稳定[图 6-9(a)][110]。初始随着焖井时间的增加，油水渗吸置换作用越充分，注水吞吐采出程度越高。但随着焖井时间的进一步增加，裂缝表面被渗吸置换的油所覆盖，其对后续的渗吸存在抑制作用，渗吸速度逐渐减小，吞吐采出程度增加逐渐变缓并趋于稳定[102]。

返排速度：注水吞吐采出程度随着返排速度的增加明显降低［图 6-9(b)］[110]。由于注入阶段大量的水聚集在近井地带，因此返排初期含水率较高。返排过程类似于动态渗吸过程，存在驱替和渗吸的共同作用。当返排速度较大时，注入水“封闭”了大孔隙渗吸出油面，抑制裂缝中水与基质之间的渗吸置换作用，同时使得注入水低效无效循环，降低了注入水的洗油效率，从而使得吞吐采出程度降低[111]。当返排速度较小时，一方面驱替比较稳定，不存在类似于指进的注入水突进现象，有利于渗吸置换到裂缝以及大孔隙的原油流入井底；另一方面可以充分发挥毛细管力的渗吸置换作用。当返排速度过低时累计采油量得到增加，但单位时间采油量减少，难以满足油田的经济开发。因此，存在最佳返排速度可使得油井注水吞吐开发高效且经济。

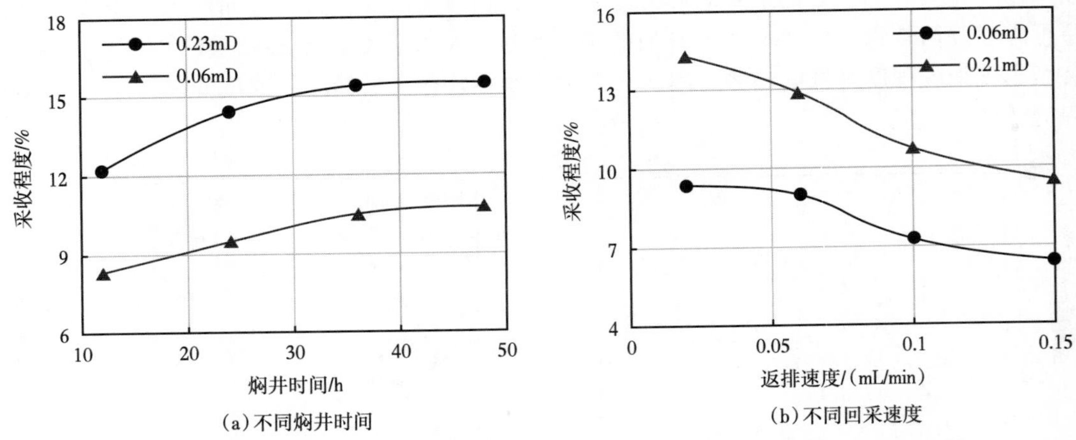

图 6-9 不同焖井时间和不同回采速度下注水吞吐采出程度关系曲线[110]

6.3.4 改善注水吞吐开发效果技术研究

注水吞吐作为致密油藏体积压裂水平井开发后期补充能量的关键技术，由于体积压裂形成的缝网体积有限，多轮次吞吐后水平井产量递减严重。此外，由于水平井水平段产液不均，导致部分压裂段油层动用程度较低。为了改善注水吞吐开发效果，主要形成 3 种改善注水吞吐开发效果技术：化学处理剂辅助注水吞吐技术、水平井同井缝间异步注采技术和大排量注水强化吞吐技术。

(1)化学处理剂辅助注水吞吐技术。

不同润湿性储层对注水吞吐开发效果影响较大。表面活性剂的加入可以使弱亲油岩石的注水吞吐采出程度超过强亲水岩石的采出程度，此外可以使焖井时间缩短 50%(表 6-4)[97]。这是由于表面活性剂的加入一方面改善了岩石的润湿性，增强了油层的毛细管力作用；另一方面降低了油水界面张力，减小了原油的毛细管渗流阻力。两者共同作用强化了渗吸排油作用，缩短了油水重新分布时间，从而改善了吞吐开发效果。该研究的成功尝试为化学处理剂改善注水吞吐开发效果奠定了基础。

表 6-4 不同注入介质岩心注水吞吐采收程度

岩心编号	改性水吞吐采收程度/%	注水吞吐采收程度/%	累计采收程度增量/%
YC1	18.18	15.36	2.82
YC2	25.78	22.6	3.18
YC3	19.12	15.69	3.43
1-A	19.6	16.3	3.3
2-C	18.7	17.4	1.3
3-B	17	14.7	2.3
1-1	13.3	12.4	0.9
1-2	10.7	10.5	0.2
平均			2.18

国外学者[112]针对亲油白云岩油藏开展23口井的表面活性剂吞吐试验，验证了表面活性剂吞吐的有效性。Patrick J. Shuler 等[113]通过室内实验发现，表面活性剂吞吐除了增强渗吸和改变储层润湿性作用外，还可以提高吸附原油的动用程度。国内早期针对 GH-N 区块进行了表面活性剂吞吐先导性试验[97]。研究发现，在表面活性剂中加入纳米颗粒可以强化表面活性剂的洗油能力，但对具体增油机制并不明确。Liang 等[114]对纳米流体吞吐提高采收率潜力和机理进行了研究。研究表明，一方面纳米流体可改变岩石润湿性，促进毛细管力的渗吸置换作用，缩短焖井时间；另一方面由于纳米颗粒在孔隙中的滞留，阻碍了返排期间储层压力的快速下降，从而延长了注水吞吐的经济生产周期。目前关于纳米流体改善注水吞吐开发效果方面研究多集中在岩心尺度，相应的矿场试验较少。虽然其在岩心尺度提高采收率效果明显，但缺乏矿场试验验证。

潘光明等[115]针对渤海油田普Ⅱ类稠油油藏开展了弱凝胶驱辅助吞吐矿场实践。具体作业时在邻井注入弱凝胶，本井开展热流体吞吐。与单纯热流体吞吐相比，试验井自喷期延长 74d，累计增油量 1822m^3。这是由于邻井弱凝胶的注入扩大了本井热流体的波及面积，从而改善了吞吐的开发效果。Wang 等[116]也将凝胶处理和表面活性剂吞吐工艺进行结合。与之前不同的是其在生产井先后注入表面活性剂溶液和凝胶。凝胶的注入扩大表面活性剂返排过程的波及面积，从而改善了表活剂吞吐的开发效果。大庆油田矿场先导性试验证明了该方法的有效性。目前，针对各种化学处理剂辅助注水吞吐技术室内研究相对较多，但由于化学处理剂的高成本和环保差问题，目前相应的矿场应用较少。

(2)大排量注水强化注水吞吐技术。

相关学者[117]在总结分析体积压裂后油井生产特征后发现，其与注水吞吐的生产特征相似，具有注水吞吐的采油机理。因此，在注水吞吐注入阶段选择超破裂压力、大排量注入的原则，达到张启老裂缝以及产生新裂缝的目的，从而增加注入水与基质接触面积，改善注水吞吐开发效果。代旭[118]提出大液量注水吞吐技术并分析了其采油机理。该技术与温和注水吞吐技术区别在于注入阶段，大液量注水吞吐技术注入阶段时注入压力须达到油藏破裂压力(图 6-10)。

由图 6-11 可以看出，注入阶段超破裂压力注入在提高注水吞吐采收程度的同时，缩短了焖井时间。陶登海等[119]在总结马中致密油藏水平井体积压裂后生产情况的基础上，通过相关性分析明确，累计产量和入井液量和注入压力呈正相关，相关系数均大于 0.8(图 6-12)。进一步分析认为，大排量、高压力注入不仅可以会促使老缝开启并产生新裂缝，扩大注入水波及面积，而且可以使得喉道水膜变薄，从而提高注水吞吐焖井阶段油水置换效率。隋阳[120]在探索水平井低成本重复压裂新方法时，通过对比常规注水、小排量注水和大排量注水重复压裂后油井的措施后效果发现，大排量、大液量重复压裂后油井日产油可达到 12.5t，为常规压裂油井的 4 倍。由于体积压裂过程类似于注水吞吐过程，进一步证明大排量注水吞吐在改善致密油藏水平井开发效果的潜力。Guowei Qin 等[121]从机理、油藏工程和室内实验等方面对大液量注水吞吐技术进行了定义和研究，为改善注水吞吐开发效果探索出一条新途径。大排量注水强化吞吐技术工艺相对简单，但由于该技术注水采用的是笼统注水的方式，要达到破裂压力注入需要专门的泵车设备和大量的注入水。目前虽然该工艺的矿场应用效果显著，但高成本的问题限制了其推广应用。

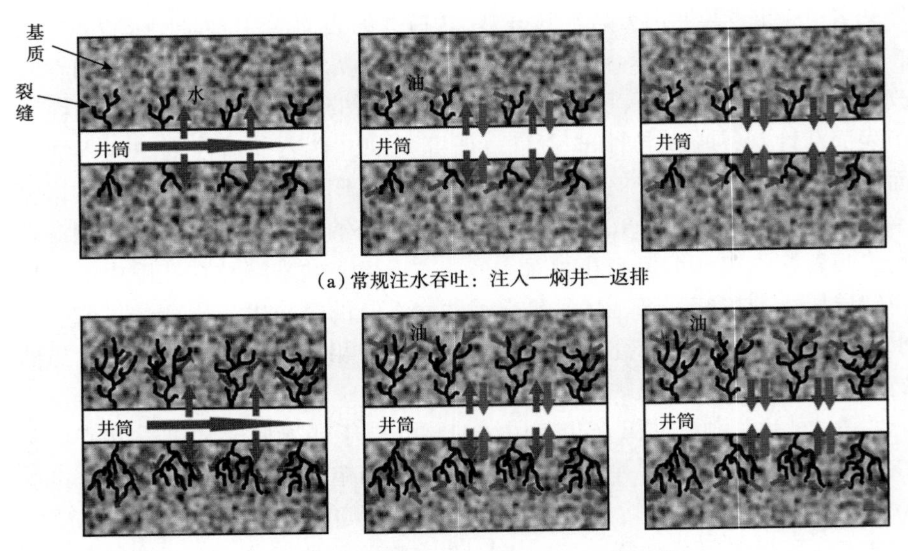

(a) 常规注水吞吐：注入—焖井—返排

(b) 大排量注水强化吞吐：注入—焖井—返排

图 6-10　常规注水吞吐与大液量注水吞吐对比

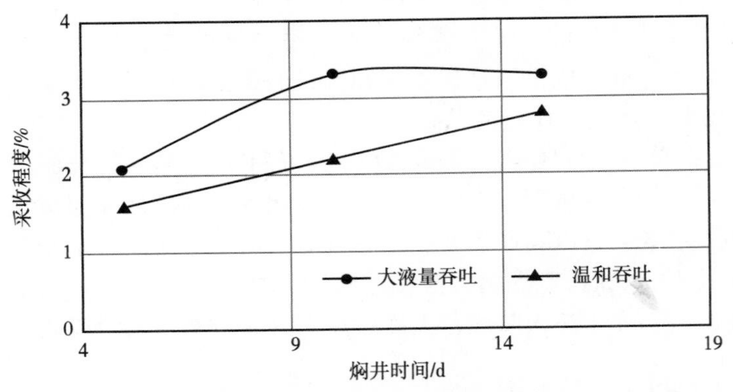

图 6-11　不同焖井时间大液量注水吞吐与温和注水吞吐采出程度对比

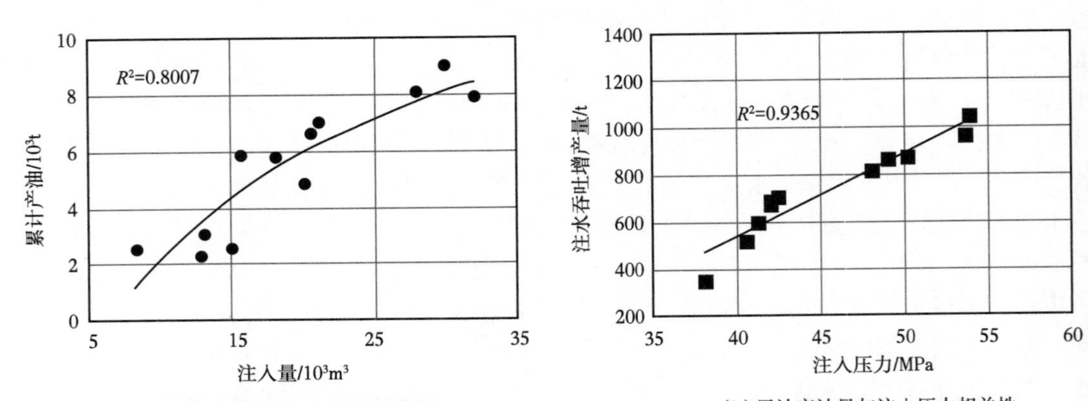

(a) 累计产油量与入井液量相关性

(b) 累计产油量与注入压力相关性

图 6-12　马中致密油累计产油量与注入体积和注入压力关系曲线[119]

（2）水平井同井缝间异步注采技术。

针对笼统吞吐时的水平井不同压裂段吸水与产液不均的问题，蔺明阳等[122]利用“无缆智能分注”工艺开展水平井分段吞吐和隔段压裂液快速吞吐矿场试验。由于缝间和井间有效驱替的形成，措施后本井和邻井增油效果明显。该技术的成功矿场应用为改善多级压裂水平井注水吞吐开发效果提供了一种新思路。后续程时清等[123-124]提出了多级压裂水平井同井缝间异步注采工艺，并且对该工艺的可行性进行了分析。同井缝间异步注采工艺是指奇数(偶数)裂缝注水，关井一段时间后，偶数(奇数)裂缝采油的工艺(图6-13)。此外，通过分析同井缝间异步注采不同阶段缝间油水流动特征以及压力传播规律明确，缝间异步注采可充分发挥缝间驱替和渗吸双重作用，理论上具有较好的应用前景。水平井同井缝间注采过程中存在段间、缝间驱替和毛细管力的渗吸驱油等多种渗流过程，可以充分发挥渗吸和缝间驱替采油机理，是改善注水吞吐的开发效果的一种有效方法。裂缝间距是水平井同井缝间注采开发效果影响的关键因素。小的裂缝间距容易导致缝间窜流，减小注入水波及面积，不利于充分发挥缝间驱替和渗吸作用，裂缝间距较大时，缝间基质极大的驱替阻力不利于充分发挥驱替作用[125]。合理裂缝间距对于充分发挥缝间驱替和渗吸作用至关重要。此外，水平井同井缝间注采对工艺设备要求较高，尤其对于一些完井条件较差的水平井，需要封堵套管与岩石壁面之间的空间，进一步增加了施工过程难度。目前该工艺矿场应用较少，只是通过数值模拟方法对其措施效果进行评价，矿场试验方面存在一定难度。

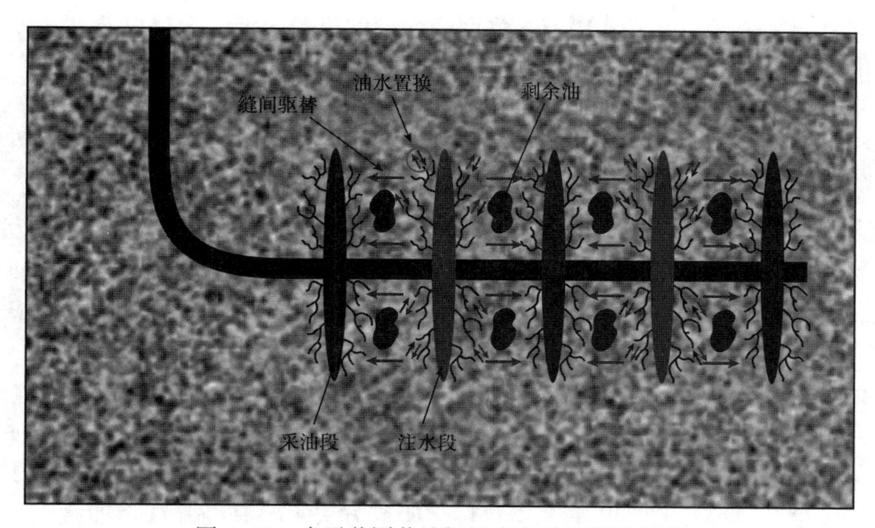

图6-13　水平井同井缝间异步注采机理示意图

6.3.5　注水吞吐油藏数值模拟与工艺优化

(1)数值模拟。

目前关于致密油藏注水吞吐的数值模拟研究多利用成熟的油藏数值模拟软件[126-131]。毛细管力的渗吸作用和复杂裂缝的准确描述是注水吞吐的数值模拟的难点。毛细管力的渗吸作用是注水吞吐的主要作用机理。目前数值模拟软件多利用毛细管力曲线来模拟注水吞吐过程中的渗吸作用。针对简单裂缝几何形态模拟结果相对比较可靠。由于水平井体积压裂形成裂缝网络复杂，且渗吸过程受基质形状、润湿性、孔隙结构等多种因素的影响，其在模拟体积压裂水平井注水吞吐过程的渗吸作用误差较大。此外，网格划分过粗和裂缝的不准确描述表示也会导致注水吞吐结果预测的失误[131]。注水吞吐过程中广泛存在毛细管滞后现象，部分数值模拟软件中虽然考虑毛细管力，但未对毛细管滞后现象进行考虑，因此注水吞吐模拟结果与实际存在较大差异。张烈辉等[132]建立了考虑毛细管滞后和相对渗透率滞后的三维三相黑油模型，其可以相对可靠的对注水吞吐各个阶段的压力变化特征以及油气饱和度分布特征进行模拟研究。

致密油藏多采用水平井体积压裂方式开发，针对体积压裂形成的裂缝性油藏渗流问题广泛使用双重孔隙介质油藏来进行研究。基于双重孔隙介质模型，杨凯[106]通过建立考虑应力敏感及启动压力梯度的裂缝性低渗透油藏渗流模型，研究了应力敏感和启动压力梯度对裂缝性油藏注水吞吐开发的影响。由于天然裂缝的存在，致密储层双重孔隙和双重渗透率模型在模拟复杂裂缝渗流方面存在一些不足[133]。为了更好地模拟天然裂缝存在的复杂裂缝渗流，离散裂缝网络模型(DFM)模型在裂缝性油藏数值模拟方面得到大量的关注。林旺等[134]利用自主研发的UnTOG软件对致密油藏水平井注水吞吐开发工程参数进行优化。该软件使用非结构混合网络技术实现对裂缝和基质的网格划分，并在近裂缝和远离裂缝使用大小渐变的网格划分方法，计算结果相对于常规数值模拟软件更为可靠。考虑到DFM建模过程复杂，Li和Lee[135-136]提出了嵌入式离散裂缝模型（EDFM），该模型大大降低了网格划分的复杂度。嵌入式离散裂缝网络模型的主要原理是裂缝经基质单元边界切割形成裂缝单元，并根据形成的单元几何结构建立相应的连接关系和传导率[137]。由于嵌入式离散裂缝模型可以处理复杂裂缝形态以及压力相关的裂缝/基质渗透率，该模型可以相对准确地模拟复杂裂缝网络下的渗吸置换作用以及注水吞吐过程。通过对注水吞吐数值模拟方法的调研发现，利用成熟油藏数值模拟软件开展注水吞吐数值模拟研究仍然是目前应用较广的方法。为了提高油藏数值模拟软件注水吞吐数值模拟研究的准确性和方便性，需要重点开展软件在复杂裂缝以及裂缝与基质间的流体交换模拟方面的研究。通过提高复杂裂缝以及裂缝与基质之间的流体交换数值模拟的准确性来提高注水吞吐数值模拟的准确性，从而为注水吞吐技术的开发效果预测以及工艺参数优化的准确性提供保障。

(2)注采参数优化。

注水吞吐技术矿场应用过程中，施工参数的合理设计至关重要。目前针对注水吞吐工艺参数优化的研究较少，已有的研究也多集中在参数优化的定性研究方面，对于参数优化的定量研究较少。目前注水吞吐工艺参数优化研究方法主要有经验法、油藏工程方法和数值模拟方法。

针对经验法对注水吞吐工艺参数优化的研究，樊建明、刘文锐等[103, 138]在总结注水吞吐矿场实践经验的基础上给出鄂尔多斯盆地低渗、特低渗油藏和马中区块致密油藏注水吞吐最优工艺参数确定方法和经验值。此外，王君如等[126]基于注水吞吐数值模拟结果，通过多元非线性拟合推导出注水吞吐五参数和三参数经验公式，为类似区块注水吞吐工艺参数优化提供新的方法。注水量和焖井时间是影响吞吐开发效果的关键因素，学者针对注入量和焖井时间的优化开展了大量的研究。焖井时间目前多通过观察井口压力变化情况确定。当油压下降幅度趋于平稳或下降幅度小于 0.1MPa 时，焖井阶段结束。该方法应用较广且矿场应用效果较好[117,139]。针对注入量的优化，杨亚东等[139]通过总结现场施工经验，给出注水吞吐注水量计算公式：

$$Q_1=\frac{1}{N}\times Q_o \tag{6-12}$$

$$Q_2=\frac{1}{N}(\sum q_t+Q_o) \tag{6-13}$$

式中 Q_1——首次注水量，m^3；

Q_o——注水井前期累计产液量，m^3；

N——现场经验系数；取值 2~4；

Q_2——后期注水量，m^3；

q_t——同期累计产液量，m^3；

t——注水同期数。

虽然利用经验法可以简单、方便地实现对注水吞吐工艺参数的优化，但其最大的不足是缺乏理论依据。此外，由于油藏是动态变化的，因此该方法优化的工艺参数不具有普遍性且不能适用油藏开发的各个阶段。在经验法的基础上，根据油藏工程方法，学者开展了大量注入参数和焖井时间的优化设计研究。陈元千等[140]从经济角度出发给出焖井时间优化方法。基于物质平衡原理，樊建明等[103]根据注水吞吐前后压力变化确定水平井注水吞吐的注入量计算公式。此外，针对大液量注水吞吐，注入压力的合理设计对该技术的矿场应用至关重要。代旭等[118]根据水平井中流体压力和沿程摩阻等确定大液量注水吞吐合理注入压力，进一步实现对临界注入速度的确定。油藏工程方法克服了经验法的不足，但其在注水吞吐部分参数(注入速度和返排速度)优化方面仍存在些许不足。

通过油藏数值模拟方法进行注水吞吐工艺参数优化设计研究也是目前常用的方法之一[141-148]。由于该方法复杂、耗时，且大多优化结果与矿场实际误差较大，限制了其进一步推广应用。针对数值模拟方法在工艺参数优化过程中存在的问题，有研究学者基于大量的数值模拟结果样本数据建立人工神经网络模型，通过输入油藏参数和程序，就可快速、准确的预测出注水吞吐的开发效果以及该开发效果下的注水吞吐工程参数[149]。由于模型的样本数据是基于某一区块数值模拟结果输入的，保证样本数据的准确性是决定该方法工艺参数优化准确性的关键。虽然该方法存在一定的缺陷，但其为注水吞吐工艺参数的快速、准确优化提供了一种新思路。注水吞吐工艺参数优化研究的不足限制了其进一步推广应用，因此有必要对注水吞吐工艺参数优化进行深入研究。

6.3.6 矿场试验与效果分析

针对不同类型的油藏，注水吞吐采油机理不同。对于高含盐油藏，注入水可以通过溶解油层的盐桥提高储层渗透率，从而提高注水吞吐的采出程度[150]。注入水注入阶段的原油剥离作用和以及返排阶段的驱替作用是亲水稠油油藏注水吞吐的主要作用机理[100]。对于缝洞型油藏，焖井过程中的渗吸置换作用微弱，利用重力分异作用可以不断抬升油水界面，从而增加注水吞吐的采油量[139]。目前注水吞吐在长庆、延长和吐哈油田等典型致密油藏应用较多，是该类油藏的一种有效开发方法。由表6-5和表6-6可以看出：

(1) 注水吞吐工艺获得成功的致密油藏渗透率差异不大，且储层均表现亲水性。储层润湿性差异是导致注水吞吐开发效果不同的重要原因。注水吞吐措施选井应选择亲水性较强的致密储层。此外，通过改变储层润湿性也是提高注水吞吐开发效果的重要途径。

(2)工艺参数优化是影响注水吞吐工艺矿场应用效果的关键，其中影响较大的有注入量和焖井时间。注水吞吐累积增油量与注入量和焖井时间呈正相关，随着注入量的增加，措施后油井产油量和增油量越多。

(3)从表6可以看出，安平53、安平120和安平83在注入量接近的情况下，安平53和安平120在注入过程中压力未上升，措施后油井未见效，而安平83压力上升至7.25MPa，措施后日增油2.71t。这是由于油井所处的油藏单元不同，安平53和安平120所处油藏单元不封闭，注水过程中储层保压困难，注水未有效补充地层能量。因此，油井所处油藏单元是否封闭也是影响注水吞吐成功的关键。

表6-5　注水吞吐工艺先导性试验油藏参数及效果评价

油田	区块	注水吞吐先导试验油藏性质					注水吞吐措施后效果				
		油藏	孔隙度/%	渗透率/mD	储层润湿性	备注	井数	措施前日产油/t	措施后日产油/t	日增油/t	累计增油/t
长庆油田	胡尖山区块[109]	低孔—特低渗透、超低渗透油藏	8.9	0.17	弱亲水—亲水性		8				1127
	AN83区块[101]	低渗透油藏		0.2	亲水		3	10.1	28.9	18.8	
百色油田[152]		复杂小断块油藏			中—强亲水		5	1.1	10.9	9.8	4363.2
塔河油田[139]		缝洞型油藏				19			525		
中原油田	马厂区块[153]	复杂小断块层状砂岩油藏	18	90	强亲水		1				5775
	A油田[150]	小断块、低孔、低渗透高含盐油藏	12~16	3.2~32	亲水	含盐量6626.5mg/L	2		12.27		3741
大港油田	王官屯区块[154]	低渗透油藏	18	35	亲水	原油黏度104.41mPa·s	5			75.2	11834
	自来屯区块[100]	稠油油藏	23.81	150	弱—中等亲水	原油黏度327.42mPa·s	7			95.56	11449
延长油田	延长组长7储层[103, 101]	致密油藏	8.9~9.43	0.17	弱亲水—亲水		2	4.6	12.45	7.85	247.4
	南部区块长8储层[110]	致密油藏	7.24~10.22	0.056~0.269	强亲水		2	4.3	18.3	14	
吐哈油田	马中区块[117, 119]	致密油藏	8.4~19.1	0.1~1	弱亲水—亲水		7	19	128	109	5635

表 6-6 注水吞吐工艺先导性试验工艺参数及效果评价

油田	井数/井号	吞吐轮次	注入压力/MPa	注入量/m^3	焖井时间/d	措施前日产油/t	措施后日产油/t	日增油/t	阶段采油量/t	累计增油/t
长庆油田(胡尖山区块)[122]	安平 53	1	未起压					无效		
	安平 120	1								
	安平 83	1	7.25	5100	45			2.71		
百色油田[152]	5	1~2	11~25	799.9~20709.8		0.1~0.3	0.3~4	0.2~3.8	46~1900	
中原油田(马厂区块)[153]	马 11-108 井	4		15900	840				3848	9113
				11200	270				2470	
				10500	300				1755	
				9400	360				1040	
延长油田长 8 储层[110]	王平 X 井	1		1630	15	3.9	13.3	9.4		
延长油田长 7 储层[101, 103]	B8	1		1800	15	4.6	12.45	7.85		247.4
吐哈油田(马中区块)[119, 155 156]	AP83	1		5160	51	0.4	5	4.6		1209
	马 55 井	1	30~38	2000		0.9	5	4.1		155
	马 56-27H	1		16027	9	2.7	22.4	19.7		1500
	M56-12H	3		8500	14		24.3			2032
	马 56-5H	1	30~50	8239	12			8.9		452

此外，为了改善注水吞吐开发效果，在室内研究的基础上开展了分段注水吞吐、隔段注水吞吐、表面活性剂注水吞吐和大液量注水吞吐矿场先导性试验，均取得较好的增油效果。由于储层渗透率低，缝间有效驱替难以形成，增油效果不明显，因此分段注水吞吐和隔段注水吞吐增油效果相对较弱(表 6-7)。Baturaja 碳酸盐岩油湿性储层表面活性剂吞吐的成功矿场实践为亲油性储层注水吞吐工艺实施提供了新的方向[151]。表面活性剂可改变岩石润湿性，降低油水界面张力，缩短焖井时间，从而大幅度提高注水吞吐工艺开发效率，是一种极具潜力的提高注水吞吐开发效果方法。笼统注水+重复压裂工艺类似于大液量注水吞吐过程，通过在注入阶段采用大排量注入，张启老裂缝，产生新裂缝，增加注入水与基质的接触面积，从而改善注水吞吐的开发效果，矿场应用效果也验证了大液量注水吞吐的增油潜力。

表 6-7 不同注水吞吐方式矿场先导性试验

吞吐方式	区块	井名	日产油/t		累计增油/t
			措施前	措施后	
分段注水吞吐	长庆油田胡尖山区块[122]	安平 68	2.8	3.91	
	鄂尔多斯盆地长 7 油层[103]	1.4	4.4	661	
隔段注水吞吐	长庆油田胡尖山区块[122]	安平 122	1.4	6.6	
表面活性剂吞吐	GH-N 区块[97]	0.5~6	8~20		
	SemogaField[151]	X-1	0bbl	72bbl	3400bbl
		X-2	19.84bbl	52.56bbl	2400bbl
笼统注水+重复压裂	吐哈油田马 56 区块[120]	马 56-7H	2.4	16.3	1802
		马 56-19H	3.8	37.5	1165
		马 56-28H	1.6	23	1326
		马 57H	1.8	12.2	756
		马 56-15H	4.75	11.9	1210
		马 56-5H	0.54	7.65	308
大液量注水吞吐[11]		QJ-2	0.8	7.8	1987

6.4 致密油注水吞吐技术挑战与发展方向

(1)注水吞吐渗吸机理研究。不同于常温常压下渗吸，注水吞吐渗吸排油过程是高压下进行的。目前已有的研究多集中压力对渗吸采收程度宏观影响规律研究，关于高压下渗吸排油微观机理以及压力对渗吸排油的微观影响机制的研究较少。利用分形理论和分子模拟技术开展该两方面研究对提高注水吞吐渗吸排油效率具有重要意义，也是未来一个重要研究方向。

(2)注水吞吐数值模拟研究。目前多利用成熟数值模拟软件开展注水吞吐数值模拟研究，多数软件在复杂裂缝渗吸采油模拟方面存在不足。近年来嵌入式离散裂缝网络模型以其在复杂裂缝渗流模拟方面的优势被广泛用于注水吞吐数值模拟研究。虽然基于嵌入式离散裂缝网络模型可以相对准确实现对致密油藏体积压裂水平井注水吞吐数值模拟的研究，但其模拟和求解过程复杂。因此，改进成熟油藏数值模拟软件在复杂裂缝渗吸采油模拟方面的不足是注水吞吐数值模拟未来研究的一项重大挑战。

(3)工艺参数优化研究。经验法、油藏工程方法和数值模拟方法是目前注水吞吐工艺参数优化的主要方法。随着大数据、人工智能和机器学习等技术在油气田开发方面的大量应用，借助人工智能进行工艺参数快速、准确优化成为可能。基于大量矿场实践和数值模拟数据，利用机器学习方法进行注水吞吐工艺参数优化是未来研究方向之一。

(4)提高注水吞吐开发效果理论研究。目前常规注水吞吐对于改善开发的效果有限，为了进一步改善注水吞吐的开发效果，逐渐形成了3种提高注水吞吐开发效果技术：化学处理剂辅助注水吞吐技术、大排量注水强化注水吞吐技术和水平井同井缝间异步注采技术。化学处理剂辅助注水吞吐虽然具有较好的矿场应用效果，但高成本和环保差缺点制约了其广泛应用。低成本、环保、高效的化学处理剂的研究是化学处理剂辅助注水吞吐工艺矿场推广应用的关键。裂缝间距是影响水平井同井缝间注采开发效果的关键，深化合理裂缝间距的研究有利于充分发挥缝间驱替和渗吸作用。缝间凝胶封堵工艺可以在一定程度缓解裂缝间距对水平井同井缝间注采开发效果的影响，因此，可以通过结合缝间凝胶封堵工艺充分发挥水平井同井缝间注采的开发效果。此外，水平井同井缝间异步注采技术对设备要求较高且施工工艺复杂。因此，为了方便该工艺的矿场应用，后续也应着重开展井下分注工具方面的研究。大排量注水强化吞吐技术工艺相对简单且矿场应用效果显著，由于大排量注水强化吞吐技术注水采用的是笼统注水的方式，要达到破裂压力注入需要专门的泵车设备和大量的水，成本问题限制了其矿场推广应用。针对该问题，可以通过在注水吞吐注入阶段逐级加入暂堵剂，从而达到大排量注水的目的。暂堵剂的逐级加入一方面可以使得水平井不同压裂段注水受效均匀，缓解段间矛盾，提高产液劣势缝段的动用程度，另一方面可以在低注水量下逐级提高注入压力达到破裂压力，避免了大排量注水吞吐工艺成本高的问题。相对水平井同井缝间异步注采技术，化学处理剂辅助注水吞吐和大排量注水吞吐是比较有前景的改善注水吞吐开发效果的工艺，目前针对3种提高注水吞吐开发效果工艺的理论与矿场试验研究较少，进一步深化这3种工艺的理论研究，开展矿场先导性试验是注水吞吐技术的发展方向之一。

(5)大庆、长庆等油田大量矿场实践表明，注水吞吐在致密油藏水平井有效补充能量方面效果有限。国外致密油藏水平井补充能量多采用注气的方式，其中以注CO_2吞吐采油方法应用最广且效果最理想。原油膨胀和降黏作用是注CO_2吞吐的主要采油机理。尽管注CO_2在致密油藏水平井补充能量方面极具潜力，但成本、设备腐蚀和重组分沉积等问题使得部分油田不轻易选择CO_2作为提高采收率介质，烃类气体和氮气也是可供选择的注入气体介质。相较于注水，气体更容易注入，考虑到水平井体积压裂形成的裂缝网络，注气容易导致气窜问题，从而减小气体波及面积。因此后续致密油藏水平井补充能量方面在考虑改变注入介质的同时，考虑与调剖技术结合，在提高注入量的同时增加气体波及面积，从而实现致密油藏水平井能量的有效补充，改善水平井的开发效果。

6.5 结论

(1)注水吞吐技术是近年来中国致密油藏一种重要的注水补充能量方法，油层毛细管力的渗吸置换作用是致密油藏注水吞吐的主要采油机理。注水吞吐焖井过程中渗吸受到围压和裂缝与基质间压差的共同影响，整体上压力对渗吸排油存在积极影响。

(2)储层性质和工艺参数均会对注水吞吐采出程度产生影响。储层性质是影响注水吞吐采收程度的主控因素，此外，注入量和焖井时间的合理设计对注水吞吐最终采出程度也至关重要。近几年嵌入式离散裂缝网络模型以其在复杂裂缝以及渗流模拟方面的优势逐渐被用于注水吞吐数值模拟研究。

(3)注水吞吐工艺参数优化的主要方法有经验法、油藏工程方法和数值模拟方法。通过油藏数值模拟方法进行工艺参数优化是目前应用较广的方法，但该方法过程比较复杂和耗时。利用人工智能、机器学习方法进行注水吞吐工艺参数优化是未来的研究方向之一。

(4)针对注水吞吐多轮次吞吐后渗吸置换效率降低以及水平井水平段产液不均的问题，逐渐形成3种改善注水吞吐开发效果的方法：化学处理剂辅助注水吞吐技术、水平井同井缝间异步注采技术和大排量注水强化吞吐技术。进一步深化这3种工艺的理论研究是注水吞吐技术未来的发展方向。

参 考 文 献

[1] Ledingham, Glen W. Santigo Pool: Geological note [J]. AAPG Bulletin, 1947, 31 (11): 2063-2067.

[2] NPC. Unconverntional oil [EB/OL]. [2011-10-02]. http://www. npc. org/Prudent Development-Topic Papers/1-6 Unconverntional Oil Paper.

[3] EIA. Annual energy outlook 2012[EB/OL]. [2012-02-08]. http://www. eia. gov/todayinenergy/detail. cfm? id=4910.

[4] EIA. U S Crude oil and natural gas proved [EB/OL]. [2014-12-09]. http://www. eia. gov/ natural gas/ crude oil reserves/ index. cfm.

[5] NEB. Tight oil development in the western Canada sedimentary basin [EB/OL]. [2011-10-02]. http://www. neb-one. gc. ca/clf-nsi/rn-rgynfmtn/nrgyrp-rt/l/tghtdvlpmntwcsb2011/tghtdvlpmntwcsb200-eng. html.

[6] 邹才能，朱如凯，吴松涛，等. 常规与非常规油气聚集类型、特征、机理及展望——以中国致密油和致密气为例 [J]. 石油学报，2012，33 (2)：173-187.

[7] 贾承造，郑民，张永峰. 中国非常规油气资源与勘探开发前景 [J]. 石油勘探与开发，2012，39 (2)：129-136.

[8] 王香增，任来义，贺永红，等. 鄂尔多斯盆地致密油的定义 [J]. 油气地质与采收率，2016，23 (1)：1-7.

[9] 张君峰，毕海滨，许浩，等. 国外致密油勘探开发新进展及借鉴意义 [J]. 石油学报，2015，36 (2)：127-137.

[10] 王文庸. 全球致密油资源潜力及分布特征研究 [D]. 北京：中国石油大学(北京)，2016.

[11] 李登华，刘卓亚，张国生，等. 中美致密油成藏条件、分布特征和开发现状对比与启示 [J]. 天然气地球科学，2017，28(7)：1126-1138.

[12] 周庆凡. 美国页岩气和致密油发展现状与前景展望 [J]. 中外能源，2021，26(5)：1-8.

[13] 刘新，安飞，肖璇. 加拿大致密油资源潜力和勘探开发现状 [J]. 大庆石油地质与开发，2018，37 (6)：169-174.

[14] 郑民，李建忠，吴晓智，等. 我国主要含油气盆地油气资源潜力及未来重点勘探领域 [J]. 地球科学，2019，44(3)：833-847.

[15] 李国欣，朱如凯. 中国石油非常规油气发展现状、挑战与关注问题 [J]. 中国石油勘探，2020，25 (2)：1-13.

[16] 李登华，刘卓亚，张国生，等. 中美致密油成藏条件、分布特征和开发现状对比与启示 [J]. 天然气地球科学，2017，28(7)：1126-1138.

[17] 鲁少杰. 鄂尔多斯盆地延长油田致密油富集成藏主控因素 [D]. 北京：中国石油大学(北京)，2019.

[18] 谷潇雨，蒲春生，黄海，等. 渗透率对致密砂岩储集层渗吸采油的微观影响机制 [J]. 石油勘探与开发，2017，44(6)：948-954.

[19] 蔡建超，郁伯铭. 多孔介质自发渗吸研究进展 [J]. 力学进展，2012，42(6)：735-754.

[20] 韦青，李治平，王香增，等. 裂缝性致密砂岩储层渗吸机理及影响因素：以鄂尔多斯盆地吴起地区长8储层为例 [J]. 油气地质与采收率 2016，23(4)：102-107.

[21] Akbarabadi M, Piri M. Nanotomography of the spontaneous imbibition in shale[R]. URTeC 1922555, 2014.

[22] Xiaoyu Gu, Chunsheng Pu, Nasir Khan, et al. The visual and quantitative study of remaining oil micro-occurrence caused by spontaneous imbibition in extra-low permeability sandstone using Computed Tomography. Fuel, 2019, 237: 152-162.

[23] Kathel P, Mohanty K. Wettability Alteration in a Tight Oil Reservoir [J]. Energy& fuels, 2013, 27(11), 6460-6468.

[24] Wang X, Peng X, Zhang S, et al. Characteristics of oil distributions in forced and spontaneous imbibition of tight oil reservoir [J]. Fuel, 2018, 224: 280-288.

[25] 李继山. 表面活性剂体系对渗吸过程的影响 [D]. 廊坊：中国科学院研究生院(渗流流体力学研究所), 2006.

[26] Nguyen D, Champion N, Wang D, et al. Evalution of surfactants for oil recovery potential in shale reservoirs [R]. SPE 169085, 2013.

[27] 王小香, 吴金桥, 吴付洋, 等. 表面活性剂对低渗透油藏渗吸的影响 [J]. 石油化工, 2019, 48(11): 1157-1161.

[28] 刘合, 金旭, 丁彬. 纳米技术在石油勘探开发领域的应用 [J]. 石油勘探与开发, 2016, 43(6): 1014-1021.

[29] Wasan D, Nikolov A. Spreading of nanofluids on solids [J]. Nature, 2003, 423: 156-159.

[30] Wang D, Bulter R, Zhang J, et al. Wettability Survey in Bakken Shale Using Surfactant Formulation Imbibition [R]. SPE 153853, 2012.

[31] Ehtesabi H, Ahadian M, Taghikhani V, et al. Enhanced heavy oil recovery in sandstone cores using TiO2 nanofluids [J]. Energy & Fuels, 2014, 28(1): 423-430.

[32] Khazaei M, and Hosseini S. Synthesis hydrophilic hybrid nanoparticles and its application in wettability alteration of oil-wet carbonate rock reservoir [J]. Petroleum Science & Technology, 2017, 35(24): 2269-2276.

[33] Mingwei Z , Wenjiao L, Yuyang L, et al. Study on the synergy between silica nanoparticles and surfactants for enhanced oil recovery during spontaneous imbibition [J]. Journal of Molecular Liquids, 2018, 373-378.

[34] Sheng, James J. What Type of Surfactants Should Be Used to Enhance Spontaneous Imbibition in Shale and Tight Reservoirs [J]. Journal of Petroleum Science and Engineering, 2017, 159(C): 635-643.

[35] 廖家汉, 孙利, 姜淑霞, 等. 人工地震采油技术的研究与应用 [J]. 钻采工艺, 2003, 26(5): 47-49.

[36] 杨顺贵, 高鹰, 吴旭光, 等. 谐波井下振动驱油技术先导性试验 [J]. 石油矿场机械, 2004, 33(2): 93-94.

[37] 杨永超, 邵理云. 人工地震提高采收率技术在濮城油田的先导试验及其效果 [J]. 海洋石油, 2005, 25(4): 67-70.

[38] 蒲春生, 刘静. 低渗透油藏低频谐振波化学复合强化开采理论与技术 [M]. 北京：石油工业出版社, 2015: 107-123.

[39] Westermark R, Brett J, Maloney D. Enhanced Oil Recovery with Downhole Vibration Stimulation [C]. SPE 67303, 2001.

[40] 王杰, 金友煌, 蒋华义, 等. 压力波动采油机理的模拟实验 [J]. 石油学报, 2004, (2): 93-95.

[41] 尚校森, 蒲春生, 于光磊, 等. 波动下液滴运动微观动力学机理研究 [J]. 科学技术与工程, 2013, 13(8): 2166-2169.

[42] Zhang Y. , Zeng C. , Bai B. , et al. Experimental Investigation of the Dynamics of Trapped Nonwetting Droplets Subjected to Seismic Stimulation in Constricted Tubes [J]. Journal of Geophysical Research: Solid Earth, 2019, 124(12): 315-323.

[43] Beresnev I, Gaul W, Vigil R. Direct pore-level observation of permeability increase in two-phase flow by shaking, Geophys [J]. Res. Lett. 2011: 38(20).

[44] Dai L, Zhang Y. Effects of low frequency external excitation on oil slug mobilization and flow in a water saturated capillary model [J]. Petroleum, 2019, 5(14): 375-381.

[45] 蒲春生，郑黎明，刘静. 储层多孔介质波动渗流力学研究进展与挑战 [J]. 地球科学，2017，42 (8)：1247-1262.

[46] 蒲春生，谷潇雨，黄飞飞，等. 一种振动辅助渗吸实验装置及实验方法 [P]. CN106769773A，2017.

[47] 李晓. 低渗透油藏波动辅助渗吸规律研究 [D]. 青岛：中国石油大学(华东)，2017.

[48] Gautam P S, Mohanty K K. Matrix-Fracture Transfer through Countercurrent Imbibition in Presence of Fracture Fluid Flow [J]. Transport in Porous Media, 2015, 55(3): 309-337.

[49] Zhou D, Jia L, Kamath J, et al. Scaling of counter-current imbibition processes in low-permeability porous media [J]. Journal of Petroleum Science & Engineering, 2002, 33(1-3): 61-74.

[50] Schechter D S, Zhou D, Jr F M. Capillary Imbibition and Gravity Segregation in Low IFT Systems [J]. Infection & Immunity, 1991, 71(12): 6734-6741.

[51] 刘卫东，姚同玉，刘先贵，等. 表面活性剂体系渗吸 [M]. 北京：石油工业出版社，2007.

[52] Mattax C C, Kyte J R. Imbibition oil recovery from fractured, water-drive reservoir [J]. Journal of Petroleum Science and Engineering, 1962, 2(2): 177-184.

[53] Ma S, Morrow N R, Zhang X. Generalized scaling of spontaneous imbibition data for strongly water-wet systems [J]. Journal of Petroleum Science and Engineering, 1997, 18(3/4): 165-178.

[54] Ma S, Morrow N R, Zhang X. Generalized scaling of spontaneous imbibition data for strongly water-wet systems [J]. Journal of Petroleum Science and Engineering, 1997, 18(3/4): 165-178.

[55] Standnes D C. Scaling spontaneous imbibition of water data accounting for fluid viscosities [J]. Journal of Petroleum Science & Engineering, 2010, 73(3): 214-219.

[56] Schmid K S, Geiger S. Universal scaling of spontaneous imbibition for arbitrary petrophysical properties: water-wet and mixed-wet states and Handy's conjecture [J]. Journal of Petroleum Science and Engineering, 2013, 101(1): 44-61.

[57] Zhou D, Jia L, Kamath J, et al. Scaling of counter-current imbibition processes in low-permeability porous media [J]. Journal of Petroleum Science and Engineering, 2002, 33(1): 61-74.

[58] Makhanov K, Dehghanpour H, Kuru E. An experimental study of spontaneous imbibition in horn river shales [C]. SPE162650, 2012.

[59] Amico S C, Lekakou C. Axial impregnation of a fiber bundle. Part 1: Capillary experiments [J]. Polymer Composites, 2002, 23(2): 249-263.

[60] Handy L L. Determination of effective capillary pressures for porous media from imbibition data [C]. SPE-1361-G, 1960.

[61] Li K W, Horne R N. Characterization of spontaneous water imbibition into gas-saturated rocks [J]. Journal of Petroleum Science and Engineering, 2001, 6(4): 375-384.

[62] Ma S, Morrow N R, Zhang X. Generalized scaling of spontaneous imbibition data for strongly water-wet systems [J]. Journal of Petroleum Science and Engineering, 1997, 18(3/4): 165-178.

[63] Tian W., Wu K., Gao Y., et al. A Critical Review of Enhanced Oil Recovery by Imbibition: Theory and Practice [J]. Energy & Fuels, 2021.

[64] Li C., Singh H., Cai J. Spontaneous imbibition in shale: A review of recent advances [J]. 2019, 2: 17-32.

[65] Akin S., Schembre J. M., Bhat S. K., et al. Spontaneous imbibition characteristics of diatomite [J]. Journal of Petroleum Science and Engineering, 2000, 25(3): 149-165.

[66] Zhou D., Jia L., Kamath J., et al. Scaling of counter-current imbibition processes in low-permeability porous media [J]. Journal of Petroleum Science and Engineering, 2002, 33(1-3): 61-74.

[67] Chen Q., Gingras M. K., Balcom B. J. A magnetic resonance study of pore filling processes during spontaneous imbibition in Berea sandstone [J]. The Journal of chemical physics, 2003, 119(18): 9609-9616.

[68] 何雨丹，毛志强，肖立志，等. 核磁共振 T2 分布评价岩石孔径分布的改进方法 [J]. 地球物理学报，2005，(2)：373-378.

[69] 李海波，朱巨义，郭和坤. 核磁共振 T2 谱换算孔隙半径分布方法研究 [J]. 波谱学杂志，2008，(2)：273-280.

[70] 刘堂宴，王绍民，傅容珊，等 核磁共振谱的岩石孔喉结构分析 [J]. 石油地球物理勘探，2003，(3)：328-333+220-340.

[71] 运华云，赵文杰，刘兵开，等. 利用 T2 分布进行岩石孔隙结构研究 [J]. 测井技术，2002，(1)：18-21+89.

[72] Lai F., Li Z., Zhang T., et al. Characteristics of microscopic pore structure and its influence on spontaneous imbibition of tight gas reservoir in the Ordos Basin, China [J]. Journal of Petroleum Science and Engineering, 2019, 172: 23-31.

[73] 肖文联，张骏强，杜洋，等. 页岩带压渗吸核磁共振响应特征实验研究 [J]. 西南石油大学学报(自然科学版)，2019，41(6)：13-18.

[74] Liu J., Sheng J. J., Huang W. Experimental investigation of microscopic mechanisms of surfactant-enhanced spontaneous imbibition in shale cores [J]. Energy & Fuels, 2019, 33(8): 7188-7199.

[75] 杨正明，黄辉，骆雨田，等. 致密油藏混合润湿性测试新方法及其应用 [J]. 石油学报，2017，38(3)：318-323.

[76] Liu Q., Song R., Liu J., et al. Pore-scale visualization and quantitative analysis of the spontaneous imbibition based on experiments and micro-CT technology in low-permeability mixed-wettability rock [J]. Energy Science & Engineering, 2020, 8(5): 1840-1856.

[77] Xu X., Wan Y., Li X., et al. Microscopic imbibition characterization of sandstone reservoirs and theoretical model optimization [J]. Scientific Reports, 2021, 11(1): 1-13.

[78] Zhao H, Li K. A fractal model of production by spontaneous water imbibition [C]. Latin American and Caribbean Petroleum Engineering Conference. OnePetro, 2009.

[79] 蔡建超，赵春明，谭吕，等. 低渗储层多孔介质渗吸系数的分形分析 [J]. 地质科技情报，2011，30(5)：54-59.

[80] CAI Jianchao, ZHAO Chunming, TAN Lv, et al. Fractal analysis on imbibition coefficient in porous media of low permeability reservoir [J]. Geological Science and Technology Information, 2011, 30(5): 54-59.

[81] 王敉邦，杨胜来，吴润桐，等. 渗吸研究中的典型问题与研究方法概述 [J]. 石油化工应用，2016，35(7)：1-4.

[82] Yang Z., Liu X., Li H., et al. Analysis on the influencing factors of imbibition and the effect evaluation of imbibition in tight reservoirs [J]. Petroleum Exploration and Development, 2019, 46(4): 779-785.

[83] 于海洋，陈哲伟，芦鑫，等. 碳化水驱提高采收率研究进展 [J]. 石油科学通报，2020，5(2)：204-228.

[84] Wang C., Gao H., Gao Y., et al. Influence of Pressure on Spontaneous Imbibition in Tight Sandstone Reservoirs [J]. Energy & Fuels, 2020, 34(8): 9275-9282.

[85] Fatt I. The Effect of Overburden Pressure on Relative Permeability [J]. Journal of Petroleum Technology, 1953, 5(10): 15-16.

[86] Tian X., Cheng L., Cao R., et al. A new approach to calculate permeability stress sensitivity in tight sandstone oil reservoirs considering micro-pore-throat structure [J]. Journal of Petroleum Science and Engineering, 2015, 133: 576-588.

[87] Shar A. M., Mahesar A. A., Chandio A. D., et al. Impact of confining stress on permeability of tight gas sands: an experimental study [J]. Journal of Petroleum Exploration and Production Technology, 2017, 7 (3): 717-726.

[88] Jiang Y., Shi Y., Xu G., et al. Experimental Study on Spontaneous Imbibition under Confining Pressure in Tight Sandstone Cores Based on Low-Field Nuclear Magnetic Resonance Measurements [J]. Energy & Fuels, 2018, 32(3): 3152-3162.

[89] 江昀，许国庆，石阳，等. 致密岩心带压渗吸规律实验研究 [J]. 石油实验地质，2021，43(1)：144-153.

[90] 江昀，许国庆，石阳，等. 致密岩心带压渗吸的影响因素实验研究 [J]. 深圳大学学报（理工版），2020，37(5)：497-506.

[91] Mason G., Fischer H., Morrow N. R., et al. Correlation for the effect of fluid viscosities on counter-current spontaneous imbibition [J]. Journal of Petroleum Science and Engineering, 2010, 72(1): 195-205.

[92] Leverett M. C. Capillary Behavior in Porous Solids [J]. Transactions of the AIME, 1941, 142(1): 152-169.

[93] Tu J., Sheng J. J. Effect of Pressure on Imbibition in Shale Oil Reservoirs with Wettability Considered [J]. Energy & Fuels, 2020, 34(4): 4260-4272.

[94] Wang X., Sheng J. J. A self-similar analytical solution of spontaneous and forced imbibition in porous media [J]. Advances in Geo-Energy Research, 2018, 2(3): 260-268.

[95] Zhong Y., Zhang H., Kuru E., et al. The forced imbibition model for fracturing fluid into gas shales [J]. Journal of Petroleum Science and Engineering, 2019, 179: 684-695.

[96] Zhong Y., Zhang H., Kuru E., et al. The forced imbibition model for fracturing fluid into gas shales [J]. Journal of Petroleum Science and Engineering, 2019, 179: 684-695.

[97] Deng L., King M. J. Theoretical investigation of the transition from spontaneous to forced imbibition [J]. SPE Journal, 2019, 24(1): 215-229.

[98] 黄大志，向丹，王成善. 油田注水吞吐采油的可行性分析 [J]. 钻采工艺，2003，(4)：28-30+27.

[99] Gao L., Yang Z., Shi Y. Experimental study on spontaneous imbibition chatacteristics of tight rocks [J]. Advances in Geo-Energy Research, 2018, 2(3): 292-304.

[100] Zhou X., Morrow N. R., Ma S. Interrelationship of wettability, initial water saturation, aging time, and oil recovery by spontaneous imbibition and waterflooding [J]. Spe Journal, 2000, 5(2): 199-207.

[101] 刘文涛，李晓良，王庆魁，等. 常规亲水稠油油藏注水吞吐开发的研究与实践 [J]. 石油地球物理勘探，2006，(S1)：115-118+142+149.

[102] 吴忠宝，曾倩，李锦，等. 体积改造油藏注水吞吐有效补充地层能量开发的新方式 [J]. 油气地质与采收率，2017，24(5)：78-83+92.

[103] 李寿军. 致密砂岩油藏注水吞吐实验模拟与优化 [D]. 北京：中国石油大学（北京），2016.

[104] 樊建明，王冲，屈雪峰，等. 鄂尔多斯盆地致密油水平井注水吞吐开发实践——以延长组长 7 油层组为例 [J]. 石油学报，2019，40(6)：706-715.

[105] Ren X., Li A., Memon A., et al. Experimental Simulation on Imbibition of the Residual Fracturing Fluid in Tight Sandstone Reservoirs [J]. Journal of Energy Resources Technology, 2019, 141(8).

[106] 姚军，刘礼军，孙海，等. 复杂裂缝性致密油藏注水吞吐数值模拟及机制分析 [J]. 中国石油大学学

报(自然科学版), 2019, 43(5): 108-117.

[107] 杨凯. 裂缝性低渗透油藏注水吞吐开发影响因素分析 [J]. 特种油气藏, 2010, 17(2): 82-84.

[108] Wang D., Cheng L., Cao R., et al. The effects of the boundary layer and fracture networks on the water huff-n-puff process of tight oil reservoirs [J]. Journal of Petroleum Science and Engineering, 2019, 176: 466-480.

[109] Rao X., Cheng L., Cao R., et al. A modified embedded discrete fracture model to study the water blockage effect on water huff-n-puff process of tight oil reservoirs [J]. Journal of Petroleum Science and Engineering, 2019, 181: 106232.

[110] 王向阳, 刘学伟, 杨正明, 等. 注入体积对注水吞吐效果的影响 [J]. 中国科技论文, 2017, 12(21): 2497-2500.

[111] 高涛, 赵习森, 党海龙, 等. 延长油田致密油藏注水吞吐机理及应用 [J]. 特种油气藏, 2018, 25(4): 134-137.

[112] 谷潇雨, 王朝明, 蒲春生, 等. 裂缝性致密油藏水驱动态渗吸特征实验研究——以鄂尔多斯盆地富县地区长8储层为例 [J]. 西安石油大学学报(自然科学版), 2018, 33(3): 37-43.

[113] Weiss W. W., Xie X., Weiss J., et al. Artificial intelligence used to evaluate 23 single-well surfactant-soak treatments [J]. SPE Reservoir Evaluation & Engineering, 2006, 9(3): 209-216.

[114] Shuler P J, Lu Z, Ma Q, et al. Surfactant huff-n-puff application potentials for unconventional reservoirs [C]. SPE Improved Oil Recovery Conference. OnePetro, 2016.

[115] Liang X., Liang T., Zhou F., et al. Enhanced fossil hydrogen energy recovery through liquid nanofluid huff-n-puff in low permeability reservoirs [J]. International Journal of Hydrogen Energy, 2020, 45(38): 19067-19077.

[116] 潘广明, 吴金涛, 张彩旗, 等. 海上稠油油藏弱凝胶驱辅助吞吐增油效果研究 [J]. 特种油气藏, 2017, 24(6): 134-138.

[117] Wang Y., Bai B., Gao H., et al. Enhanced oil production through a combined application of gel treatment and surfactant huff'n'puff technology [C]. Society of Petroleum Engineers, 2008.

[118] 李晓辉. 致密油注水吞吐采油技术在吐哈油田的探索 [J]. 特种油气藏, 2015, 22(4): 144-146+158.

[119] 代旭. 大液量注水吞吐技术在致密油藏水平井中的应用 [J]. 大庆石油地质与开发, 2017, 36(6): 134-139.

[120] 陶登海, 詹雪函, 高敬文, 等. 三塘湖盆地马中致密油藏注水吞吐探索与实践 [J]. 石油钻采工艺, 2018, 40(5): 614-619.

[121] 隋阳, 刘德基, 刘建伟, 等. 低成本致密油层水平井重复压裂新方法——以吐哈油田马56区块为例 [J]. 石油钻采工艺, 2018, 40(3): 369-374.

[122] Qin G., Dai X., Sui L., et al. Study of massive water huff-n-puff technique in tight oil field and its field application [J]. Journal of Petroleum Science and Engineering, 2021, 196: 107514.

[123] 蔺明阳, 王平平, 李秋德, 等. 安83区长7致密油水平井不同吞吐方式效果分析 [J]. 石油化工应用, 2016, 35(6): 94-97.

[124] 程时清, 段炼, 于海洋, 等. 水平井同井注采技术 [J]. 大庆石油地质与开发, 2019, 38(4): 51-60.

[125] 程时清, 汪洋, 郎慧慧, 等. 致密油藏多级压裂水平井同井缝间注采可行性 [J]. 石油学报, 2017, 38(12): 1411-1419.

[126] 赵真真. 致密油藏多级压裂水平井同井注采开发方式研究 [D]. 北京: 中国石油大学(北京), 2017.

[127] 王君如，杨胜来，曹庾杰，等. 致密油注水吞吐影响因素研究及数学模型建立 [J]. 石油化工高等学校学报，2020，33(6)：26-31.

[128] 姜瑞忠，徐建春，傅建斌. 致密油藏多级压裂水平井数值模拟及应用 [J]. 西南石油大学学报(自然科学版)，2015，37(3)：45-52.

[129] 王文东，苏玉亮，慕立俊，等. 致密油藏直井体积压裂储层改造体积的影响因素 [J]. 中国石油大学学报(自然科学版)，2013，37(3)：93-97.

[130] 严侠，黄朝琴，姚军，等. 裂缝性油藏改进多重子区域模型 [J]. 中国石油大学学报(自然科学版)，2016，40(3)：121-129.

[131] 王敉邦，杨胜来，吴润桐，等. 致密油藏渗吸采油影响因素及作用机理 [J]. 大庆石油地质与开发，2018，37(6)：158-163.

[132] Kanfar M S, Clarkson C R. Factors affecting huff-n-puff efficiency in hydraulically-fractured tight reservoirs [C] //SPE Unconventional Resources Conference. OnePetro, 2017.

[133] 张烈辉，刘传喜，冯佩真，等. 水平地层单井注水吞吐数值模拟 [J]. 天然气勘探与开发，2000，(2)：31-34.

[134] 苏皓，雷征东，李俊超，等. 储集层多尺度裂缝高效数值模拟模型 [J]. 石油学报，2019，40(5)：587-593+634.

[135] 林旺，范洪富，闫林，等. 致密油藏注水吞吐参数优化模拟——以吉林扶余油层为例 [J]. 中国科技论文，2019，14(9)：937-942.

[136] 严侠，黄朝琴，姚军，等. 基于模拟有限差分的嵌入式离散裂缝数学模型 [J]. 中国科学：技术科学，2014，44(12)：1333-1342.

[137] Li L., Lee S. H. Efficient field-scale simulation of black oil in a naturally fractured reservoir through discrete fracture networks and homogenized media [J]. SPE Reservoir Evaluation & Engineering, 2008, 11(4): 750-758.

[138] Yan X., Huang Z., Yao J., et al. An efficient embedded discrete fracture model based on mimetic finite difference method [J]. Journal of Petroleum Science and Engineering, 2016, 145: 11-21.

[139] 刘文锐，吴美娥，张美，等. 三塘湖盆地致密油开发技术 [J]. 新疆石油天然气，2020，16(1)：51-55+71+54.

[140] 杨亚东，杨兆中，甘振维，等. 单井注水吞吐在塔河油田的应用 [J]. 天然气勘探与开发，2006，(2)：32-35+33.

[141] 陈元千. 油气藏工程适用方法 [M]. 北京：石油工业出版社，1999.

[142] Sheng J. J. Optimization of huff-n-puff gas injection in shale oil reservoirs [J]. Petroleum, 2017, 3(4): 431-437.

[143] Meng X., Sheng J. J. Optimization of huff-n-puff gas injection in a shale gas condensate reservoir [J]. Journal of Unconventional Oil and Gas Resources, 2016, 16: 34-44.

[144] Li L, Sheng J J, Sheng J. Optimization of huff-n-puff gas injection to enhance oil recovery in shale reservoirs [C]. SPE Low Perm Symposium. OnePetro, 2016.

[145] Sanchez-Rivera D., Mohanty K., Balhoff M. Reservoir simulation and optimization of Huff-and-Puff operations in the Bakken Shale [J]. Fuel, 2015, 147: 82-94.

[146] 罗京. 复杂油藏气水吞吐主控因素数值模拟研究 [D]. 北京：中国石油大学(北京)，2016.

[147] 孙连双. 孤东低渗透油藏注活性水吞吐增产实验研究与效果分析 [D]. 青岛：中国石油大学(华东)，2013.

[148] 许洋. 致密储层衰竭及注水吞吐增能排驱主控因素分析 [D]. 北京：中国石油大学(北京)，2018.

[149] 赵心哲. 致密油注水吞吐适用性分析及参数优化 [D]. 北京：中国石油大学（北京），2017.

[150] Rao X., Zhao H., Deng Q. Artificial-neural-network (ANN) based proxy model for performances forecast and inverse project design of water huff-n-puff technology [J]. Journal of Petroleum Science and Engineering, 2020, 195: 107851.

[151] 赵习森，黄泽贵. 高含盐油藏注水吞吐提高单井采油量探讨 [J]. 断块油气田，1996，(6)：35-37.

[152] 冯宴，胡书勇，何进. 百色油田复杂断块油藏注水吞吐技术[J]. 石油地质与工程，2007，(1)：49-51.

[153] 王贺强，陈智宇，张丽辉，等. 亲水砂岩油藏注水吞吐开发模式探讨 [J]. 石油勘探与开发，2004，(5)：86-88.

[154] 李继强，杨承林，许春娥，等. 黄河南地区无能量补充井的单井注水吞吐开发 [J]. 石油与天然气地质，2001，(3)：221-224+229.

[155] 李忠兴，屈雪峰，刘万涛，等. 鄂尔多斯盆地长 7 段致密油合理开发方式探讨 [J]. 石油勘探与开发，2015，42 (2)：217-221.

[156] 于家义，李道阳，何伯斌，等. 三塘湖盆地条湖组沉凝灰岩致密油有效开发技术 [J]. 新疆石油地质，2020，41(6)：714-720.

[157] Rilian N A, Sumestry M. Surfactant stimulation to increase reserves in carbonate reservoir: a case study in Semoga Field [C] //SPE EUROPEC/EAGE Annual Conference and Exhibition. OnePetro, 2010.